高职高专规划教材

建筑 CAD

熊　森　主　编
陆凤池　王　莉　副主编

化学工业出版社

·北京·

本书按照高等职业教育高素质技能型人才培养目标要求，结合中华人民共和国人力资源和社会保障部的CAD考证要求和中国图学会建筑CAD技能培训考试大纲，通过典型工程项目和具体目标任务，详细介绍了应用AutoCAD软件绘制建筑工程图样的方法。全书共设9个项目，划分为34个任务，每个任务都从任务要求、任务分析、任务实施三个方面，围绕常用CAD绘图命令的使用而设置。具体项目包括熟悉AutoCAD界面和文件操作、绘制二维图形、绘制建筑平面图、绘制建筑立面图、绘制建筑剖面图、绘制楼梯详图、标注文字与尺寸、绘制三视图、打印出图。

本书内容由浅入深、实用性强，是多年教学经验的总结，对初学者经常遇到的问题和难点做了特别的解说和提示，是高职高专建筑工程技术、工程造价等专业的教材，也可作为中职和本科生学习辅导书，也可供相关专业领域的工程技术人员参考。

图书在版编目（CIP）数据

建筑CAD/熊森主编. —北京：化学工业出版社，2016.6（2022.10重印）
高职高专规划教材
ISBN 978-7-122-26560-9

Ⅰ.①建… Ⅱ.①熊… Ⅲ.①建筑设计-计算机辅助设计-AutoCAD软件-高等职业教育-教材 Ⅳ.①TU201.4

中国版本图书馆CIP数据核字（2016）第055959号

责任编辑：王文峡　　文字编辑：云　雷
责任校对：李　爽　　装帧设计：史利平

出版发行：化学工业出版社（北京市东城区青年湖南街13号　邮政编码100011）
印　　装：北京科印技术咨询服务有限公司数码印刷分部
787mm×1092mm　1/16　印张11　字数268千字　2022年10月北京第1版第5次印刷

购书咨询：010-64518888　　售后服务：010-64518899
网　　址：http://www.cip.com.cn
凡购买本书，如有缺损质量问题，本社销售中心负责调换。

定　　价：29.00元　

由于计算机技术的高速发展，手工绘图已逐步被淘汰，计算机绘图技术已经在工程建设领域普及。相比手工绘图，计算机绘图更加快捷和准确。尤其是对图纸的修改，使用计算机就更加方便。

市场上计算机绘图的软件很多，迄今为止，AutoCAD 是当前世界上应用最为广泛的计算机辅助设计软件之一，已在机械、建筑、航空、电子、化工、环境等行业的工程设计中得到普遍应用。AutoCAD 绘图技术已经成为相关从业人员不可或缺的技能，AutoCAD 软件应用已成为我国工科院校学生学习的必修课程。

目前市面上介绍 AutoCAD 软件的书籍也有很多，但大部分都是以介绍软件的各功能为主，涉及面非常广，针对性不够强，对每个功能的使用介绍也不够深入，给出的图形实例数量过少或过于简单，达不到深入学习建筑 CAD 和掌握绘图技能的目的。

本书作者总结多年的教学经验，结合中华人民共和国人力资源和社会保障部 CAD 考证要求和中国图学会建筑 CAD 技能培训考试大纲，以 AutoCAD 2014 软件为平台，以工程项目引领，工作任务驱动，由浅入深，循序渐进，对建筑工程和工程造价专业应该掌握的重点内容，通过实例，以丰富的图形编写了详细的绘图步骤，培养学生绘图技能。

本书适用于建筑工程技术、工程造价等专业，突出以下特点：

1. 项目引领

以建筑工程图样绘制为目的，全书共设 9 个项目，引领学生学习应用 AutoCAD 软件绘制建筑工程图样：熟悉 AutoCAD 界面和文件操作、绘制二维图形、绘制建筑平面图、绘制建筑立面图、绘制建筑剖面图、绘制楼梯详图、标注文字与尺寸、绘制三视图、打印出图。

2. 任务驱动

将典型工程项目分解为若干个具体任务，以工作任务为导向，每个任务都进行分析，编写了详细的实施步骤，安排了充足的上机操作内容，使学生在“做中学”，充分调动学生学习的主动性和积极性。

3. 图形丰富

与普通教材不同，本书配备了大量的二维图形和建筑工程图样，通过各种图形和专业图样的绘制，熟悉并掌握各种复杂图形和常见建筑工程图样的绘制方法。

4. 循序渐进

由于很多学生都是第一次学习使用绘图软件，因此本书在安排内容时按照由易到难的原则安排软件命令的学习，使学生逐渐熟练 AutoCAD 软件的使用。本书循序渐进设置了若干典型项目，针对具体的目标任务，又编写了详细的实施步骤。

5. 强化命令

使用 AutoCAD 命令绘图是快速绘制建筑工程图样的基本技巧。本书在具体目标任务分解实施指导中，全部采用 AutoCAD 命令方法，步骤详细而具体。通过各种命令的反复使用，可以使学生较好掌握 AutoCAD 软件的使用方法，快速绘制各种复杂图形和建筑工程图样。

本书由南京科技职业学院熊森副教授担任主编，南京科技职业学院陆凤池高级工程师和王莉老师担任副主编。在主编提出编写指导思想和总体框架后，各编写老师经过多次研究，确定了教材的编写思路、写作风格和工作量的划分。具体编写分工如下：江苏城市职业学院袁娇娇编写项目 1 和项目 2，南京科技职业学院熊森编写项目 3 和项目 6，南京工程高等职业学校凡学梅编写项目 4，南京铁道职业技术学院董慧编写项目 5，南京科技职业学院陆凤池编写项目 7 和项目 8，南京科技职业学院王莉编写项目 9。

由于水平有限，书中不足之处在所难免，望读者不吝指出，以便再版时修正。作者邮箱：xiongsen@126.com。

编 者

2016 年 3 月

目录
CONTENTS

熟悉AutoCAD界面和文件操作

任务 1.1 设置 AutoCAD 工作界面

一、任务要求

启动 AutoCAD 2014 软件，将界面设置为经典模式，将绘图背景设置为黑色，将状态栏中极轴、对象捕捉、对象追踪打开，其他关闭。关闭软件的坐标图标。

二、任务分析

CAD（Computer Aided Drafting）诞生于 20 世纪 60 年代，是美国麻省理工学院提出的交互式图形学的研究计划，因为当时硬件设施十分昂贵，直至 20 世纪 80 年代，才得以迅速发展。

AutoCAD 发展至今，已有很多不同的版本，而不同版本的软件界面、功能有所区别。特别是 AutoCAD 2010 以后的版本，其界面发生了较大的变化，以前的版本都是工具栏式操作界面，以后的版本都是工作台式的操作界面。但工作台式界面可切换到经典界面，经典界面与以前常用的 AutoCAD 2004、AutoCAD 2006、AutoCAD 2008 的界面差不多。对于建筑工程图形的绘制，通常切换到 AutoCAD 经典界面，将绘图背景设置为黑色，将状态栏中极轴、对象捕捉、对象追踪打开，其他状态关闭，比较方便。

三、任务实施

1. 启动 AutoCAD 软件

（1）快捷图标方式

双击桌面上的 AutoCAD 2014 图标，如图 1-1 所示。启动 AutoCAD 软件，进入 AutoCAD 工作界面。

图 1-1 AutoCAD 2014 快捷方式图标

（2）【开始】菜单方式

菜单：【开始】→【所有程序】→【Autodesk】→【AutoCAD 2014】。

2. 工作台式界面

启动软件后，软件进入系统工作台式界面，如图 1-2 所示。

3. 设置经典界面

对于建筑工程图样绘制，设置为经典界面比较方便。

点击状态栏右侧【切换工作空间】按钮，弹出下拉菜单，选择【AutoCAD 经典】，如图 1-3 所示。

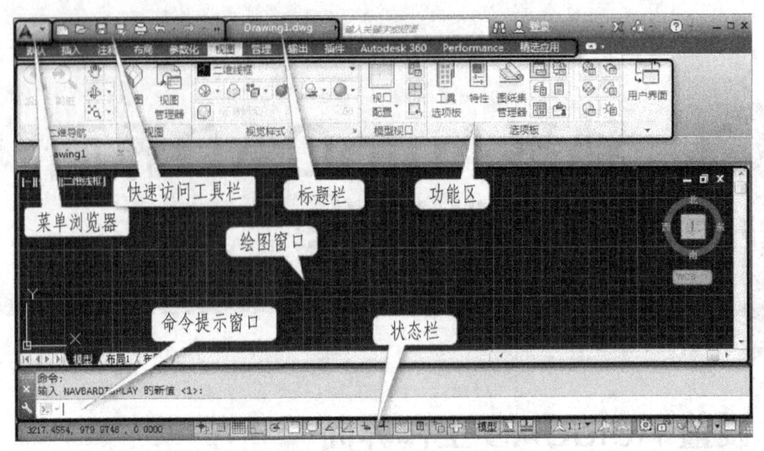

图 1-2　系统工作台式界面

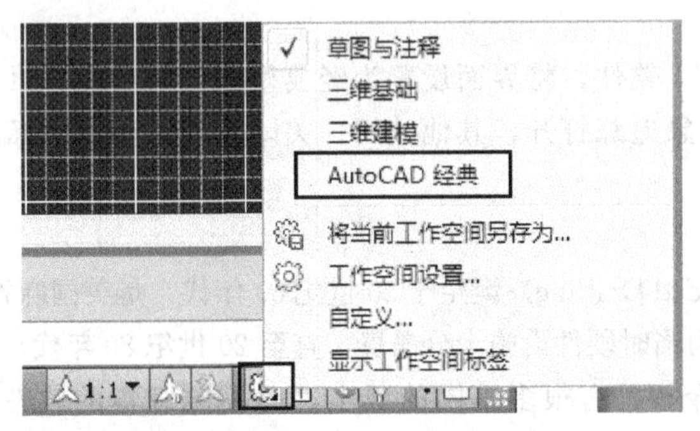

图 1-3　切换工作空间

软件进入经典工作界面，如图 1-4 所示。

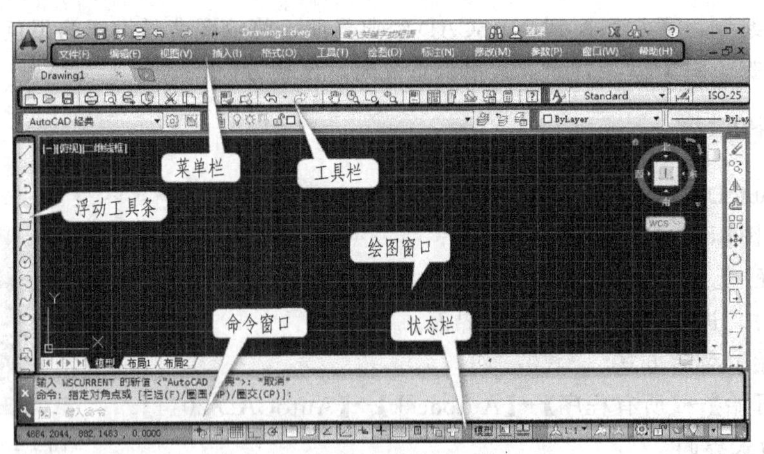

图 1-4　AutoCAD 经典工作界面

4. 设置背景颜色为黑色

根据不同绘图人的习惯，可以将软件绘图背景设置成绘图人喜欢的颜色。这里设置为黑色。

菜单：【工具】→【选项】，弹出对话框，如图 1-5 所示。

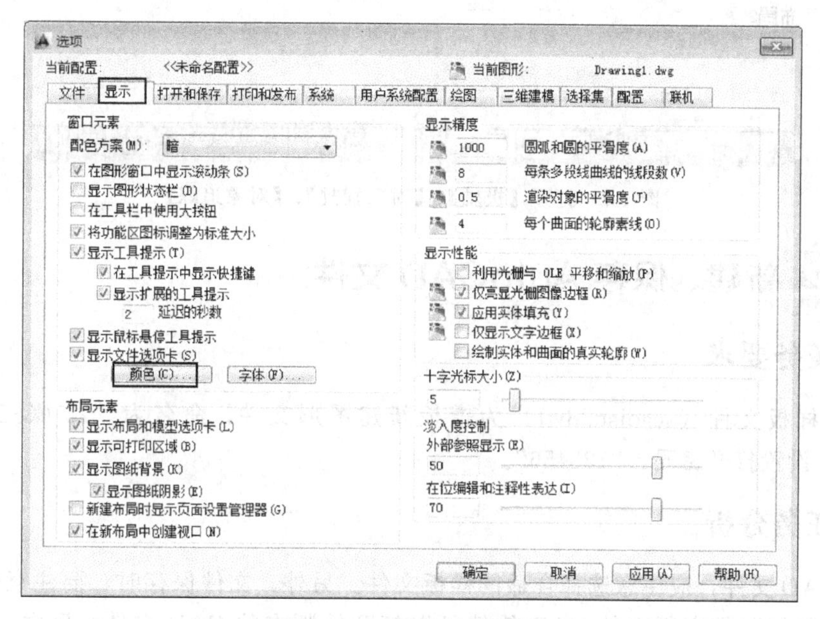

图 1-5 工具选项对话框

在工具选项对话框中，选择【颜色】按钮，弹出对话框。选择黑色，如图 1-6 所示。

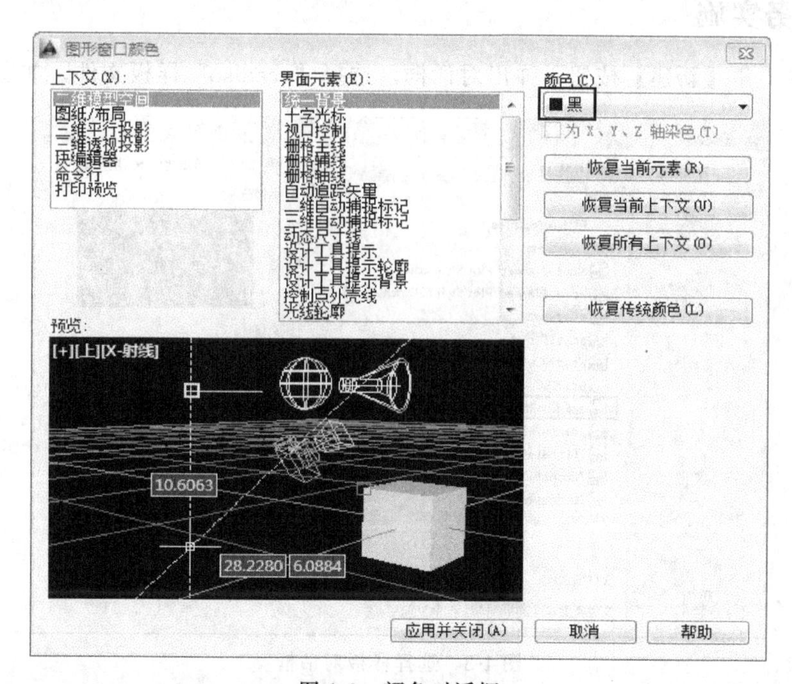

图 1-6 颜色对话框

5. 打开相应选项

在状态栏中将【极轴】、【对象捕捉】、【对象追踪】打开，其他关闭，如图 1-7 所示。

6. 关闭 UCS 图标

菜单：【视图】→【显示】→【UCS 图标】→【开】。

再选一次，则再次打开。

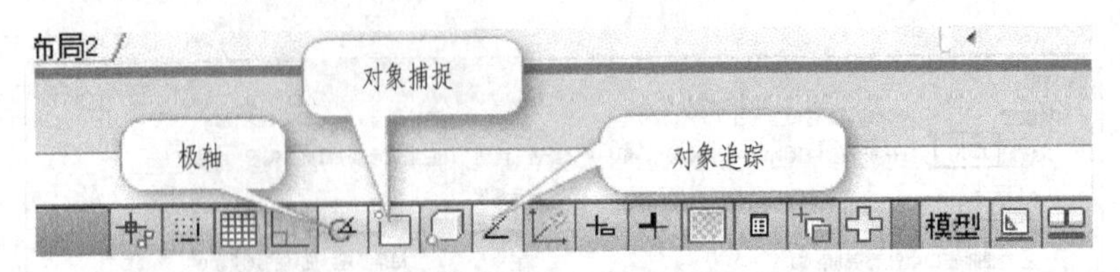

图 1-7 打开【极轴】、【对象捕捉】、【对象追踪】

任务 1.2 新建、保存 AutoCAD 文件

一、任务要求

以默认样板文件（acadiso.dwt）为模板新建图形文件，命名为“25 张三”，保存为 2010 格式，设置打开密码：“123456”。

二、任务分析

新建 CAD 文件，应注意选择合适的样板文件。另外，文件保存时，要注意保存为合适的版本。一般情况是高版本的 CAD 软件可以打开低版本的 CAD 文件，反之，则不可以。同时，为了加强 CAD 文件的保密性能，软件提供了密码保护功能。

三、任务实施

(1) 点左上角【新建】按钮，弹出对话框。选择“acadiso”样板文件，如图 1-8 所示。

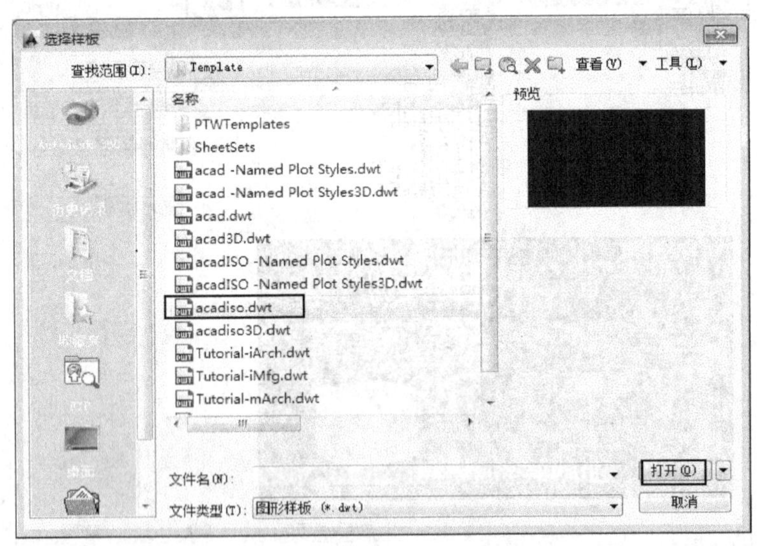

图 1-8 选择样板对话框

(2) 点左上角【保存】按钮，弹出对话框。选择保存文件的位置和合适的文件版本、名称，如图 1-9 所示。

点对话框右上角【工具】右侧黑色三角形，选择【安全选项】，弹出对话框，如图 1-10 所示。

在安全选项对话框中，可以键入密码，点击【确定】，完成文件的加密保存，如图 1-11 所示。

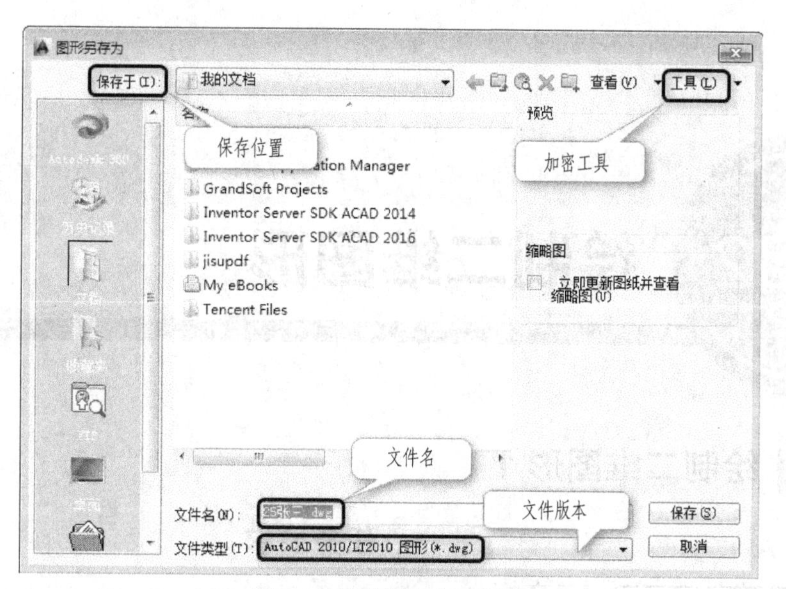

图 1-9 图形另存为对话框

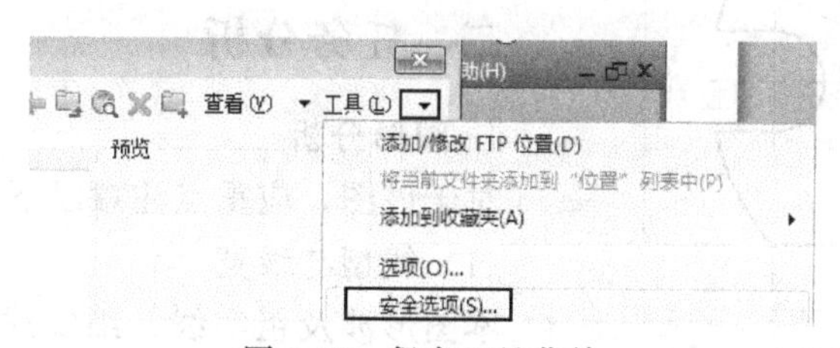

图 1-10 保存工具菜单

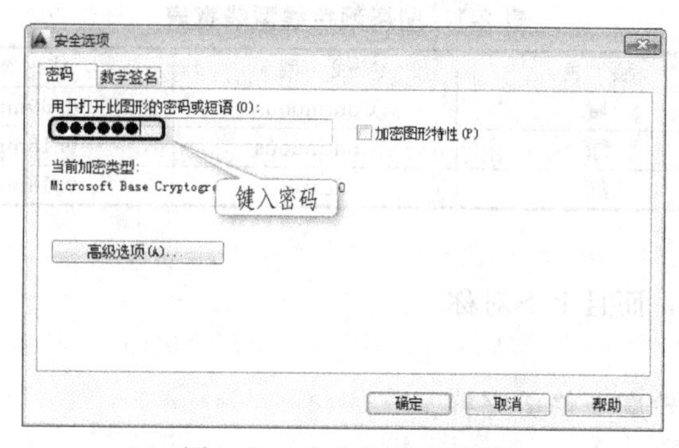

图 1-11 安全选项对话框

绘制二维图形

任务 2.1 绘制二维图形 1

一、任务要求

按建筑制图标准绘制二维图形 1，如图 2-1 所示。

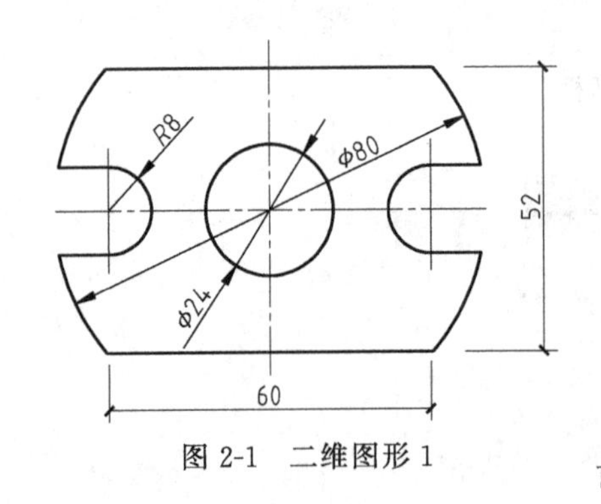

图 2-1 二维图形 1

二、任务分析

1. 图形分析

对于该图，应重点注意以下信息。

(1) 线型与线宽

本图形涉及粗实线、细实线、细点画线三种线型，可以建立如表 2-1 所示图层。

表 2-1 图层颜色线型线宽表

名 称	颜 色	线 型	线 宽	备 注
粗实线	黄	Continuous	0.60mm	
细实线	绿	Continuous	0.18mm	默认线宽
细点画线	红	Center	0.18mm	默认线宽

(2) 对称性

图形不仅左右对称，而且上下对称。

2. 绘制顺序

中心线→圆→直线轮廓→修剪完善。

三、任务实施

1. 建立三种线型

(1) 建立图层

输入命令：LA 空格或者回车 (新建图层命令：LAYER)

弹出对话框如图 2-2 所示。

点【新建】按钮三次，建立粗实线、细实线、细点画线三个图层，并按表 2-1 修改它们的颜色、线宽。

(2) 修改点画线线型

点击点画线对应的线型“Continuous”，弹出对话框，如图 2-3 所示。

点击【加载】，弹出对话框，如图2-4所示，选择“CENTER”。

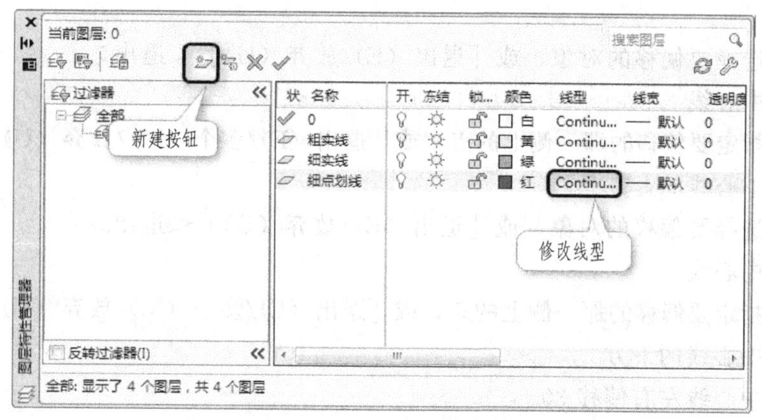

图2-2 新建图层对话框

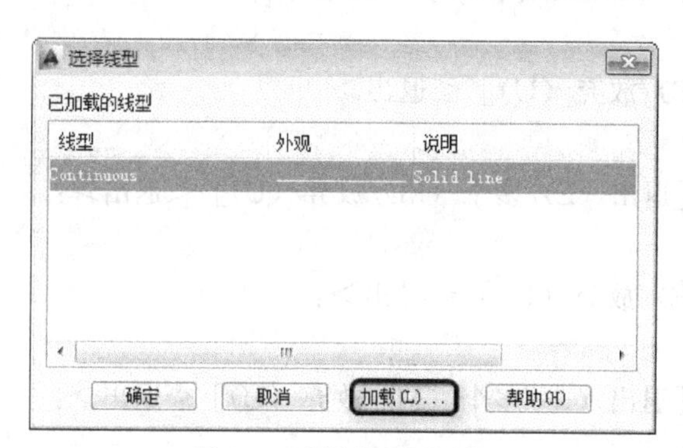

图2-3 选择线型对话框

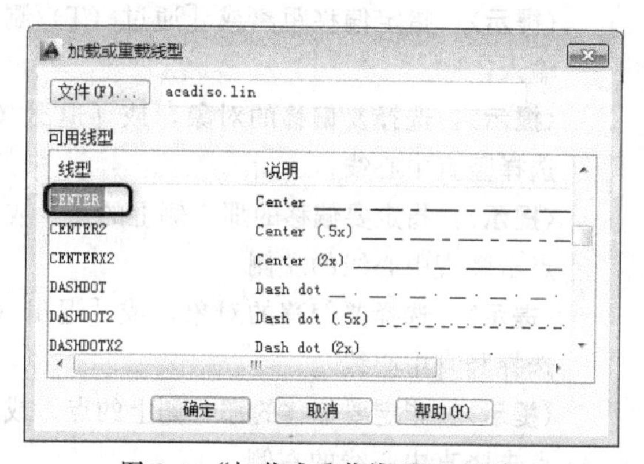

图2-4 “加载或重载线型”对话框

2. 绘制中心线（点画线）

（1）进入点画线图层，在状态栏中打开【极轴】、【对象捕捉】、【对象追踪】，其他状态关闭。

（2）绘制水平中心线

输入命令：L　空格或回车　（直线命令：LINE）

〈**提示**〉：LINE 指定第一个点，点取鼠标左键。

在屏幕上任意拾取一点。

鼠标右移，当右侧出现白色极轴线时，键盘输入“80”，两次空格或者两次回车，画出水平中心线。

（3）绘制竖直中心线

空格　（重复执行上次的直线命令）

大致位置拾取竖直中心线的上端点。

鼠标下移，当下侧出现白色极轴线时，键盘输入“70”，两次空格或者两次回车，画出竖直中心线。

3. 对中心线进行偏移

（1）水平中心线上下偏移26

输入命令：O　空格　（偏移命令 OFFSET）

〈提示〉：指定偏移距离或［通过（T）/删除（E）/图层（L）］＜通过＞：
输入：26
〈提示〉：选择要偏移的对象，或［退出（E）/放弃（U）］＜退出＞：
选择水平中心线
〈提示〉：指定要偏移的那一侧上的点，或［退出（E）/多个（M）/放弃（U）］＜退出＞：
点击水平中心线的上方
〈提示〉：选择要偏移的对象，或［退出（E）/放弃（U）］＜退出＞：
选择水平中心线
〈提示〉：指定要偏移的那一侧上的点，或［退出（E）/多个（M）/放弃（U）］＜退出＞：
点击水平中心线的下方
（2）竖直中心线左右偏移 30
空格　（重复执行上次的偏移命令）
〈提示〉：指定偏移距离或［通过（T）/删除（E）/图层（L）］＜通过＞：
输入：30
〈提示〉：选择要偏移的对象，或［退出（E）/放弃（U）］＜退出＞：
选择竖直中心线
〈提示〉：指定要偏移的那一侧上的点，或［退出（E）/多个（M）/放弃（U）］＜退出＞：
点击竖直中心线的左侧
〈提示〉：选择要偏移的对象，或［退出（E）/放弃（U）］＜退出＞：
选择竖直中心线
〈提示〉：指定要偏移的那一侧上的点，或［退出（E）/多个（M）/放弃（U）］＜退出＞：
点击竖直中心线的右侧

4. 绘制四个圆

（1）进入粗线图层
（2）绘制中间小圆
输入命令：C　空格　（圆命令 CIRCLE）
〈提示〉：指定圆的圆心或［三点（3P）/两点（2P）/切点、切点、半径（T）］：
鼠标拾取圆心
〈提示〉：指定圆的半径或［直径（D）］：
输入半径：12　空格
（3）绘制大圆
空格　（重复执行上次的命令）
〈提示〉：指定圆的圆心或［三点（3P）/两点（2P）/切点、切点、半径（T）］：
鼠标拾取圆心
〈提示〉：指定圆的半径或［直径（D）］：
输入半径：40　空格
（4）绘制两边的两个半圆
空格　（重复执行上次的命令）
〈提示〉：指定圆的圆心或［三点（3P）/两点（2P）/切点、切点、半径（T）］：

鼠标拾取圆心

〈提示〉：指定圆的半径或［直径（D）］：

输入半径：8 空格

空格 （重复执行上次的命令）

〈提示〉：指定圆的圆心或［三点（3P）/两点（2P）/切点、切点、半径（T）］：

鼠标拾取圆心

〈提示〉：指定圆的半径或［直径（D）］：

输入半径：8 空格

5. 将上下两水平直线更换到粗线图层

选中两条水平直线。

选择粗线图层。

6. 修剪

(1) 修剪上下两段圆弧，如图 2-5（e）所示。

输入命令：TR 空格 （修剪命令 TRIM）

〈提示〉：选择对象：

鼠标拾取上下两条水平直线，空格

〈提示〉：选择要修剪的对象，或按住【Shift】键选择要延伸的对象

鼠标拾取上下两段要剪去的圆弧，空格

(2) 修剪其他多余线段，如图 2-5（f）所示。

输入命令：TR 空格 （修剪命令 TRIM）

〈提示〉：选择对象：

鼠标右框整个图形，空格

〈提示〉：选择要修剪的对象，或按住【Shift】键选择要延伸的对象

鼠标拾取需要剪去的线段，空格

7. 补充四条直线段

输入命令：L 空格 （直线命令 LINE）

〈提示〉：指定第一个点：

鼠标拾取直线的端点

〈提示〉：指定下一点或［放弃（U）］：

鼠标拾取直线的另一端点

重复，绘制另三条直线

8. 修剪两边的槽口

输入命令：TR 空格 （修剪命令 TRIM）

〈提示〉：选择对象：

鼠标右框整个图形，空格

〈提示〉：选择要修剪的对象，或按住【Shift】键选择要延伸的对象

鼠标拾取需要剪去的线段，空格

9. 步骤

如图 2-5 所示。

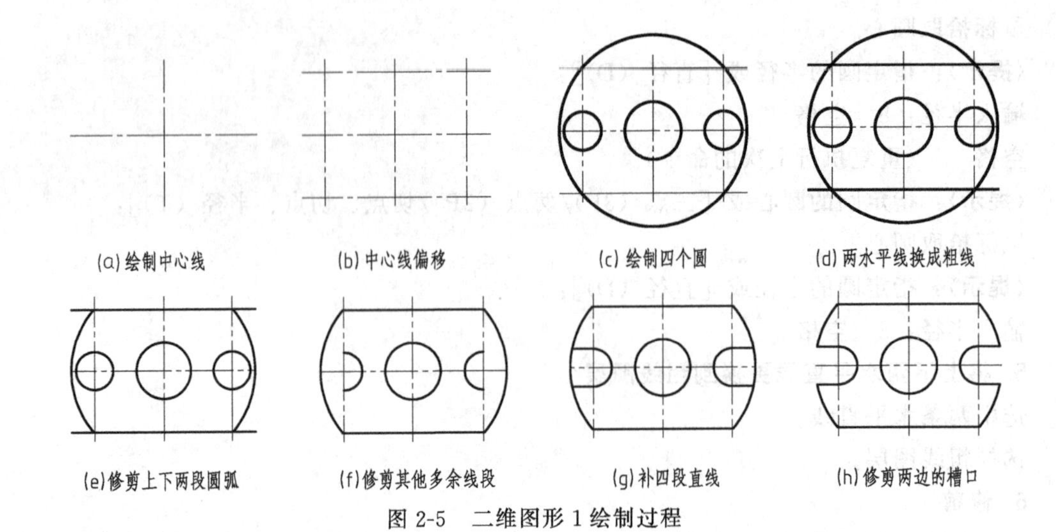

图 2-5　二维图形 1 绘制过程

任务 2.2　绘制二维图形 2

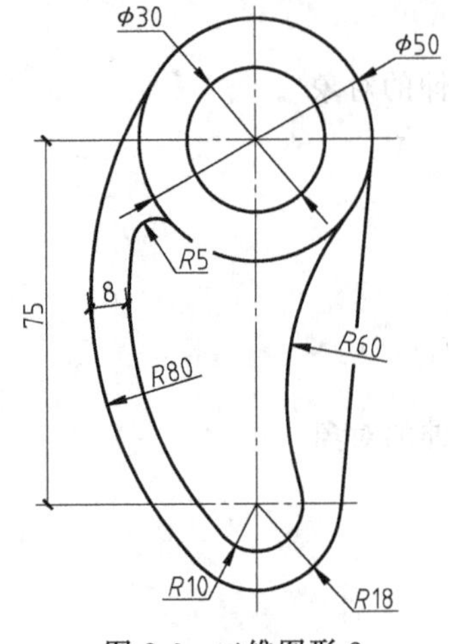

图 2-6　二维图形 2

一、任务要求

按建筑制图标准绘制二维图形 2，如图 2-6 所示。

二、任务分析

1. 图形分析

(1) 线型与线宽

本图形涉及粗实线、细实线、细点画线三种线型，图层同任务 2.1。

(2) 已知圆弧：$\phi30$、$\phi50$、$R10$、$R18$

连接圆弧：$R80$、$R60$、$R5$

2. 绘制顺序

中心线→已知圆弧→连接圆弧→公切直线。

三、任务实施

1. 绘制基准线

(1) 进入点画线图层

(2) 绘制上方水平基准线

输入命令：L　空格　(直线命令 LINE)

〈提示〉：指定第一个点：

鼠标任意拾取一点

〈提示〉：指定下一点或 [放弃 (U)]：

鼠标右移，出现水平极轴线，输入：70，空格

空格　　(结束直线命令)

(3) 绘制竖直基准线

空格　　(重复执行上次的命令 LINE)

〈提示〉：指定第一个点：

鼠标大概拾取竖直中心线的上端点位置

〈提示〉：指定下一点或［放弃（U）］：

鼠标下移，出现竖直极轴线，输入：150，空格

空格　（结束直线命令）

(4) 绘制下方水平基准线

输入命令：O　空格　（偏移命令 OFFEST）

〈提示〉：指定偏移距离或［通过（T）/删除（E）/图层（L）］＜通过＞：

输入：75　空格

〈提示〉：选择要偏移的对象，或［退出（E）/放弃（U）］＜退出＞：

选择水平中心线

〈提示〉：指定要偏移的那一侧上的点，或［退出（E）/多个（M）/放弃（U）］＜退出＞：

点击水平中心线的下方

2. 绘制四个已知圆弧

(1) 进入粗线图层

(2) 绘制上部两圆

输入命令：C　空格　（圆命令 CIRCLE）

〈提示〉：指定圆的圆心或［三点（3P）/两点（2P）/切点、切点、半径（T）］：

鼠标拾取圆心

〈提示〉：指定圆的半径或［直径（D）］：

输入半径：15　空格

空格　（重复执行上次的命令）

〈提示〉：指定圆的圆心或［三点（3P）/两点（2P）/切点、切点、半径（T）］：

鼠标拾取圆心

〈提示〉：指定圆的半径或［直径（D）］：

输入半径：25　空格

(3) 绘制下部两圆

空格　（重复执行上次的命令）

〈提示〉：指定圆的圆心或［三点（3P）/两点（2P）/切点、切点、半径（T）］：

鼠标拾取圆心

〈提示〉：指定圆的半径或［直径（D）］：

输入半径：10　空格

空格　（重复执行上次的命令）

〈提示〉：指定圆的圆心或［三点（3P）/两点（2P）/切点、切点、半径（T）］：

鼠标拾取圆心

〈提示〉：指定圆的半径或［直径（D）］：

输入半径：18　空格

3. 绘制右侧的连接圆弧

输入命令：F　空格　（圆角命令 FILLET）

〈提示〉：选择第一个对象或［放弃（U）/多段线（P）/半径（R）/修剪（T）/多个（M）］：

输入：R　空格

〈提示〉：指定圆角半径＜0.0000＞：

输入：60　空格

在连接圆弧切点的大致位置拾取上下两圆

4. 绘制左侧外连接圆弧

输入命令：C　空格　（圆命令 CIRCLE）

〈提示〉：指定圆的圆心或［三点（3P)/两点（2P)/切点、切点、半径（T)］：

输入：T　空格

〈提示〉：指定对象与圆的第一个切点：

拾取一个切点

〈提示〉：指定对象与圆的第二个切点：

拾取另一个切点

〈提示〉：指定圆的半径＜18.0000＞：

输入：80　空格

5. 修剪左侧连接圆弧

输入命令：TR　空格　（修剪命令 TRIM）

〈提示〉：选择对象＜全部选择＞：

选择上下两外圆

空格　　（结束选择）

拾取要修剪掉的圆弧段

6. 绘制左侧内连接圆弧

输入命令：O　空格　（偏移命令 OFFSET）

〈提示〉：指定偏移距离或［通过（T)/删除（E)/图层（L)］＜75.0000＞：

输入：8　空格

〈提示〉：选择要偏移的对象，或［退出（E)/放弃（U)］＜退出＞：

选择要偏移的圆弧

〈提示〉：指定要偏移的那一侧上的点，或［退出（E)/多个（M)/放弃（U)］＜退出＞：

点击外连接圆弧的右侧

7. 绘制 *R*5 的连接圆弧

输入命令：F　空格　（圆角命令 FILLET）

〈提示〉：选择第一个对象或［放弃（U)/多段线（P)/半径（R)/修剪（T)/多个（M)］：

输入：R　空格

〈提示〉：指定圆角半径＜60.0000＞：

输入：5　空格

〈提示〉：选择第一个对象或［放弃（U)/多段线（P)/半径（R)/修剪（T)/多个（M)］：

拾取连接圆弧的一个切点

〈提示〉：选择第二个对象，或按住【Shift】键选择对象以应用角点或［半径（R)］：

拾取连接圆弧的另一个切点

8. 绘制右侧切线

输入命令：L　空格　（直线命令 LINE）

〈提示〉：指定第一个点：

按住【Shift】键的同时，点击鼠标右键，选择切点，拾取一个切点

〈提示〉：指定下一点或［放弃（U）］：

按住【Shift】键的同时，点击鼠标右键，选择切点，拾取另一个切点

〈提示〉：指定下一点或［放弃（U）］：

空格　（结束直线命令）

9. 修剪

输入命令：TR　空格　（修剪命令 TRIM）

〈提示〉：选择对象＜全部选择＞：

选择所有图元

空格　（结束选择）

拾取要修剪掉的直线段和圆弧段

10. 步骤

如图 2-7 所示。

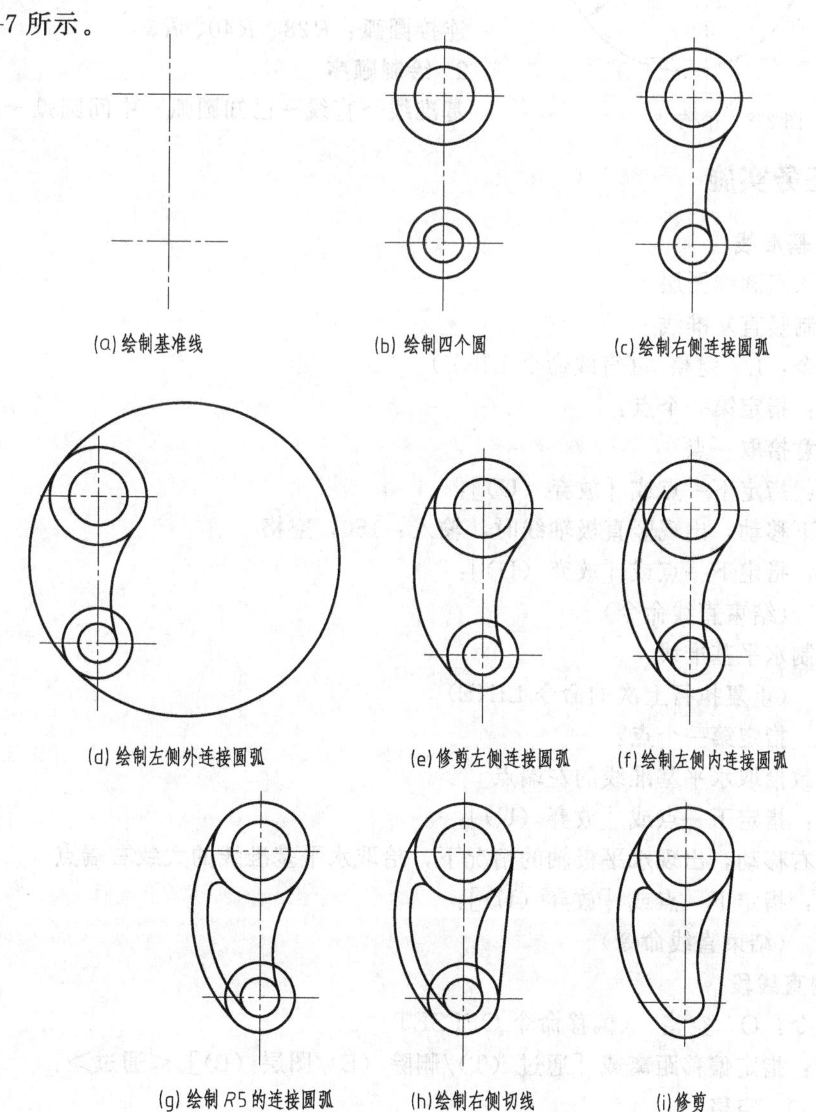

图 2-7　二维图形 2 的绘制过程

任务 2.3 绘制吊钩

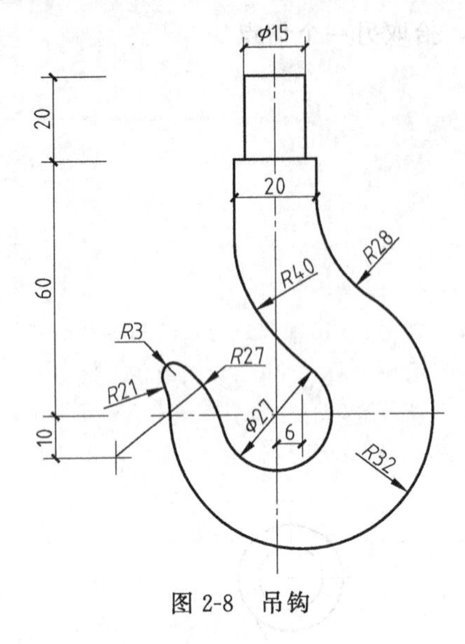

图 2-8 吊钩

一、任务要求

按建筑制图标准绘制吊钩，如图 2-8 所示。

二、任务分析

1. 图形分析

(1) 线型与线宽

本图形涉及粗实线、细实线、细点画线三种线型，图层同任务 2.1。

(2) 已知圆弧：$\phi27$、$R32$

中间圆弧：$R27$、$R21$

连接圆弧：$R28$、$R40$、$R3$

2. 绘制顺序

基准线→直线→已知圆弧→中间圆弧→连接圆弧。

三、任务实施

1. 绘制基准线

(1) 进入点画线图层

(2) 绘制竖直基准线

输入命令：L　空格　(直线命令 LINE)

〈提示〉：指定第一个点：

鼠标任意拾取一点

〈提示〉：指定下一点或 [放弃 (U)]：

鼠标向下移动，出现竖直极轴线时，输入：150，空格

〈提示〉：指定下一点或 [放弃 (U)]：

空格　　(结束直线命令)

(3) 绘制水平基准线

空格　　(重复执行上次的命令 LINE)

〈提示〉：指定第一个点：

鼠标大致拾取水平基准线的左端点

〈提示〉：指定下一点或 [放弃 (U)]：

鼠标向右移动，出现水平极轴的情况下，拾取水平基准线的大致右端点

〈提示〉：指定下一点或 [放弃 (U)]：

空格　　(结束直线命令)

2. 绘制直线段

输入命令：O　空格　(偏移命令 OFFSET)

〈提示〉：指定偏移距离或 [通过 (T)/删除 (E)/图层 (L)] <通过>：

输入：60　空格

〈提示〉：选择要偏移的对象，或 [退出 (E)/放弃 (U)] <退出>：

选择水平基准线
〈提示〉：指定要偏移的那一侧上的点，或［退出（E）/多个（M）/放弃（U）］＜退出＞：
鼠标左键点击水平基准线的上方
〈提示〉：选择要偏移的对象，或［退出（E）/放弃（U）］＜退出＞：
空格 （结束偏移命令）
空格 （重复执行上次的命令 OFFSET）
〈提示〉：指定偏移距离或［通过（T）/删除（E）/图层（L）］＜通过＞：
输入：20 空格
〈提示〉：选择要偏移的对象，或［退出（E）/放弃（U）］＜退出＞：
选择刚偏移得到的水平线
〈提示〉：指定要偏移的那一侧上的点，或［退出（E）/多个（M）/放弃（U）］＜退出＞：
鼠标左键点击水平线的上方
〈提示〉：选择要偏移的对象，或［退出（E）/放弃（U）］＜退出＞：
空格 （结束偏移命令）
同理，将竖直基准线向两侧偏移
将多余的线段进行修剪

3. 绘制已知圆弧（$\phi 27$ 和 $R32$）

输入命令：C 空格 （圆命令 CIRCLE）
〈提示〉：指定圆的圆心或［三点（3P）/两点（2P）/切点、切点、半径（T）］：
鼠标左键拾取圆心
〈提示〉：指定圆的半径或［直径（D）］：
输入：13.5 空格
空格 （重复执行上次的命令 CIRCLE）
〈提示〉：指定圆的圆心或［三点（3P）/两点（2P）/切点、切点、半径（T）］：
鼠标左键拾取圆心
〈提示〉：指定圆的半径或［直径（D）］＜13.5000＞：
输入：32 空格

4. 绘制连接圆弧（$R40$，$R28$）

输入命令：F 空格 （圆角命令 FILLET）
〈提示〉：选择第一个对象或［放弃（U）/多段线（P）/半径（R）/修剪（T）/多个（M）］：
输入：R 空格
〈提示〉：指定圆角半径＜5.0000＞：
输入：40 空格
〈提示〉：选择第一个对象或［放弃（U）/多段线（P）/半径（R）/修剪（T）/多个（M）］：
鼠标左键拾取一个切点
〈提示〉：选择第二个对象，或按住【Shift】键选择对象以应用角点或［半径（R）］：
鼠标左键拾取第二个切点
空格 （重复执行上次的圆角命令 FILLET）
〈提示〉：选择第一个对象或［放弃（U）/多段线（P）/半径（R）/修剪（T）/多个（M）］：
输入：R 空格
〈提示〉：指定圆角半径＜40.0000＞：

输入：28 空格

〈提示〉：选择第一个对象或［放弃（U）/多段线（P）/半径（R）/修剪（T）/多个（M）］：

鼠标左键拾取第一个切点

〈提示〉：选择第二个对象，或按住【Shift】键选择对象以应用角点或［半径（R）］：

鼠标左键拾取第二个切点

5. 绘制中间圆弧（*R*27）

（1）将水平基准线向下偏移 10，做辅助直线。

（2）以直径 27 的圆的圆心为圆心，以 13.5＋27＝40.5 为半径做辅助圆。

（3）以辅助直线和辅助圆的交点为圆心，以 27 为半径，做半径为 27 的中间圆弧。

6. 绘制中间圆弧（*R*21）

（1）以半径 32 的圆的圆心为圆心，以 32＋21＝53 为半径做辅助圆。

（2）以水平基准线和辅助圆的交点为圆心，以 21 为半径，做半径为 21 的中间圆弧。

7. 绘制连接圆弧（*R*3）

输入命令：F 空格 （圆角命令 FILLET）

〈提示〉：选择第一个对象或［放弃（U）/多段线（P）/半径（R）/修剪（T）/多个（M）］：

输入：R 空格

〈提示〉：指定圆角半径＜28.0000＞：

输入：3 空格

〈提示〉：选择第一个对象或［放弃（U）/多段线（P）/半径（R）/修剪（T）/多个（M）］：

鼠标左键拾取第一个切点

〈提示〉：选择第二个对象，或按住【Shift】键选择对象以应用角点或［半径（R）］：

鼠标左键拾取第二个切点

8. 修剪

9. 绘制过程

如图 2-9 所示。

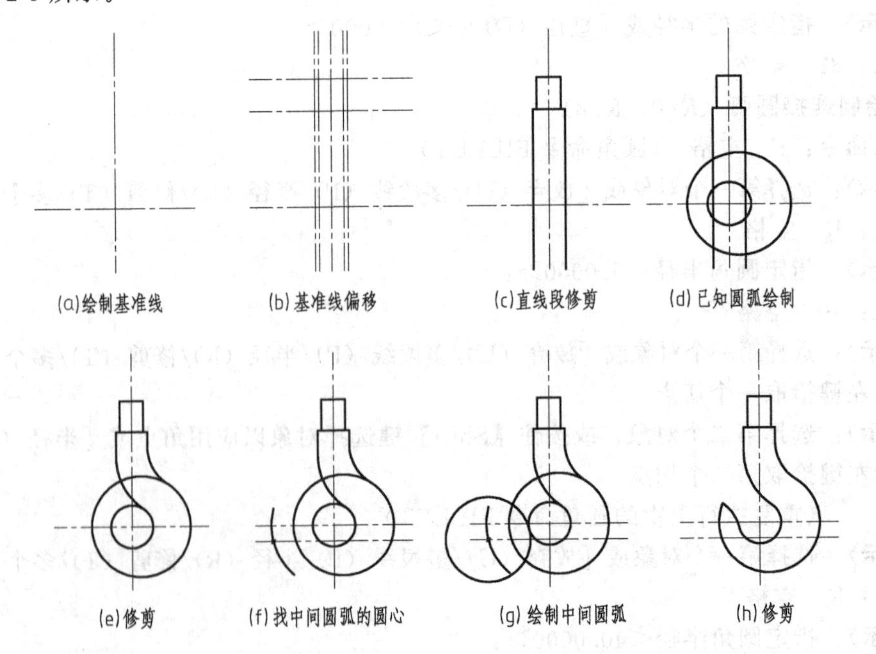

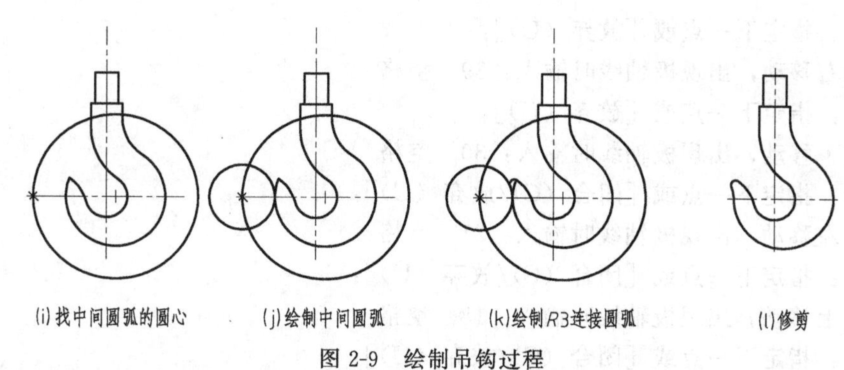

图 2-9　绘制吊钩过程

任务 2.4　绘制花格窗

一、任务要求

按建筑制图标准绘制花格窗，如图 2-10 所示。

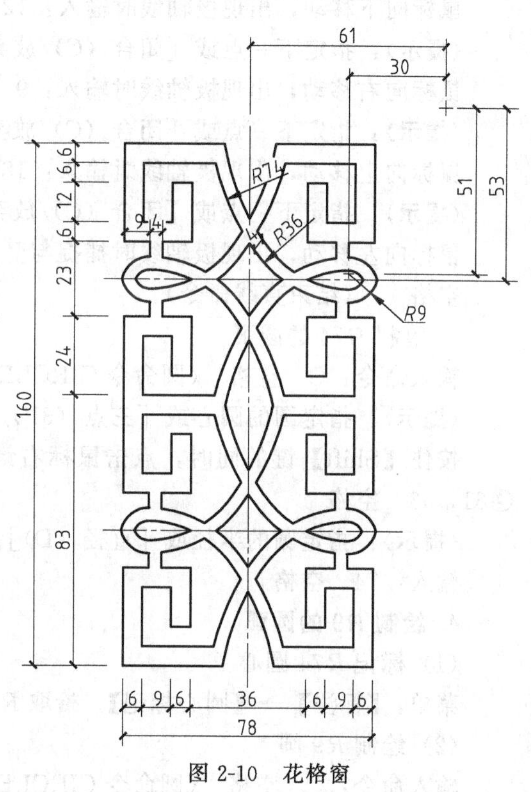

图 2-10　花格窗

二、任务分析

1. 图形分析

(1) 线型与线宽

本图形涉及粗实线、细实线、细点画线三种线型，图层同任务 2.1。

(2) 对称

(3) 已知圆弧：$R74$、$R9$

连接圆弧：$R36$

2. 绘制顺序

基准线→直线段→已知圆弧→连接圆弧→镜像。

3. 重点

绘制右上角部分，然后采用镜像。

三、任务实施

1. 基准线绘制

(1) 进入点画线图层。

(2) 竖直基准线：长度大约 170。

(3) 水平基准线：大约 85。

2. 右上角直线段

(1) 进入粗实线图层。

(2) 打开状态栏中【对象捕捉】、【极轴】、【对象追踪】，其他状态关闭。

(3) 绘制右上角直线段。

输入命令：L　空格　(直线命令 LINE)

〈提示〉：指定第一个点：

鼠标放在基准线交点停留片刻（勿点击），向上移动鼠标，出现极轴线时输入：41.5　空格

〈提示〉：指定下一点或［放弃（U）］：
鼠标向右移动，出现极轴线时输入：39 空格
〈提示〉：指定下一点或［放弃（U）］：
鼠标向下移动，出现极轴线时输入：30 空格
〈提示〉：指定下一点或［闭合（C）/放弃（U）］：
鼠标向左移动，出现极轴线时输入：21 空格
〈提示〉：指定下一点或［闭合（C）/放弃（U）］：
鼠标向上移动，出现极轴线时输入：18 空格
〈提示〉：指定下一点或［闭合（C）/放弃（U）］：
鼠标向右移动，出现极轴线时输入：6 空格
〈提示〉：指定下一点或［闭合（C）/放弃（U）］：
鼠标向下移动，出现极轴线时输入：12 空格
〈提示〉：指定下一点或［闭合（C）/放弃（U）］：
鼠标向右移动，出现极轴线时输入：9 空格
〈提示〉：指定下一点或［闭合（C）/放弃（U）］：
鼠标向上移动，出现极轴线时输入：18 空格
〈提示〉：指定下一点或［闭合（C）/放弃（U）］：
鼠标向左移动，出现极轴线时捕捉与竖直基准线的交点
空格 （结束直线命令）

3. 绘制 *R*74 的圆弧

输入命令：C 空格 （圆命令 CIRCLE）
〈提示〉：指定圆的圆心或［三点（3P）/两点（2P）/切点、切点、半径（T）］：
按住【Shift】键的同时，点击鼠标右键，选择【自动拾取】，点击基准线交点，输入：@61，53 空格
〈提示〉：指定圆的半径或［直径（D）］：
输入：74 空格

4. 绘制 *R*9 的圆弧

（1）标记 *R*74 圆心
菜单：【标注】→【圆心标记】，拾取 *R*74 的圆，标记圆心
（2）绘制 *R*9 圆
输入命令：C 空格 （圆命令 CIRCLE）
〈提示〉：指定圆的圆心或［三点（3P）/两点（2P）/切点、切点、半径（T）］：
按住【Shift】键的同时，点击鼠标右键，选择【自动拾取】
点击基准线交点，输入：@－30，－51 空格
〈提示〉：指定圆的半径或［直径（D）］：
输入：9 空格

5. 绘制 *R*36 的圆

输入命令：C 空格 （圆命令 CIRCLE）
〈提示〉：指定圆的圆心或［三点（3P）/两点（2P）/切点、切点、半径（T）］：
输入：T 空格
〈提示〉：指定对象与圆的第一个切点：

鼠标左键拾取第一个切点

〈提示〉：指定对象与圆的第二个切点：

鼠标左键拾取第二个切点

〈提示〉：指定圆的半径<9.0000>：

输入：36 空格

6. 将 $R74$、$R36$、$R9$ 的三个圆向上偏移 4

7. 将 $R74$ 的圆左右镜像

输入命令：MI 空格 （镜像命令 MIRROR）

〈提示〉：选择对象：

右框需要镜像的圆，空格结束选择

〈提示〉：指定镜像线的第一点：

拾取镜像线的第一点

〈提示〉：指定镜像线的第二点：

拾取镜像线的第一点

〈提示〉：要删除源对象吗？[是（Y)/否（N)] <N>：

空格 （表示否）

8. 修剪

9. 将 $R9$ 的圆弧上下镜像

10. 修剪

11. 将绘制好的图形左右镜像

12. 绘制过程

如图 2-11 所示。

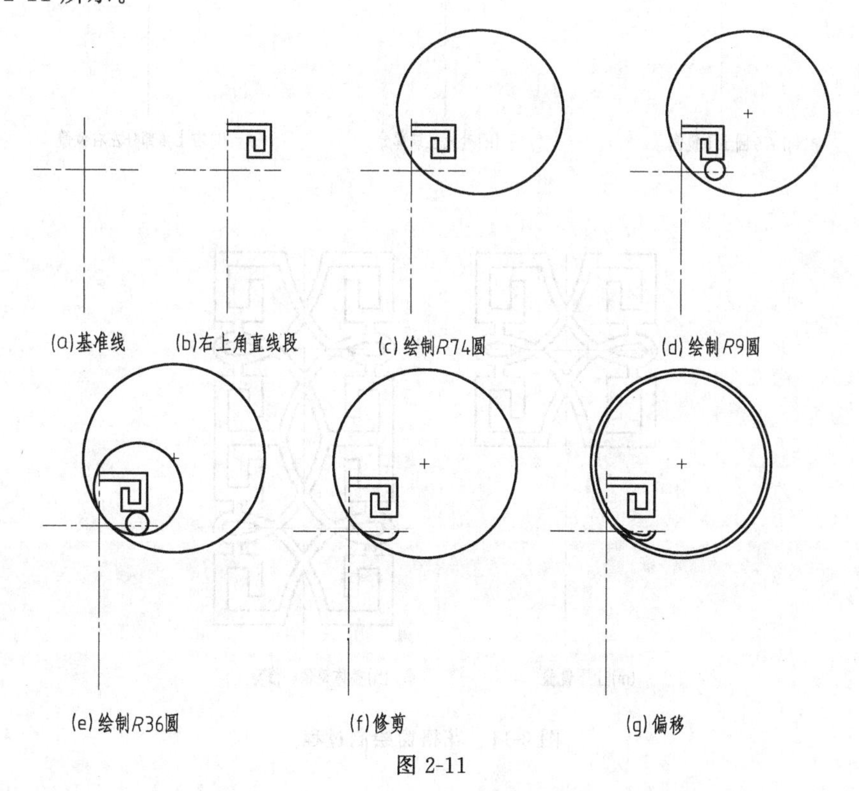

图 2-11

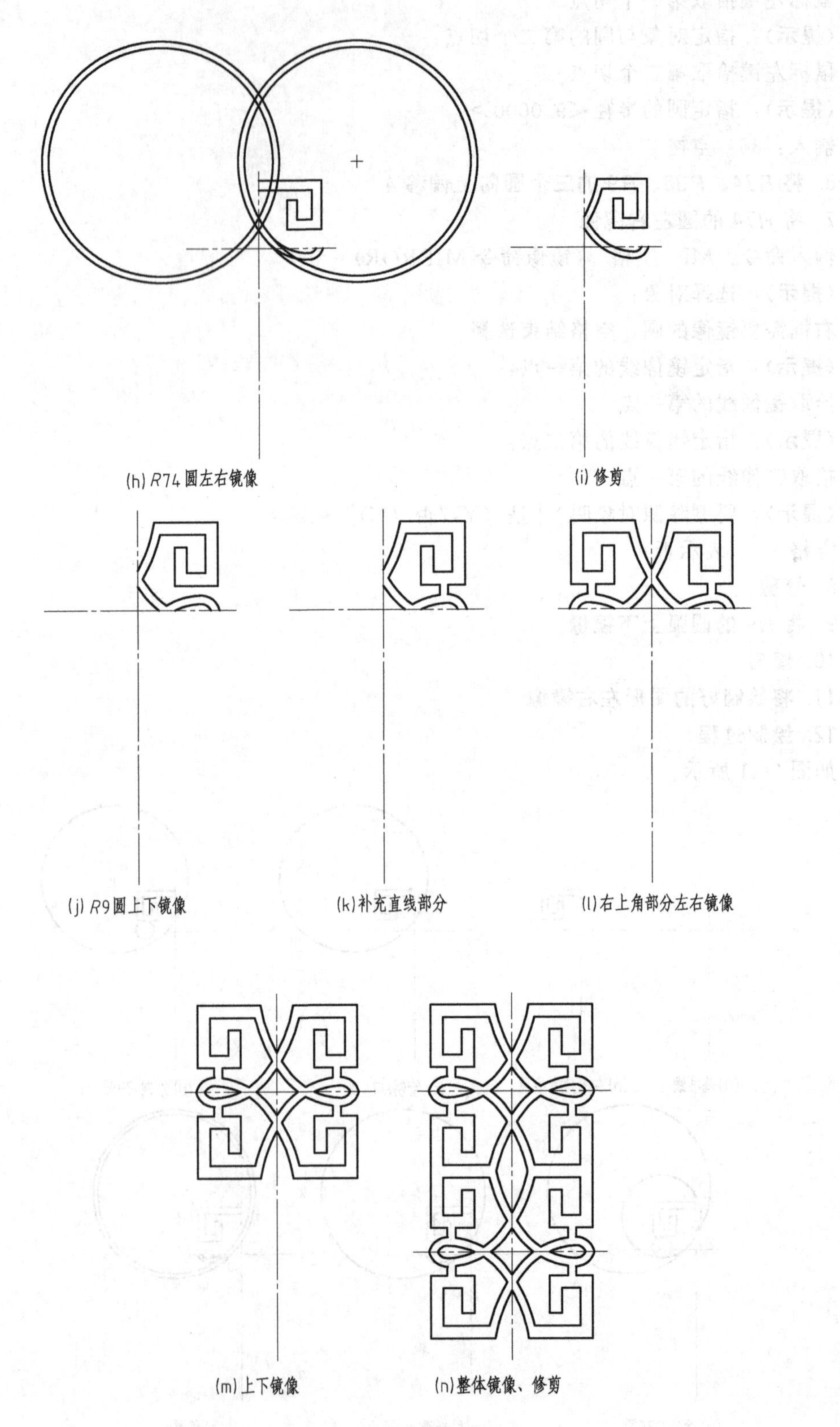

图 2-11 花格窗绘制过程

任务2.5 绘制立交桥

一、任务要求

按建筑制图标准绘制立交桥，如图2-12所示。

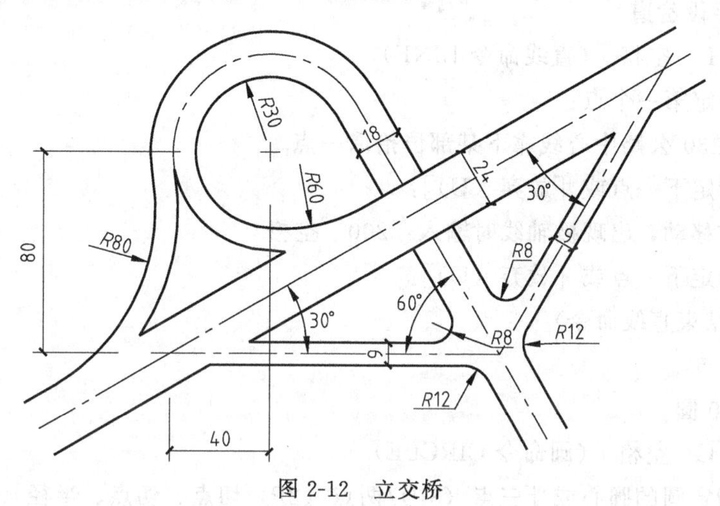

图2-12 立交桥

二、任务分析

1. 图形分析

(1) 线型与线宽

本图形涉及粗实线、细实线、细点画线三种线型，图层同任务2.1。

(2) 已知圆弧：$R30$

连接圆弧：其他所有圆弧

2. 绘制顺序

30°主干道→水平岔道→圆弧道→其他直道→连接圆弧。

三、任务实施

1. 绘制30°主干道

(1) 将极轴角设为30°

鼠标置于状态栏中【极轴】上，右键，点击【设置】，弹出对话框，如图2-13所示。

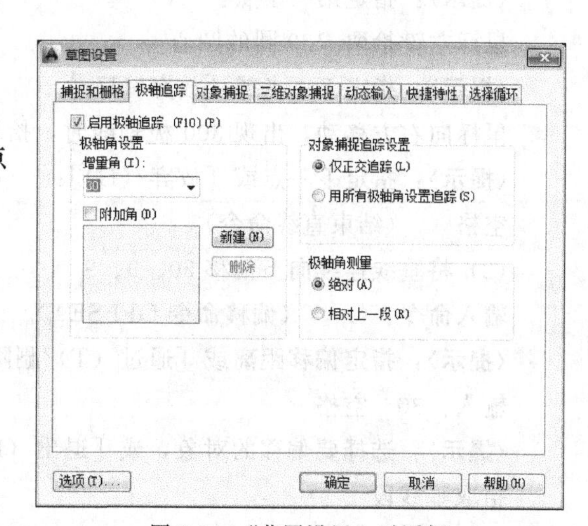

图2-13 "草图设置"对话框

将增量角设为30°。

(2) 进入点画线图层

(3) 绘制主干道基准线

输入命令：L 空格 （直线命令LINE）

〈提示〉：指定第一个点：

鼠标左键任意拾取一点

〈提示〉：指定下一点或［放弃（U）］：

鼠标向右上方移动，出现30°极轴线时输

入：300　空格

〈提示〉：指定下一点或［放弃（U）］：

空格　（结束直线命令）

（4）上下偏移12

2. 绘制水平段岔道

输入命令：L　空格　（直线命令LINE）

〈提示〉：指定第一个点：

鼠标左键在30°公路中心线靠下某部位拾取一点

〈提示〉：指定下一点或［放弃（U）］：

鼠标向右方移动，出现极轴线时输入：200　空格

〈提示〉：指定下一点或［放弃（U）］：

空格　（结束直线命令）

上下偏移4.5

3. 绘制 *R*30圆

输入命令：C　空格　（圆命令CIRCLE）

〈提示〉：指定圆的圆心或［三点（3P）/两点（2P）/切点、切点、半径（T）］：

按住【Shift】键同时右键，选择【自动拾取】

拾取中心线交点，输入@40，80　空格

〈提示〉：指定圆的半径＜9.0000＞：

输入：30　空格

4. 绘制30°圆弧公路

将圆向外连续偏移距离9，两次

5. 绘制与30°公路垂直段公路

（1）过圆心作30°公路的垂线

输入命令：L　空格　（直线命令LINE）

〈提示〉：指定第一个点：

鼠标左键拾取 *R*30圆的圆心

〈提示〉：指定下一点或［放弃（U）］：

鼠标向右方移动，出现300°极轴线时，拾取交点

〈提示〉：指定下一点或［放弃（U）］：

空格　（结束直线命令）

（2）将垂线连续向上偏移30、9、9

输入命令：O　（偏移命令OFFSET）

〈提示〉：指定偏移距离或［通过（T）/删除（E）/图层（L）］＜通过＞：

输入：30　空格

〈提示〉：选择要偏移的对象，或［退出（E）/放弃（U）］＜退出＞：

拾取垂线段

〈提示〉：指定要偏移的那一侧上的点，或［退出（E）/多个（M）/放弃（U）］＜退出＞：

在右侧拾取一点

〈提示〉：选择要偏移的对象，或［退出（E)/放弃（U)］＜退出＞：

空格　　（结束偏移命令）

空格　　（重复执行偏移命令）

〈提示〉：指定偏移距离或［通过（T)/删除（E)/图层（L)］＜通过＞：

输入：9　空格

〈提示〉：选择要偏移的对象，或［退出（E)/放弃（U)］＜退出＞：

〈提示〉：指定要偏移的那一侧上的点，或［退出（E)/多个（M)/放弃（U)］＜退出＞：

在右侧拾取一点

〈提示〉：选择要偏移的对象，或［退出（E)/放弃（U)］＜退出＞：

拾取垂线段

〈提示〉：指定要偏移的那一侧上的点，或［退出（E)/多个（M)/放弃（U)］＜退出＞：

在右侧拾取一点

空格　　（结束偏移命令）

(3) 将三条直线向前延伸，与水平段公路相交

6. 将水平段公路沿垂直公路镜像

7. 绘制 *R*80 段圆弧公路

输入命令：F　空格　（圆角命令 FILLET）

〈提示〉：选择第一个对象或［放弃（U)/多段线（P)/半径（R)/修剪（T)/多个（M)］：

输入：R　空格

〈提示〉：指定圆角半径＜8.0000＞：

输入：80　空格

〈提示〉：选择第一个对象或［放弃（U)/多段线（P)/半径（R)/修剪（T)/多个（M)］：

鼠标左键拾取第一切点

〈提示〉：选择第二个对象，或按住【Shift】键选择对象以应用角点或［半径（R)］：

鼠标拾取第二切点

向下偏移 9

8. 绘制 *R*60 段公路

输入命令：C　空格　（圆命令 CIRCLE）

〈提示〉：指定圆的圆心或［三点（3P)/两点（2P)/切点、切点、半径（T)］：

输入：T　空格

〈提示〉：指定对象与圆的第一个切点：

鼠标左键拾取第一切点

〈提示〉：指定对象与圆的第二个切点：

鼠标左键拾取第二切点

〈提示〉：指定圆的半径＜30.0000＞：

输入：60　空格

9. 圆角 *R*8、*R*12

10. 修剪

11. 绘制过程

如图 2-14 所示。

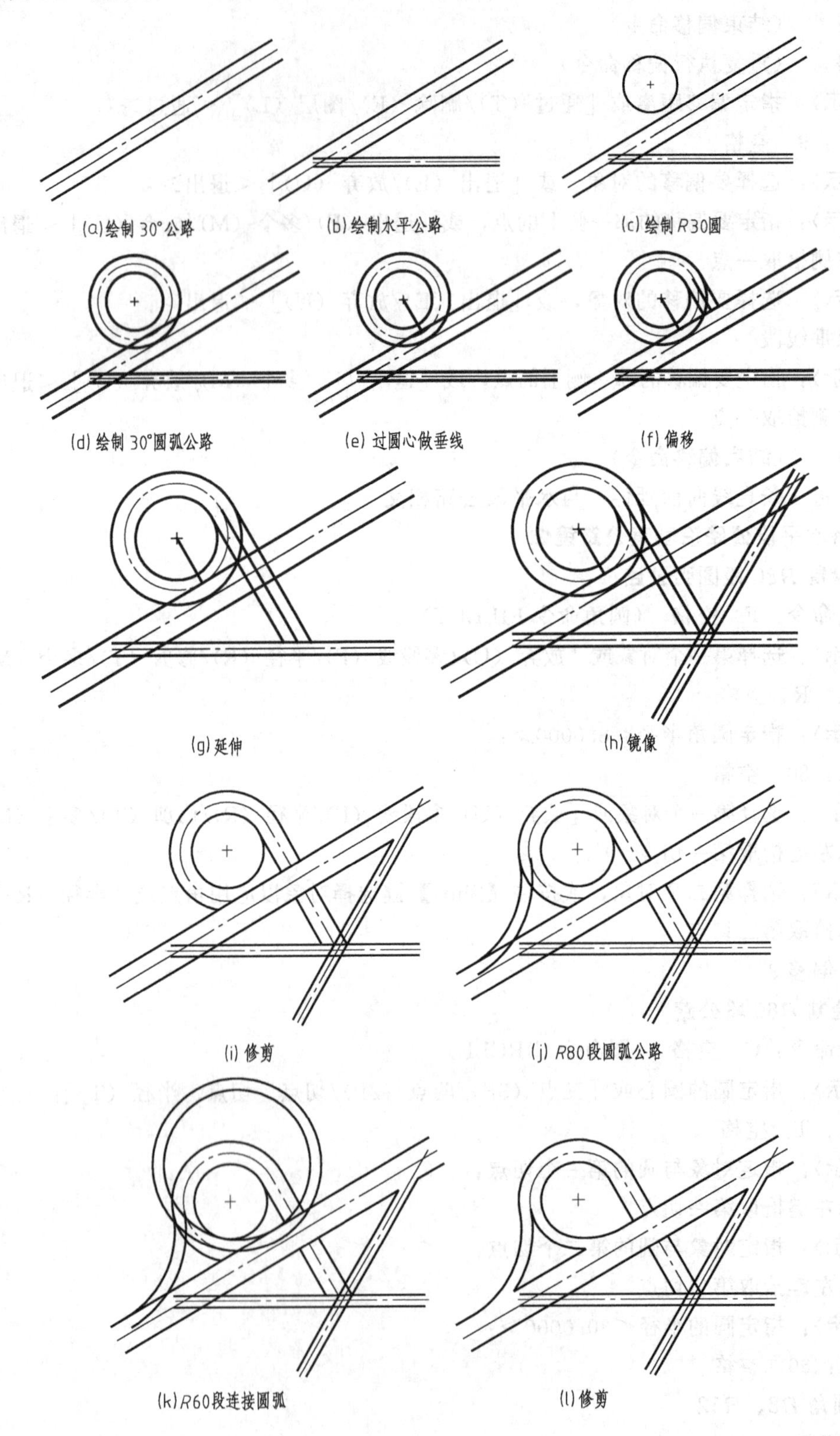

(a)绘制 30°公路　(b)绘制水平公路　(c)绘制 R30圆

(d)绘制 30°圆弧公路　(e)过圆心做垂线　(f)偏移

(g)延伸　(h)镜像

(i)修剪　(j)R80段圆弧公路

(k)R60段连接圆弧　(l)修剪

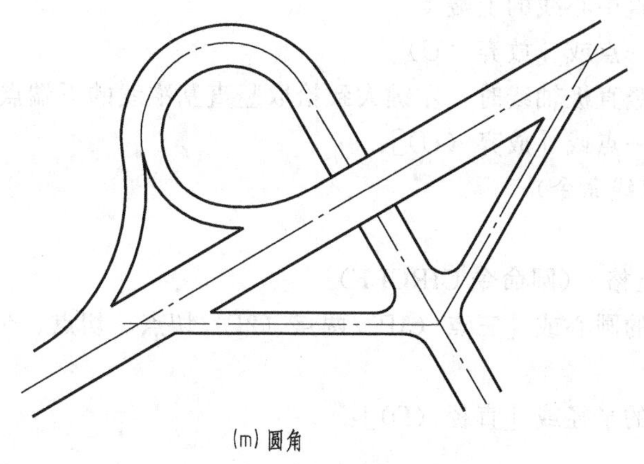

图 2-14 立交桥绘制过程

任务 2.6 绘制衣钩

一、任务要求

按建筑制图标准绘制衣钩，如图 2-15 所示。

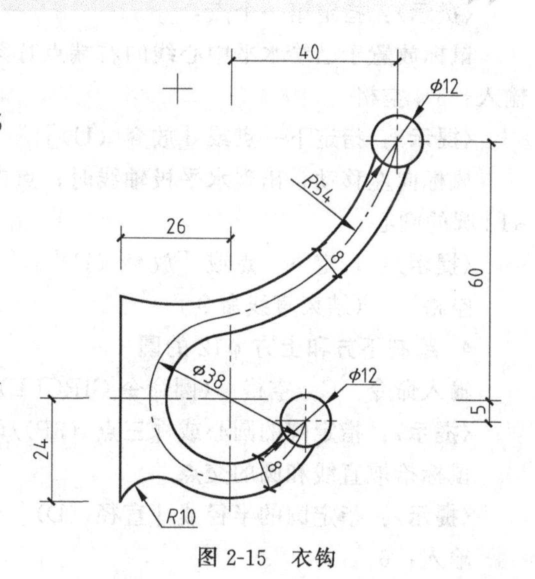

图 2-15 衣钩

二、任务分析

1. 图形分析

(1) 线型与线宽

本图形涉及粗实线、细实线、细点画线三种线型，图层同任务 2.1。

(2) 已知圆弧：$\phi38$、上部 $\phi12$

中间圆弧：下部 $\phi12$、$R54$、$R10$

2. 绘制顺序

基准线→已知圆弧→中间圆弧→修剪完善。

三、任务实施

1. 绘制基准线

输入命令：L　空格　(直线命令 LINE)

〈提示〉：指定第一个点：

鼠标左键任意拾取一点

〈提示〉：指定下一点或［放弃 (U)］：

鼠标右移，出现水平极轴线时输入：50　空格

〈提示〉：指定下一点或［放弃 (U)］：

空格　(结束直线命令)

空格　(重复执行直线命令)

〈提示〉：指定第一个点：

鼠标左键拾取竖直中心线的上端点

〈提示〉：指定下一点或［放弃（U）］：

鼠标下移，出现竖直极轴线时，左键大致拾取竖直基准线的下端点

〈提示〉：指定下一点或［放弃（U）］：

空格　（结束直线命令）

2、绘制 ϕ38 圆

输入命令：C　空格　（圆命令 CIRCLE）

〈提示〉：指定圆的圆心或［三点（3P）/两点（2P）/切点、切点、半径（T）］：

鼠标拾取圆心

〈提示〉：指定圆的半径或［直径（D）］：

输入：19　空格

3. 绘制下方 ϕ12 圆水平中心线

输入命令：L　空格　（直线命令 LINE）

〈提示〉：指定第一个点：

鼠标放置于已绘水平中心线的右端点片刻（勿点击）后，下移鼠标，出现竖直极轴线时输入：5　空格

〈提示〉：指定下一点或［放弃（U）］：

鼠标向左移动，出现水平极轴线时，点击左键，绘制出水平线段，与已知圆由交点，即 ϕ12 圆的圆心

〈提示〉：指定下一点或［放弃（U）］：

空格　（结束直线命令）

4. 绘制下方和上方 ϕ12 的圆

输入命令：C　空格　（圆命令 CIRCLE）

〈提示〉：指定圆的圆心或［三点（3P）/两点（2P）/切点、切点、半径（T）］：

鼠标拾取直线和圆的交点

〈提示〉：指定圆的半径或［直径（D）］＜19.0000＞：

输入：6

空格　（重复执行圆命令）

〈提示〉：指定圆的圆心或［三点（3P）/两点（2P）/切点、切点、半径（T）］：

按住【Shift】键，同时点鼠标右键，出现菜单，选择【自动拾取】

输入：@40，60　回车

〈提示〉：指定圆的半径或［直径（D）］＜6.0000＞：

输入：6

5. 找 R54 的圆心

（1）以上方 ϕ12 圆的圆心为圆心，以 54 为半径画圆。

（2）以 ϕ38 圆的圆心为圆心，以 38/2＋54＝73 为半径画圆。

（3）两辅助圆的交点即为 R54 圆的圆心。

6. 绘制 R54 的圆：

输入命令：C　空格　（圆命令 CIRCLE）

〈提示〉：指定圆的圆心或［三点（3P）/两点（2P）/切点、切点、半径（T）］：

拾取已找到的圆心

〈提示〉：指定圆的半径或［直径（D）］<6.0000>：

输入：54

7. 修剪

8. 偏移 4

9. 绘制左侧竖直线

用偏移命令

10. 延伸

将上方圆弧延伸，与左侧竖直线相交

11. 修剪

12. 找 *R*10 圆弧的圆心

输入命令：C 空格 （圆命令 CIRCLE）

〈提示〉：指定圆的圆心或［三点（3P）/两点（2P）/切点、切点、半径（T）］：

鼠标放置于 ϕ38 圆的水平中心线与左侧竖直线的交点片刻（勿点击），鼠标下移，出现竖直极轴线时输入：24

〈提示〉：指定圆的半径或［直径（D）］<6.0000>：

输入：10

空格 （重复执行圆命令）

〈提示〉：指定圆的圆心或［三点（3P）/两点（2P）/切点、切点、半径（T）］：

鼠标拾取 ϕ38 圆的圆心

〈提示〉：指定圆的半径或［直径（D）］<6.0000>：

输入：33

13. 绘制 *R*10 圆

输入命令：C 空格 （圆命令 CIRCLE）

〈提示〉：指定圆的圆心或［三点（3P）/两点（2P）/切点、切点、半径（T）］：

鼠标拾取已找到的圆心

〈提示〉：指定圆的半径或［直径（D）］<6.0000>：

输入：10

14. 修剪多余的线段，调整线的图层

15. 绘制过程

如图 2-16 所示。

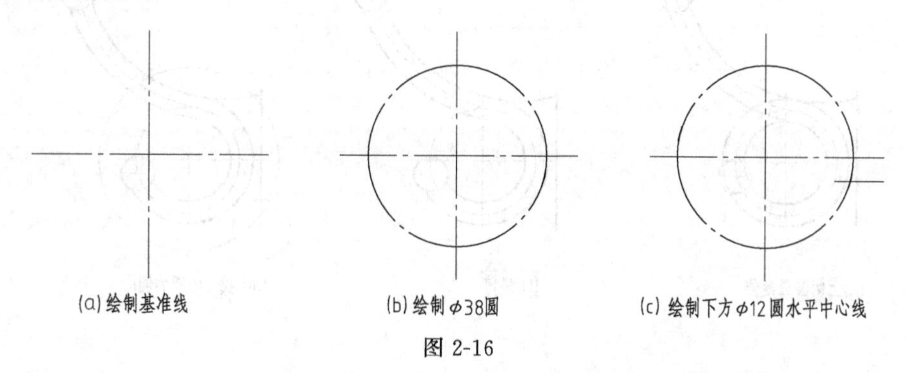

(a) 绘制基准线　(b) 绘制 ϕ38圆　(c) 绘制下方 ϕ12圆水平中心线

图 2-16

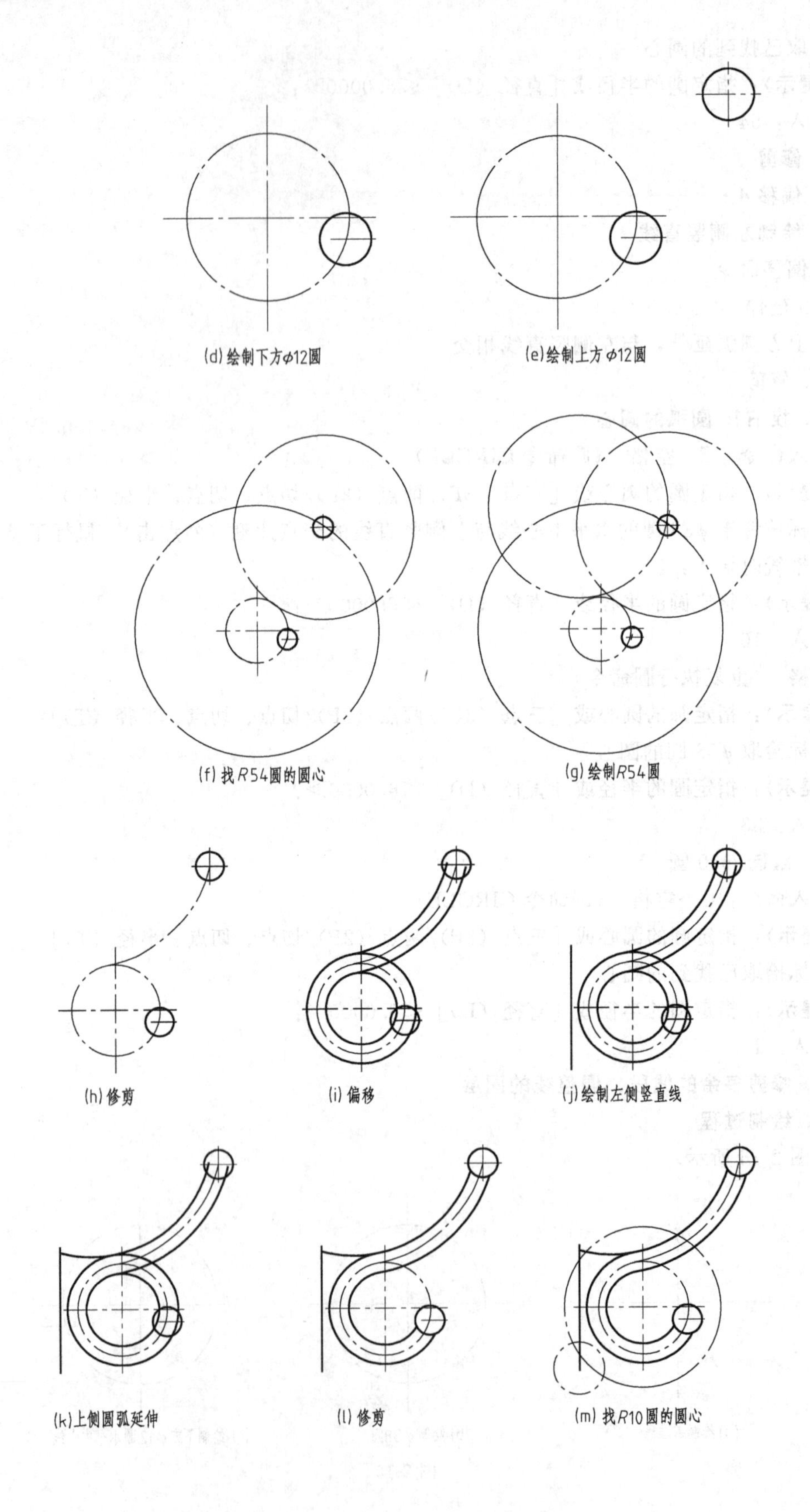
(d) 绘制下方φ12圆
(e) 绘制上方φ12圆
(f) 找R54圆的圆心
(g) 绘制R54圆
(h) 修剪
(i) 偏移
(j) 绘制左侧竖直线
(k) 上侧圆弧延伸
(l) 修剪
(m) 找R10圆的圆心

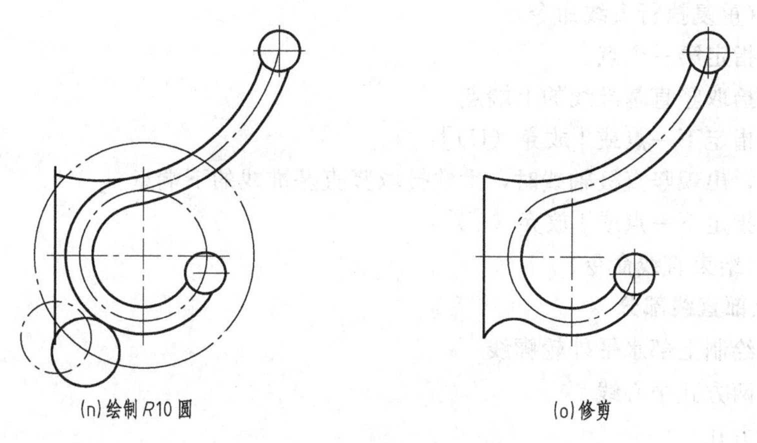

图 2-16　衣钩绘制过程

任务 2.7　绘制陶瓷脸盆

一、任务要求

按建筑制图标准绘制陶瓷脸盆，如图 2-17 所示。

二、任务分析

1. 图形分析

(1) 线型与线宽

本图形涉及粗实线、细实线、细点画线三种线型，图层同任务 2.1。

(2) 左右对称

(3) 已知圆弧：ϕ586、ϕ35、ϕ60

中间圆弧：R80

连接圆弧：R100、R475

2. 绘制顺序

基准线→直线段→已知圆弧→中间圆弧→连接圆弧→修剪完善。

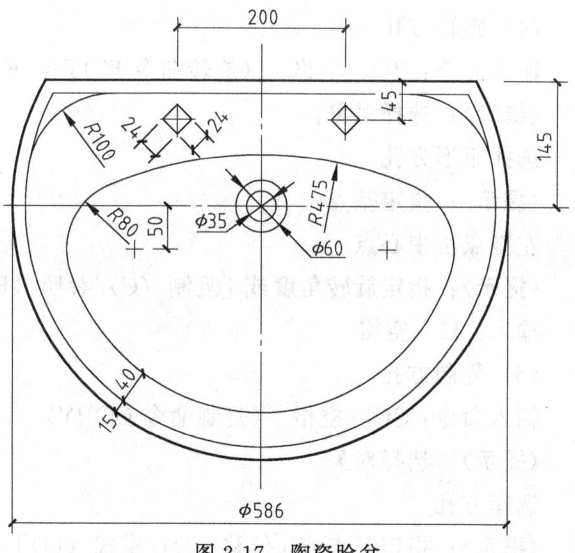

图 2-17　陶瓷脸盆

三、任务实施

1. 绘制基准线

输入命令：L　空格　(直线命令 LINE)

〈提示〉：指定第一个点：

鼠标任意拾取一点

〈提示〉：指定下一点或[放弃 (U)]：

鼠标右移，出现水平极轴线时输入：610　空格

〈提示〉：指定下一点或[放弃 (U)]：

空格　　(结束直线命令)

空格　（重复执行直线命令）

〈提示〉：指定第一个点：

鼠标大致拾取竖直基准线的上端点

〈提示〉：指定下一点或［放弃（U）］：

鼠标下移，出现竖直极轴线时，大致拾取竖直基准线的下端点

〈提示〉：指定下一点或［放弃（U）］：

空格　（结束直线命令）

2. 绘制上部直线部分

（1）偏移绘制上部水平外轮廓线

（2）绘制两方孔中心线

（3）绘制方孔

输入命令：REC　空格　（矩形命令 RECTANG ）

〈提示〉：指定第一个角点或［倒角（C）/标高（E）/圆角（F）/厚度（T）/宽度（W）］：

按住【Shift】键，同时点右键，出现菜单，选择【自动拾取】

输入：@－12，－12　回车

〈提示〉：指定另一个角点或［面积（A）/尺寸（D）/旋转（R）］：

输入：@24，24　回车

（4）旋转方孔

输入命令：RO　空格　（旋转命令 ROTATE ）

〈提示〉：选择对象：

选择矩形方孔

〈提示〉：指定基点：

左键点击中心点

〈提示〉：指定旋转角度或［复制（C）/参照（R）］＜0＞：

输入：45　空格

（5）复制方孔

输入命令：CO　空格　（复制命令 COPY）

〈提示〉：选择对象

选择方孔

〈提示〉：指定基点或［位移（D）/模式（O）］＜位移＞：

拾取左侧中心线交点

〈提示〉：指定第二个点或［阵列（A）］＜使用第一个点作为位移＞：

拾取右侧中心线交点

3. 绘制外轮廓圆

输入命令：C　空格　（圆命令 CIRCLE）

〈提示〉：指定圆的圆心或［三点（3P）/两点（2P）/切点、切点、半径（T）］：

拾取基准线交点

〈提示〉：指定圆的半径或［直径（D）］：

输入：293

4. 外轮廓圆向内偏移修剪

5. 绘制 *R*80 圆（中间圆弧）

（1）水平基准线向下偏移 50

输入命令：O　空格　（偏移命令 OFFSET）

〈提示〉：指定偏移距离或［通过（T）/删除（E）/图层（L）］＜15.0000＞：

输入：50　空格

〈提示〉：选择要偏移的对象，或［退出（E）/放弃（U）］＜退出＞：

拾取水平基准线

〈提示〉：指定要偏移的那一侧上的点，或［退出（E）/多个（M）/放弃（U）］＜退出＞：

在水平基准线的下侧点击一次

（2）做辅助圆弧

以基准线交点为圆心，586/2－15－40－80＝158 为半径做圆

输入命令：C　空格　（圆命令 CIRCLE）

〈提示〉：指定圆的圆心或［三点（3P）/两点（2P）/切点、切点、半径（T）］：

拾取基准线交点

〈提示〉：指定圆的半径或［直径（D）］＜293.0000＞：

输入：158

（3）绘制 *R*80 圆

输入命令：C　空格　（圆命令 CIRCLE）

〈提示〉：指定圆的圆心或［三点（3P）/两点（2P）/切点、切点、半径（T）］：

拾取辅助圆与水平偏移线的交点

〈提示〉：指定圆的半径或［直径（D）］＜158.0000＞：

输入：80

（4）复制 *R*80 圆

输入命令：CO　空格　（复制命令 COPY）

〈提示〉：选择对象：

鼠标左键拾取已绘制的 *R*80 圆

〈提示〉：指定基点或［位移（D）/模式（O）］＜位移＞：

拾取左侧 *R*80 圆心

〈提示〉：指定第二个点或［阵列（A）］＜使用第一个点作为位移＞：

拾取右侧 *R*80 圆心位置

6. 绘制 *R*475 圆

输入命令：C　空格　（圆命令 CIRCLE）

〈提示〉：指定圆的圆心或［三点（3P）/两点（2P）/切点、切点、半径（T）］：

输入：T　空格

〈提示〉：指定对象与圆的第一个切点：

拾取第一切点

〈提示〉：指定对象与圆的第二个切点：

拾取第二切点

〈提示〉：指定圆的半径＜80.0000＞：

输入：475

7. **修剪**

8. **圆角**

输入命令：F　空格　（圆角命令 FILLET）

〈提示〉：选择第一个对象或［放弃（U）/多段线（P）/半径（R）/修剪（T）/多个（M）］：

输入：R　空格

〈提示〉：指定圆角半径＜80.0000＞：

输入：100　空格

〈提示〉：选择第一个对象或［放弃（U）/多段线（P）/半径（R）/修剪（T）/多个（M）］：

拾取圆弧

〈提示〉：选择第二个对象，或按【Shift】键选择对象以应用角点或［半径（R）］：

选择水平直线

9. **绘制中间圆孔**

输入命令：C　空格　（圆命令 CIRCLE）

〈提示〉：指定圆的圆心或［三点（3P）/两点（2P）/切点、切点、半径（T）］：

拾取基准线交点

〈提示〉：指定圆的半径或［直径（D）］＜475.0000＞：

输入：17.5

空格　（重复执行圆命令）

〈提示〉：指定圆的圆心或［三点（3P）/两点（2P）/切点、切点、半径（T）］：

拾取基准线交点

〈提示〉：指定圆的半径或［直径（D）］＜17.5000＞：

输入：30

10. **绘制过程**

如图 2-18 所示。

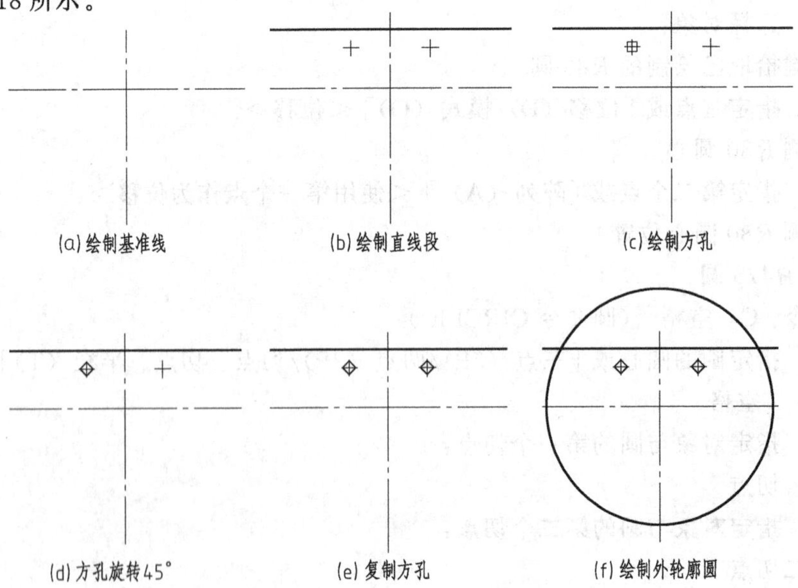

(a) 绘制基准线　(b) 绘制直线段　(c) 绘制方孔

(d) 方孔旋转45°　(e) 复制方孔　(f) 绘制外轮廓圆

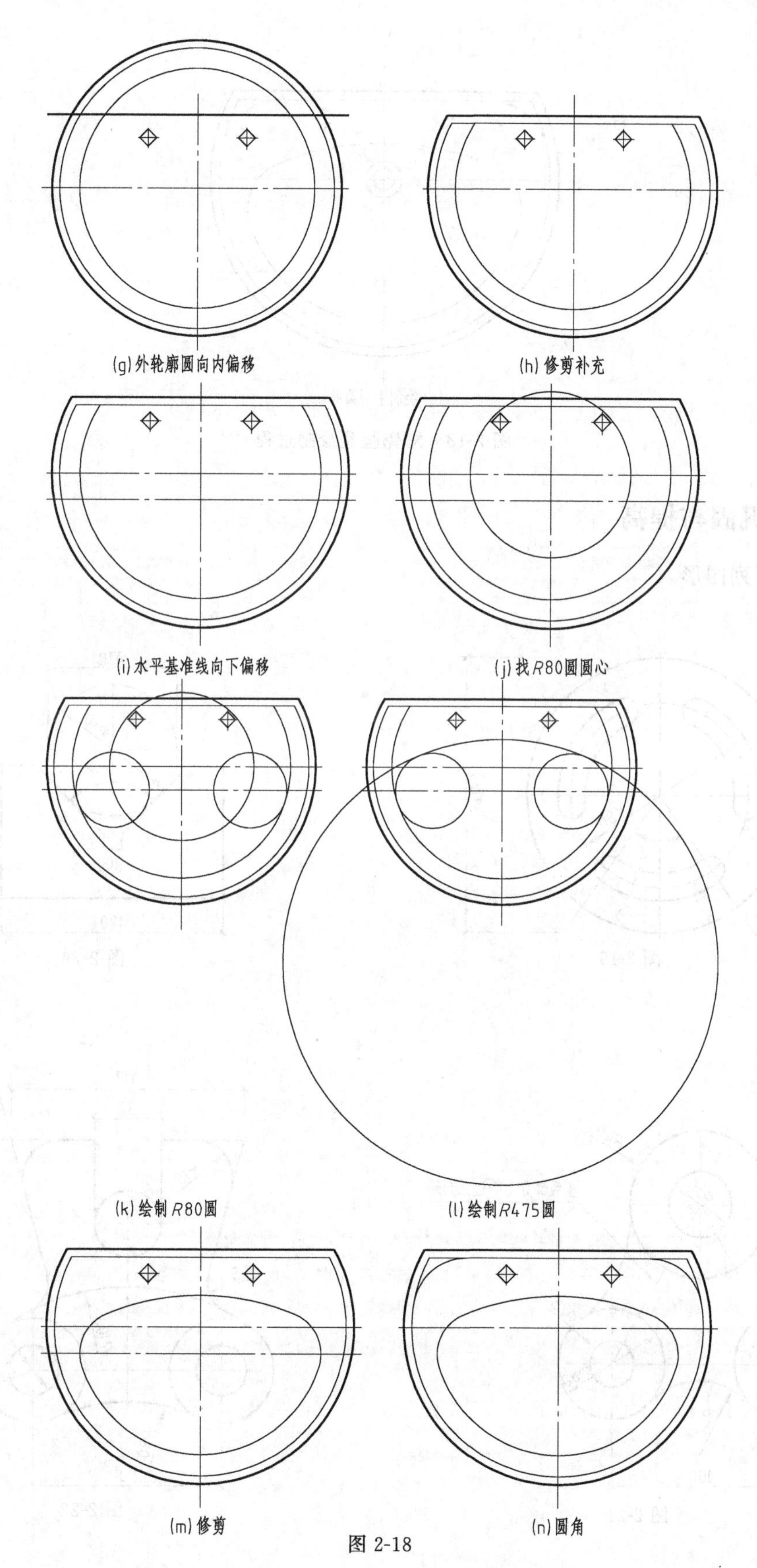
(g)外轮廓圆向内偏移
(h)修剪补充
(i)水平基准线向下偏移
(j)找R80圆圆心
(k)绘制R80圆
(l)绘制R475圆
(m)修剪
(n)圆角

图 2-18

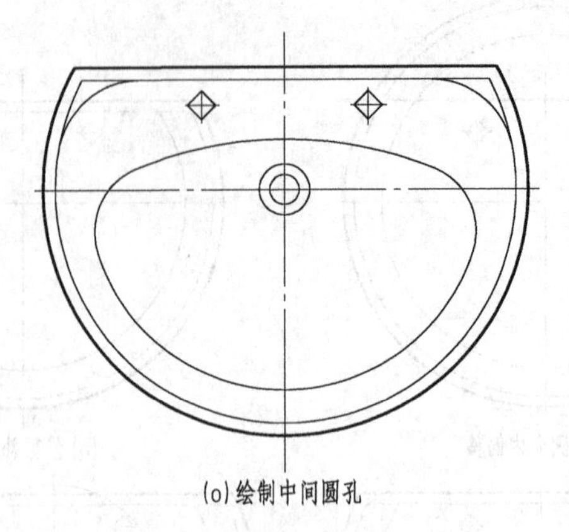

(o)绘制中间圆孔

图 2-18　陶瓷脸盆绘制过程

四、巩固与提高

抄绘下列图形

1

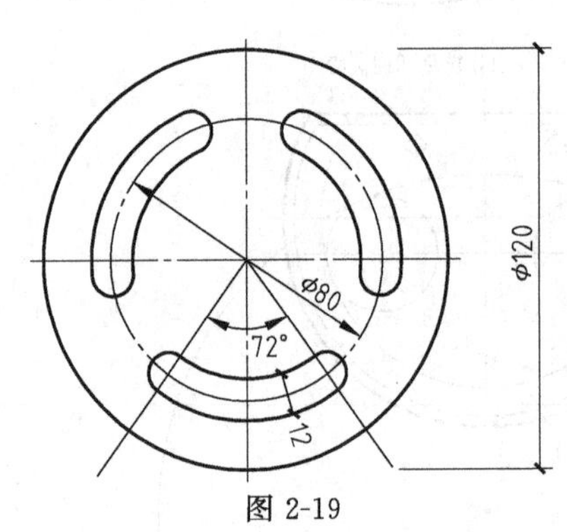

图 2-19

2

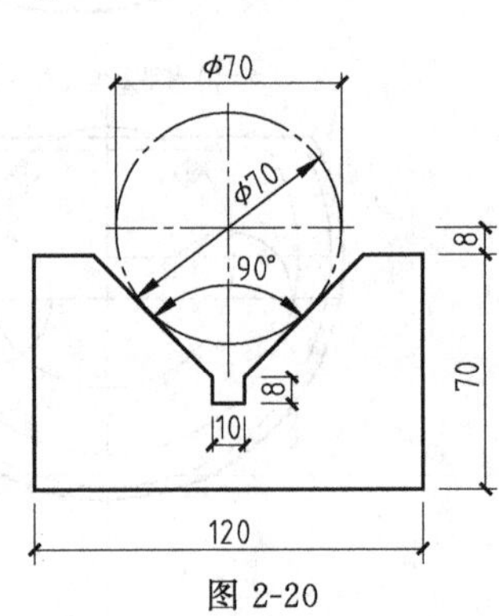

图 2-20

3

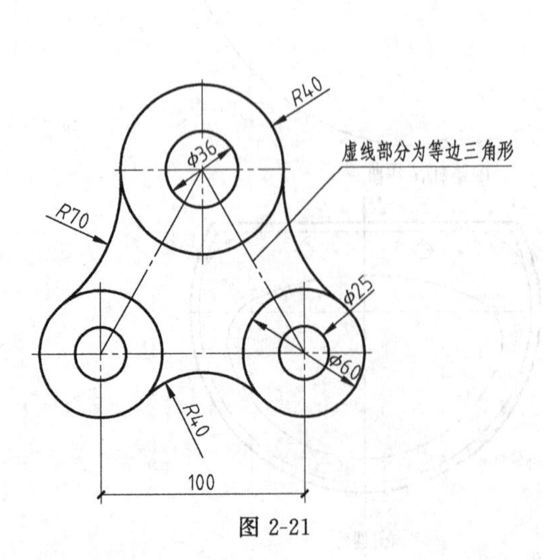

图 2-21

4

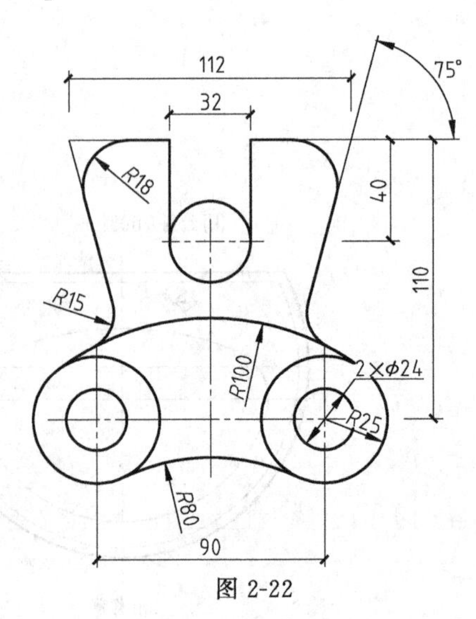

图 2-22

5

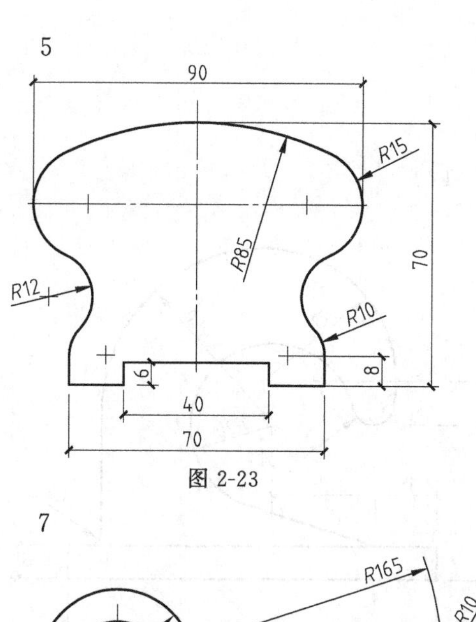

图 2-23

6

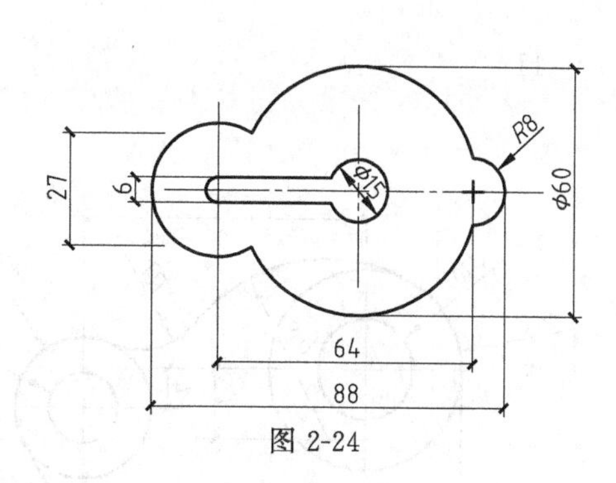

图 2-24

7

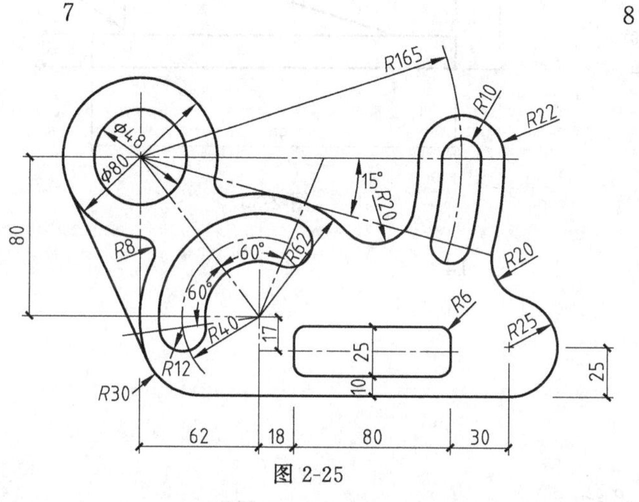

图 2-25

8

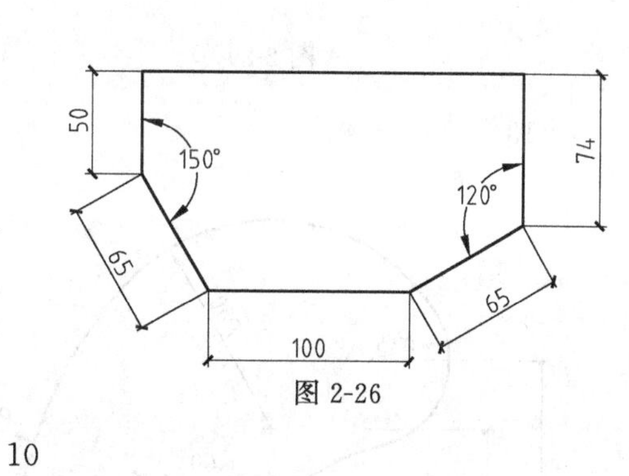

图 2-26

9

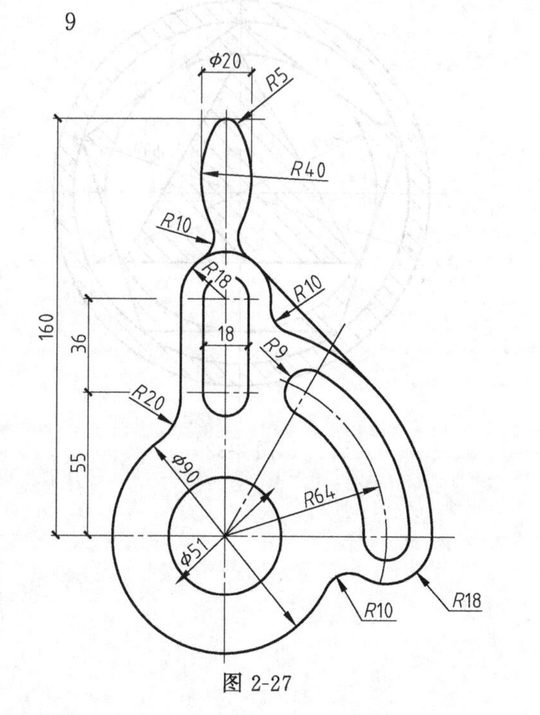

图 2-27

10

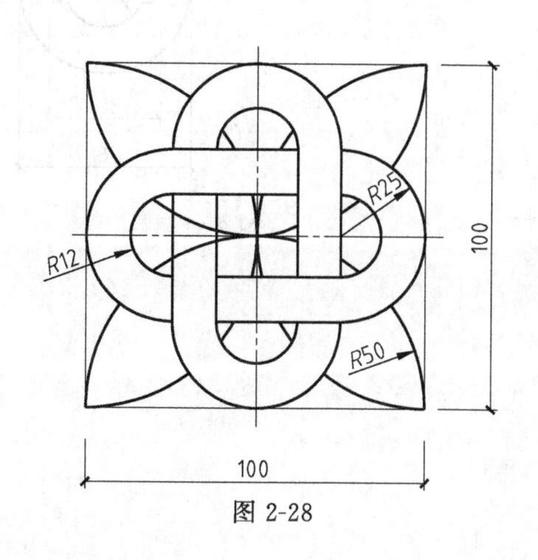

图 2-28

11

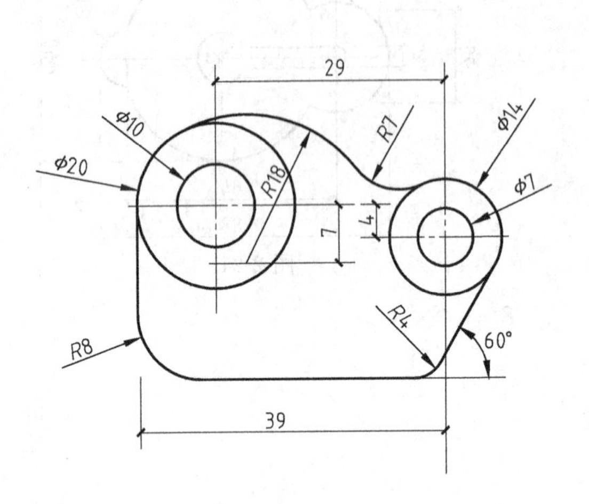

图 2-29

12

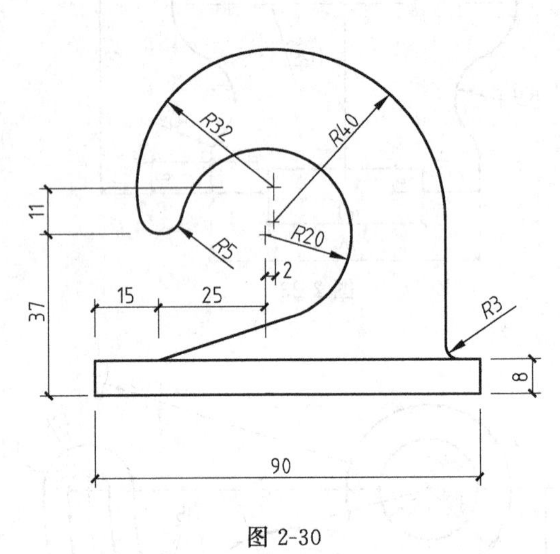

图 2-30

13

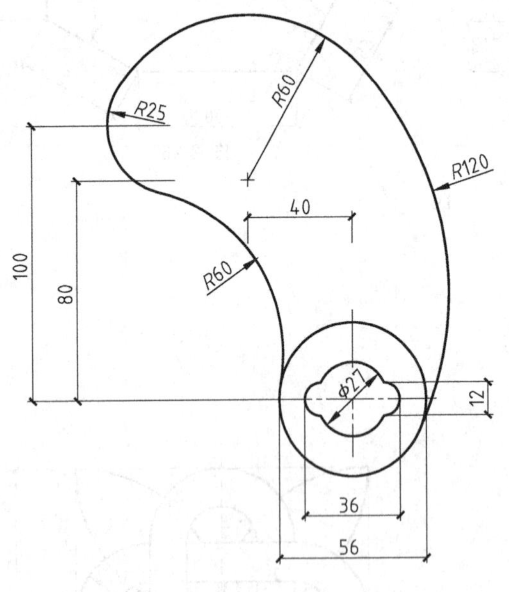

图 2-31

14

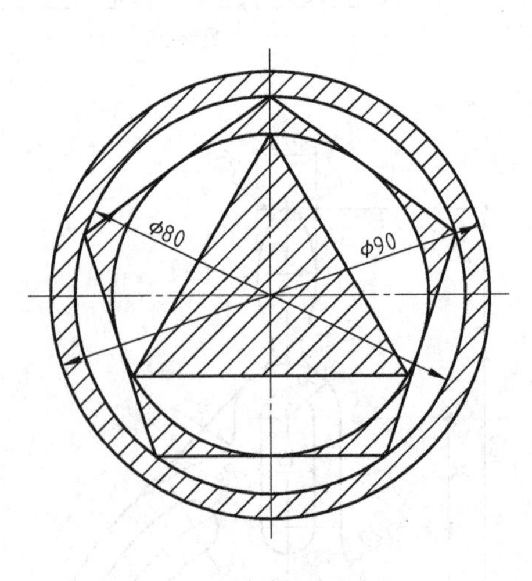

图 2-32

15

16

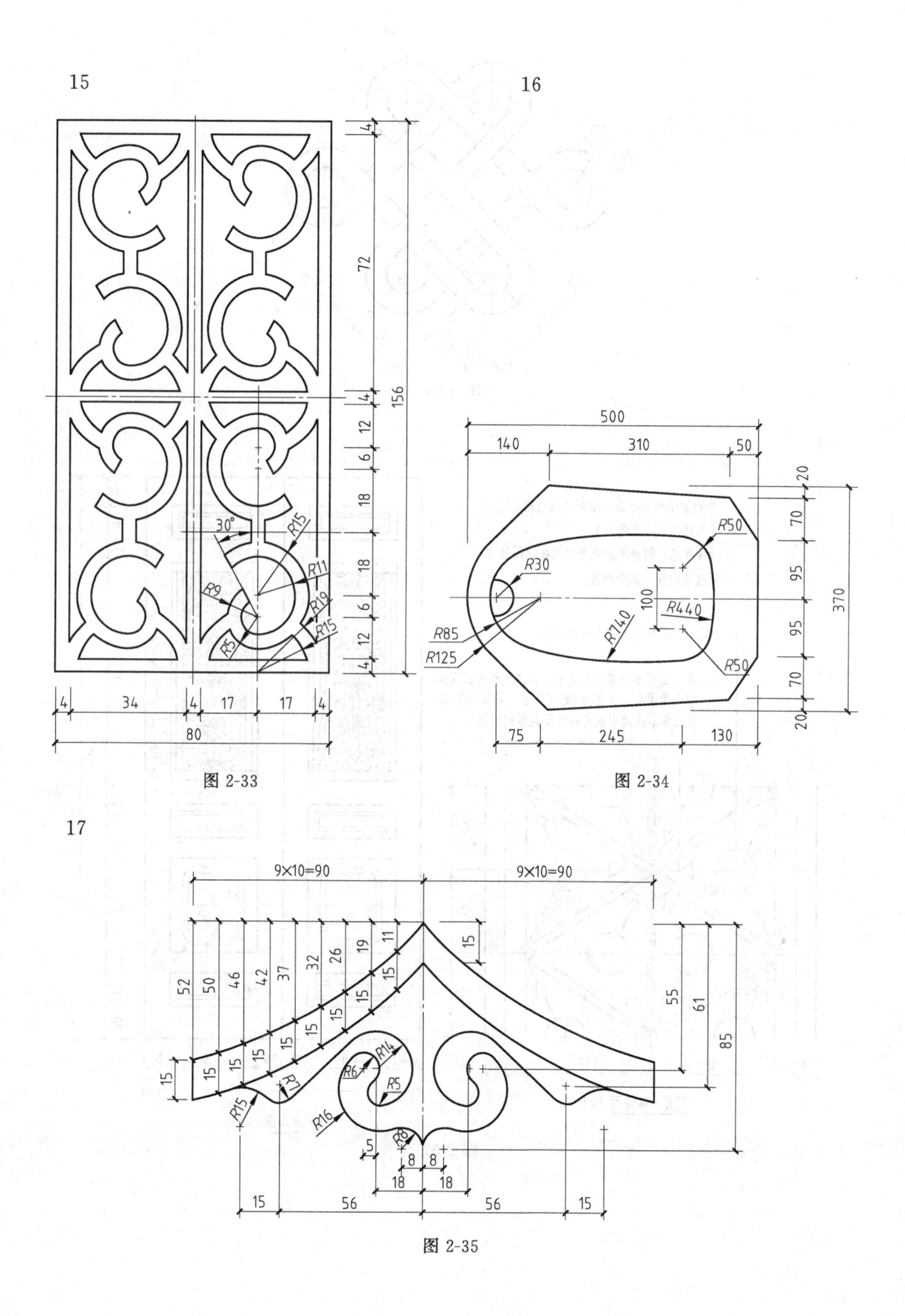

图 2-33

图 2-34

17

图 2-35

18

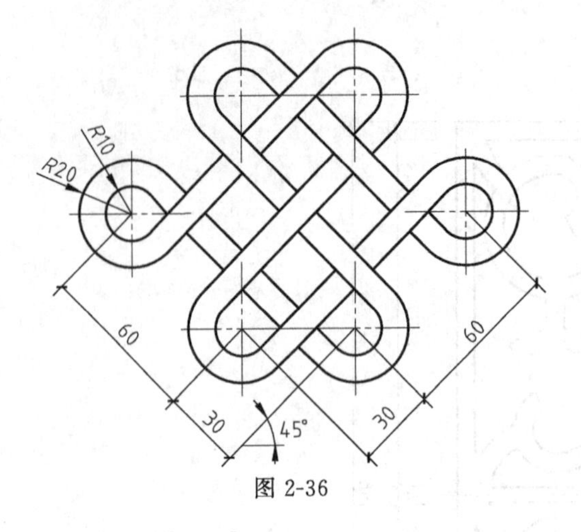

图 2-36

19

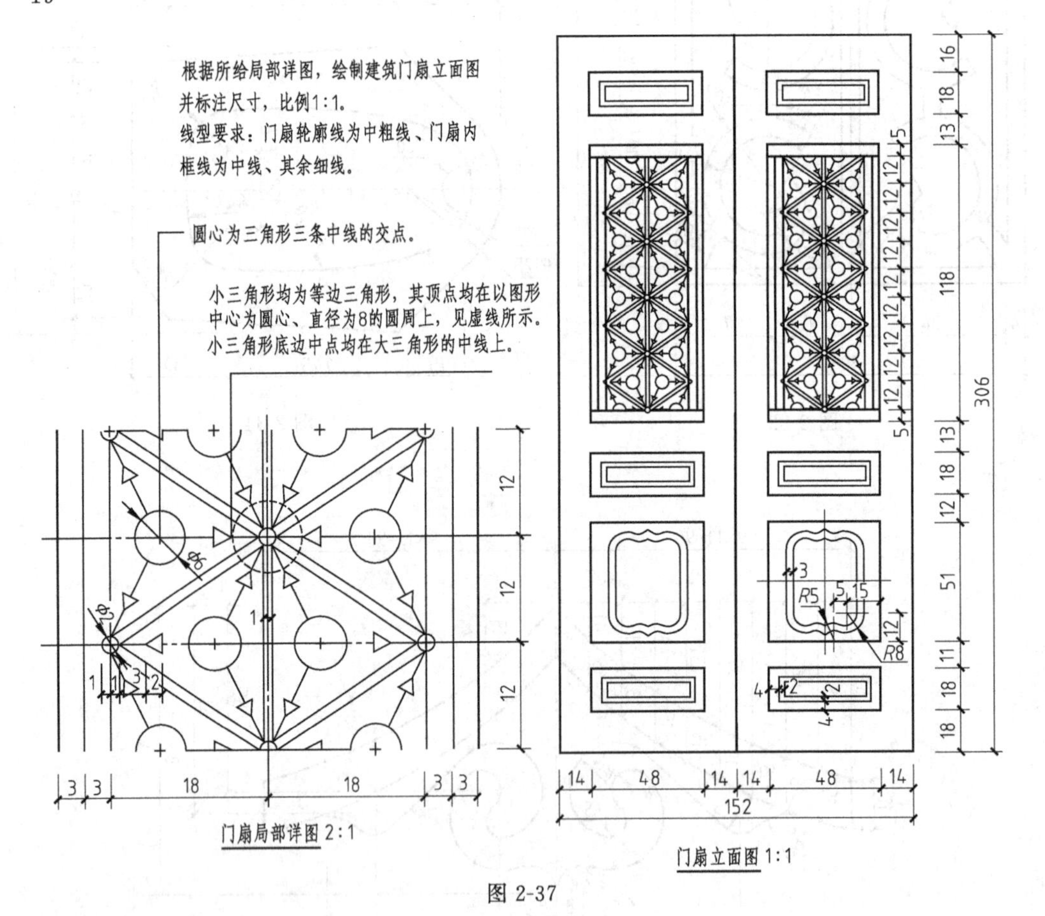

图 2-37

绘制建筑平面图

任务 3.1 绘制轴线

一、任务要求

绘制建筑平面图（图 3-1）的定位轴线。

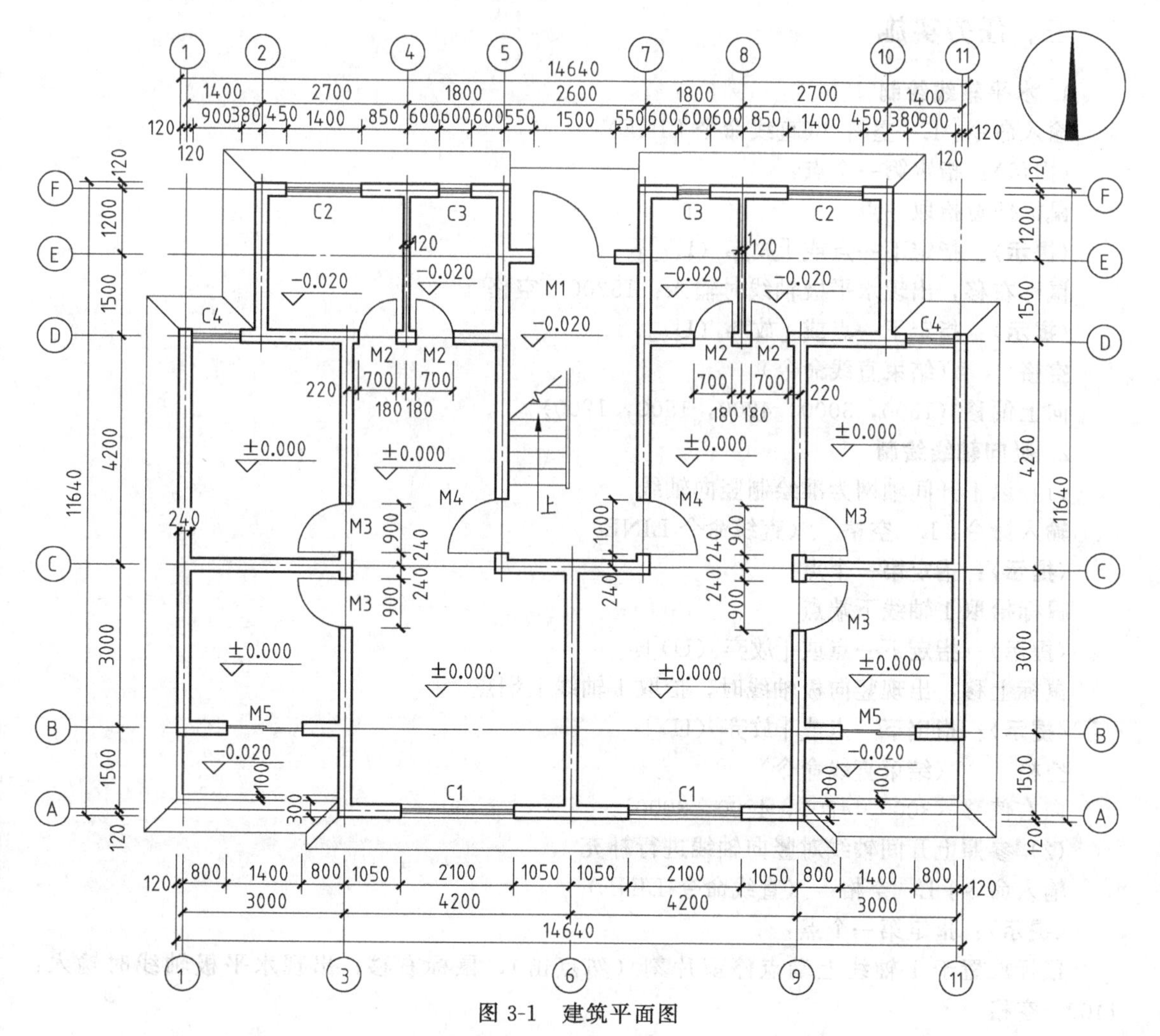

图 3-1 建筑平面图

二、任务分析

1. 线型和线宽

本图涉及墙线、门窗线、定位轴线三种线型，可以参考表 3-1。

表 3-1　图层颜色线型线宽表

名称	颜色	线型	线宽	备注
墙线	黄	Continuous	0.60mm	
门窗线	绿	Continuous	0.18mm	默认线宽
定位轴线	红	Center	0.18mm	默认线宽

2. 对称性

左右对称。

3. 轴网特征

左右进深：尺寸相同；上下开间：尺寸不同。

4. 绘制方法

直线绘制，偏移，打断。

三、任务实施

1. 水平轴线绘制

输入命令：L　空格　（直线命令 LINE）

〈提示〉：指定第一个点：

鼠标任意拾取一点

〈提示〉：指定下一点或［放弃（U）］：

鼠标右移，出现水平极轴线时输入：15200　空格

〈提示〉：指定下一点或［放弃（U）］：

空格　　（结束直线命令）

向上偏移（1500，3000，4200，1500，1200）

2. 竖向轴线绘制

（1）以下开间轴网为准绘制竖向轴线

输入命令：L　空格　（直线命令 LINE）

〈提示〉：指定第一个点：

鼠标拾取 1 轴线下端点

〈提示〉：指定下一点或［放弃（U）］：

鼠标上移，出现竖向极轴线时，拾取 1 轴线上端点

〈提示〉：指定下一点或［放弃（U）］：

空格　　（结束直线命令）

向右偏移（3000，4200，4200，3000）

（2）参照上开间轴线对竖向轴线进行补充

输入命令：L　空格　（直线命令 LINE）

〈提示〉：指定第一个点：

鼠标放置于 1 轴线上端点停留片刻（勿点击），鼠标右移，出现水平极轴线时输入：1400　空格

〈提示〉：指定下一点或［放弃（U）］：

鼠标左键拾取 2 轴线下端点

〈提示〉：指定下一点或［放弃（U）］：

空格　　　（结束直线命令）

空格　　　（重复执行直线命令）

〈提示〉：指定第一个点：

鼠标放置于 2 轴线上端点停留片刻（勿点击），鼠标右移，出现水平极轴线时输入：2700　空格

〈提示〉：指定下一点或［放弃（U）］：

鼠标左键拾取 4 轴线下端点

〈提示〉：指定下一点或［放弃（U）］：

空格　　　（结束直线命令）

空格　　　（重复执行直线命令）

〈提示〉：指定第一个点：

鼠标放置于 4 轴线上端点停留片刻（勿点击），鼠标右移，出现水平极轴线时输入：1800 空格

〈提示〉：指定下一点或［放弃（U）］：

鼠标左键拾取 5 轴线下端点

〈提示〉：指定下一点或［放弃（U）］：

空格　　　（结束直线命令）

将 2、4、5 轴线沿 6 轴线镜像，得 7、8、10 轴线

（3）将 3、6、9 轴线上部进行打断

输入命令：BR　空格　（打断与两点 BREAK）

〈提示〉：选择对象：

拾取 3 轴线第一打断点

〈提示〉：指定第二个打断点 或［第一点（F）］：

拾取 3 轴线第二打断点

如此重复，打断 6、9 轴线

3. 绘制过程

如图 3-2～图 3-4 所示。

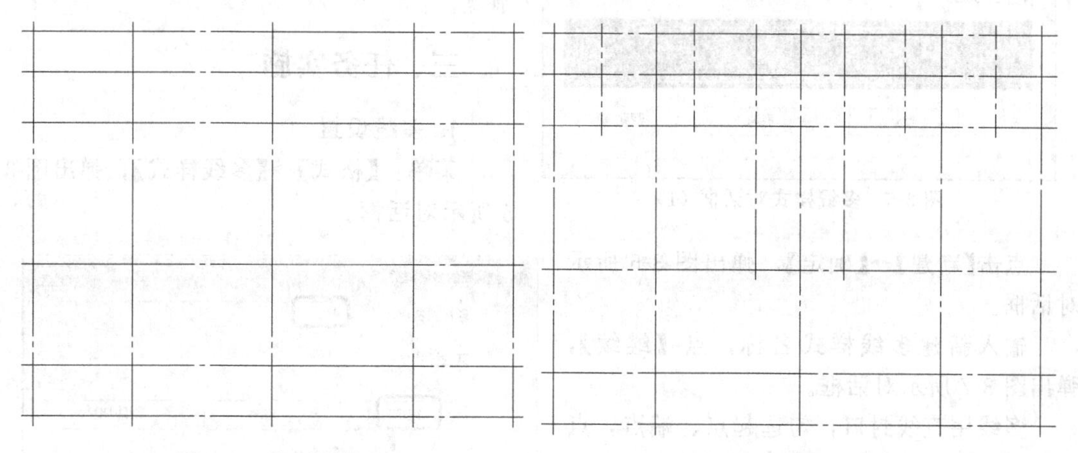

图 3-2　下开间轴网　　　　图 3-3　补充上开间轴线

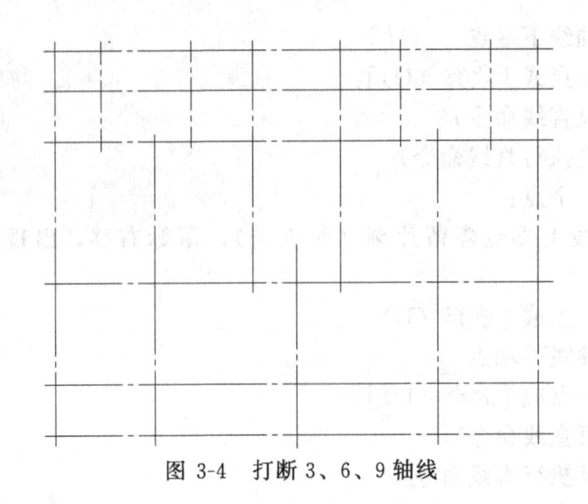

图 3-4 打断 3、6、9 轴线

任务 3.2 绘制墙线

一、任务要求

在任务 3.1 基础上绘制建筑平面图（图 3-1）墙线，没注明墙宽的为 240 墙。

二、任务分析

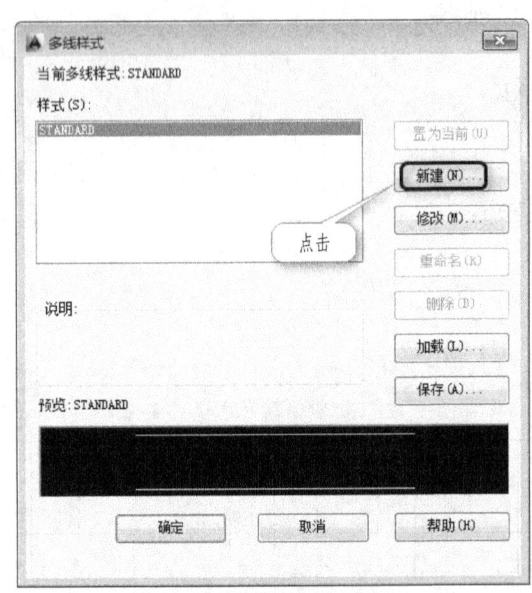

图 3-5 多线样式对话框（1）

1. 线型

粗实线。

2. 对称

3. 墙体厚度

本平面图涉及两种墙体：240 墙体和 120 墙体，轴线居中。

4. 绘制方法

多线（多线命令 MLINE）绘制，注意构造三种节点：T 节点、十字节点、角节点。

三、任务实施

1. 多线设置

菜单：【格式】→【多线样式】，弹出图 3-5 所示对话框。

点击【新建】→【确定】，弹出图 3-6 所示对话框。

输入新建多线样式名称，点【继续】，弹出图 3-7 所示对话框。

多线用直线封口，勾选起点、端点，点【确定】，弹出图 3-8 所示对话框。

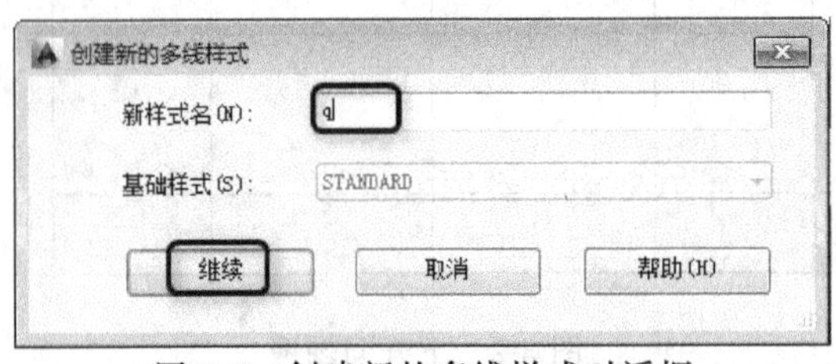

图 3-6 创建新的多线样式对话框

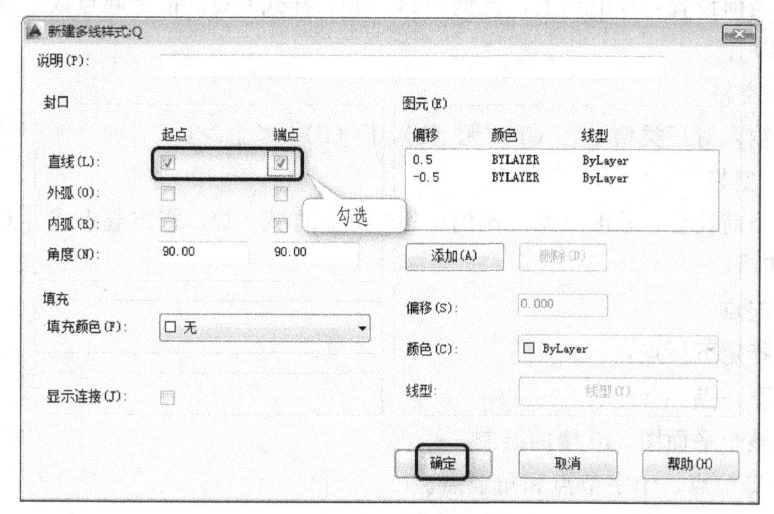

图 3-7 新建多线样式对话框

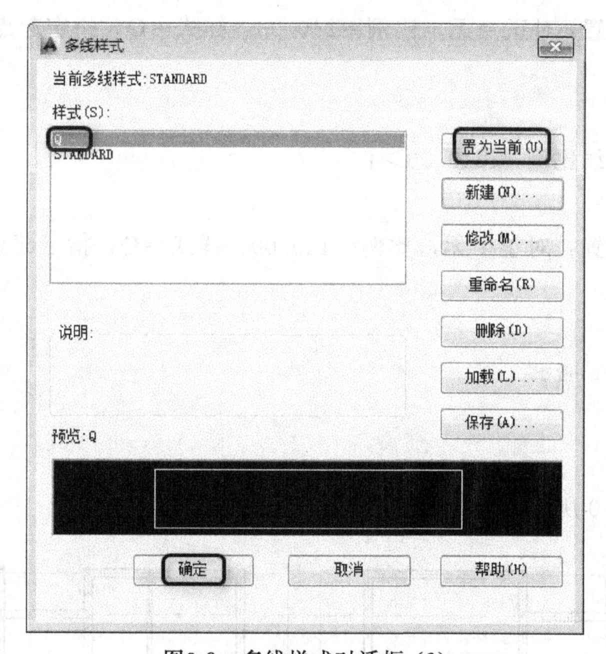

图3-8 多线样式对话框(2)

将新建的多线样式【置为当前】，点确定。

2. 绘制 240 墙

输入命令：ML 空格 (多线命令 MLINE)

〈提示〉：当前设置：对正＝上，比例＝20.00，样式＝Q，指定起点或 [对正 (J)/比例 (S)/样式 (ST)]：

输入：S 空格

〈提示〉：输入多线比例 ＜20.00＞：

输入：240 空格

〈提示〉：当前设置：对正＝上，比例＝240.00，样式＝Q，指定起点或［对正（J）/比例（S）/样式（ST）］：

输入：J　空格

〈提示〉：输入对正类型［上（T）/无（Z）/下（B）］＜上＞：

输入：Z　空格

〈提示〉：当前设置：对正＝无，比例＝240.00，样式＝Q，指定起点或［对正（J）/比例（S）/样式（ST）］：

鼠标拾取起点

〈提示〉：指定下一点：

鼠标拾取下一点

直至完成整个平面图240墙的绘制

注意构造T节点、十字节点和角节点。

3. 绘制120墙

输入命令：ML　空格　（多线命令 MLINE）

〈提示〉：当前设置：对正＝无，比例＝240.00，样式＝Q，指定起点或［对正（J）/比例（S）/样式（ST）］：

输入：S　空格

〈提示〉：输入多线比例＜240.00＞：

输入：120　空格

〈提示〉：当前设置：对正＝无，比例＝120.00，样式＝Q，指定起点或［对正（J）/比例（S）/样式（ST）］：

鼠标拾取起点

〈提示〉：指定下一点：

鼠标拾取下一点

4. 绘制过程

如图3-9、图3-10所示。

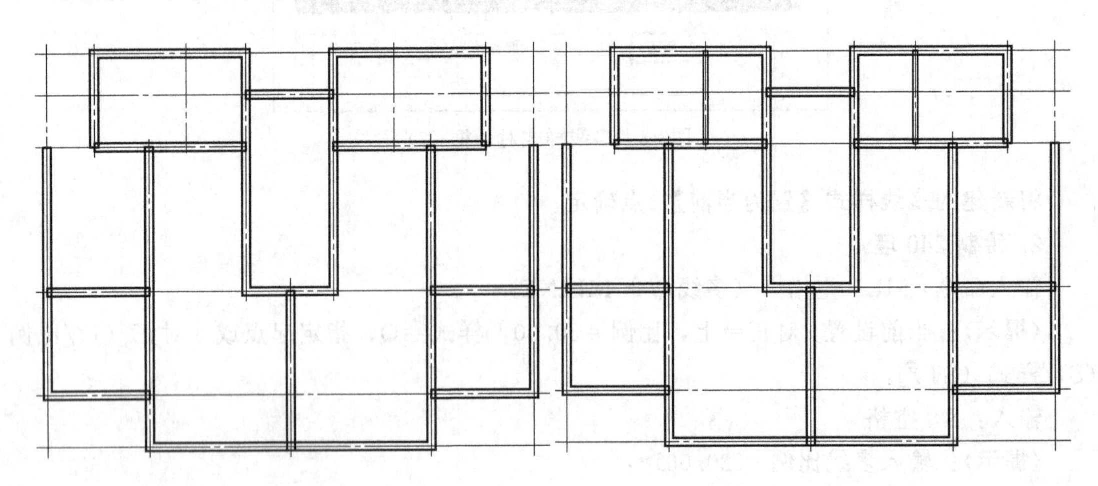

图3-9　绘制240墙

图3-10　绘制120墙

任务 3.3　绘制门窗洞口

一、任务要求

按建筑平面图（图 3-1）将任务 3.2 绘制的墙线进行门窗洞绘制。

二、任务分析

1. 绘制方法

将定位轴线进行偏移（命令 O）、修剪多线（修剪命令 TR）、删除偏移的辅助轴线（命令 E）。

2. 绘制顺序

先顺时针外墙门窗洞，后内墙门洞，从上至下，先左后右。

三、任务实施

1. 绘制上侧门窗洞口

（1）门窗洞轴线偏移（命令 O）

（2）门窗洞修剪（修剪命令 TR）

（3）门窗洞辅助轴线删除（命令 E）

2. 绘制下侧门窗洞口

（1）门窗洞轴线偏移（命令 O）

（2）门窗洞修剪（修剪命令 TR）

（3）门窗洞辅助轴线删除（命令 E）

3. 绘制内部门窗洞口

（1）门窗洞轴线偏移（命令 O）

（2）门窗洞修剪（修剪命令 TR）

（3）门窗洞辅助轴线删除（命令 E）

4. 绘制过程

如图 3-11～图 3-15 所示。

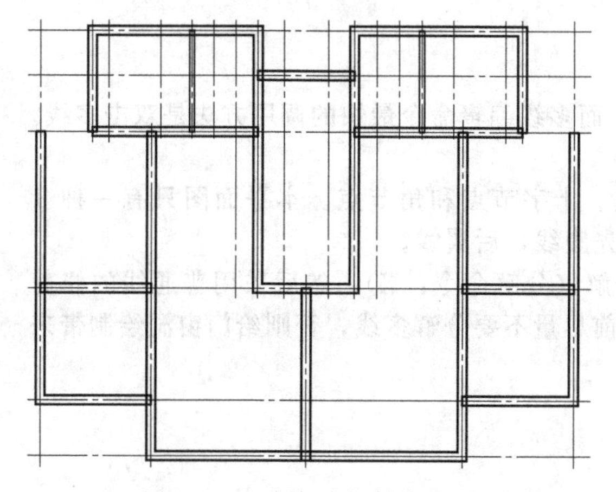

图 3-11　上侧门窗洞轴线偏移

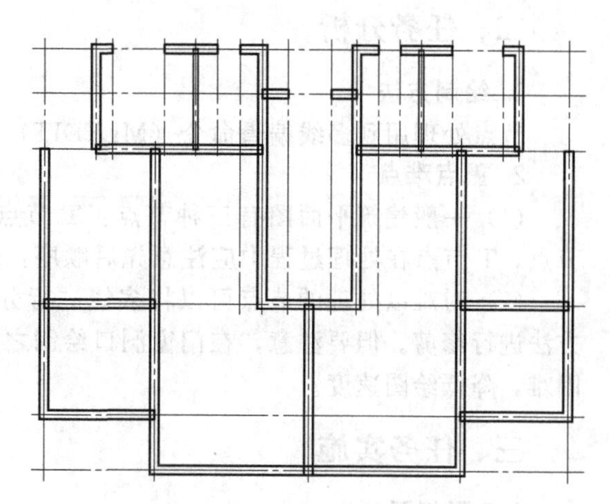

图 3-12　上侧门窗洞修剪

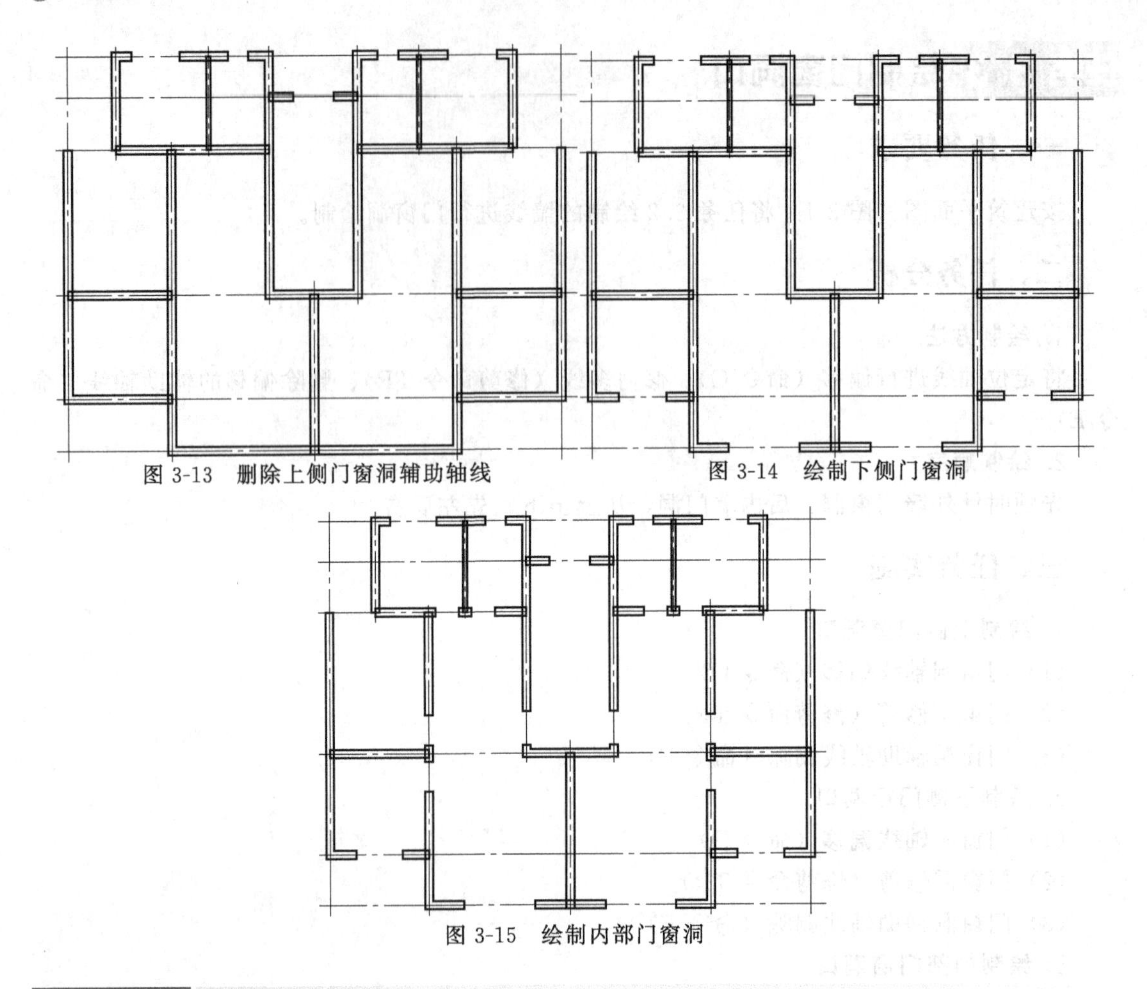
图 3-13 删除上侧门窗洞辅助轴线　　图 3-14 绘制下侧门窗洞

图 3-15 绘制内部门窗洞

任务 3.4 处理墙线节点

一、任务要求

按建筑平面图（图 3-1）对任务 3.2 绘制的墙线进行节点处理。

二、任务分析

1. 绘制方法

节点处理用到多线编辑命令（MLEDIT），而多线编辑命令最快的调用方法是双击多线。

2. 重点难点

（1）一般建筑平面图有三种节点：T 节点、十字节点和角节点。本平面图只有一种 T 节点，T 节点在处理过程中应注意先后顺序：先腹线，后翼线。

（2）对难以处理的节点可以将多线进行分解（分解命令：X），然后采用普通线的修剪方法进行修剪。但要注意，在门窗洞口绘制之前尽量不要分解多线，否则给门窗洞绘制带来困难，降低绘图速度。

三、任务实施

1. T 形打开

双击多线，弹出图 3-16 所示对话框，选择 T 形打开，退出对话框，返回图形界面。

2. 处理 T 节点

处理需要处理的 T 形节点，先后选择节点处的两条多线，注意选择多线的先后顺序。如图 3-17 所示⑥Ⓒ节点。

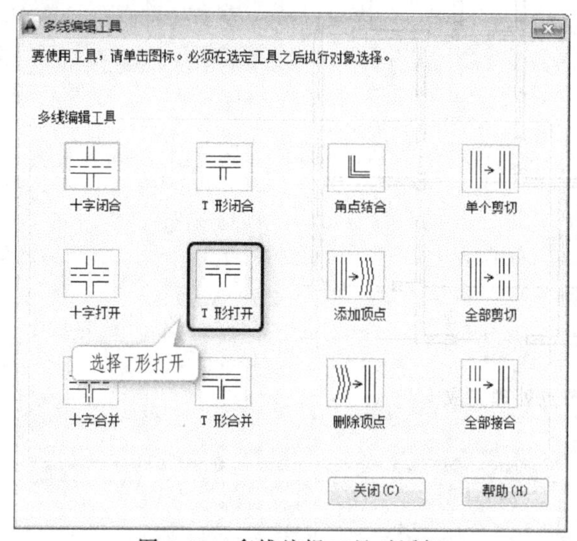

图 3-16 多线编辑工具对话框

图3-17 ⑥Ⓒ节点处理

3. ①Ⓓ节点处理

拾取 1 轴墙多线蓝色锚点，鼠标上移，出现竖直极轴线时，输入 120，回车，如图 3-18 所示。

4. ②Ⓓ节点处理

拾取 D 轴线墙多线蓝色锚点，鼠标左移，出现水平极轴线时，输入 380，回车，如图 3-19～图 3-21 所示。

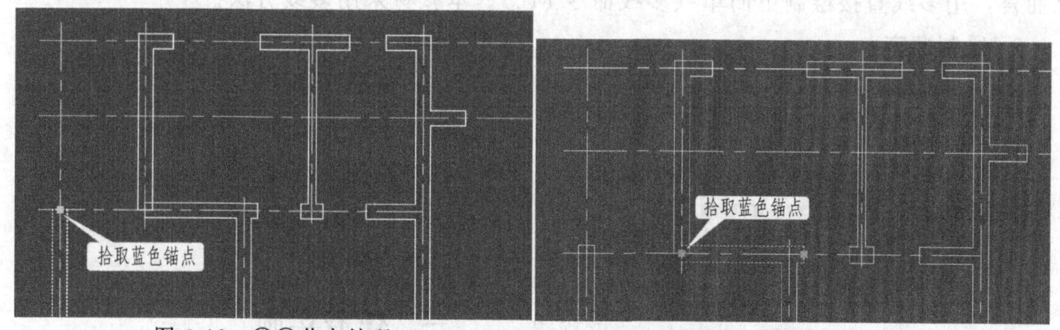

图 3-18 ①Ⓓ节点处理

图 3-19 ②Ⓓ节点处理

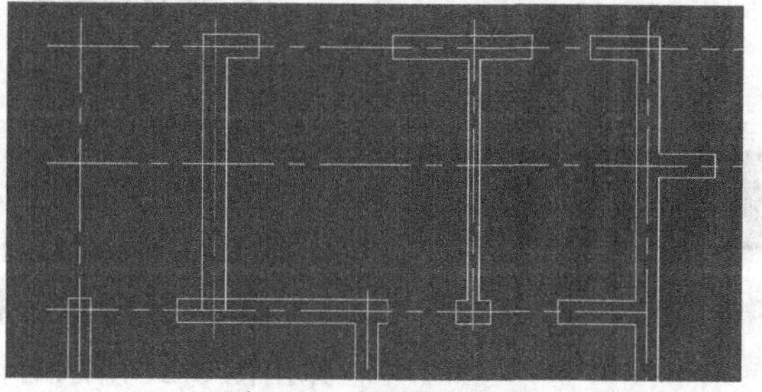

图 3-20 调整后效果

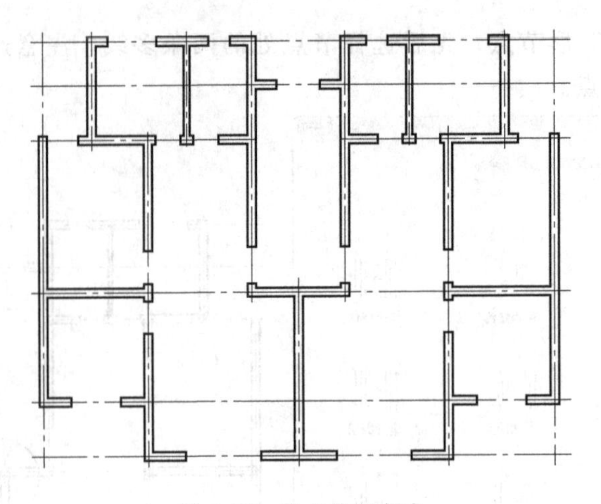

图 3-21　节点处理完成

任务 3.5 绘制窗

一、任务要求

按建筑平面图（图 3-1）在任务 3.3 基础上进行窗绘制。

二、任务分析

1. 绘制方法

窗绘制有很多方法，通常采用图块定义、插入或者用多线直接绘制的方法。两种方法相比而言，用多线直接绘制更简单（多线命令 ML）。本教材采用多线方法。

2. 绘制顺序

(1) 上部外墙窗

(2) 下部外墙窗

(3) 左侧外墙窗

(4) 右侧外墙窗

(5) 内部窗

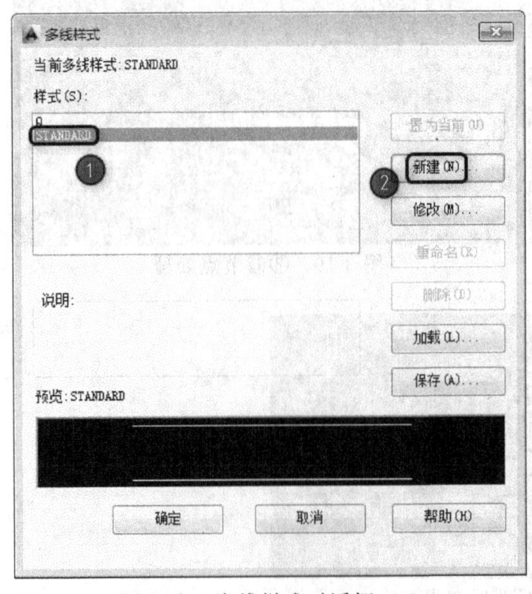

图 3-22　多线样式对话框（1）

三、任务实施

1. 设置窗样式

菜单：【格式】→【多线样式】，弹出图 3-22所示对话框。

选择“STANDARD”，点【新建】，弹出图 3-23 所示对话框。

输入新建窗的样式名称，点【继续】，弹出图 3-24 所示对话框，点【确定】，弹出图 3-25 所示对话框。

创建新的多线样式

新样式名(N): c

基础样式(S): STANDARD

继续 取消 帮助(H)

图 3-23 创建新的多线样式对话框

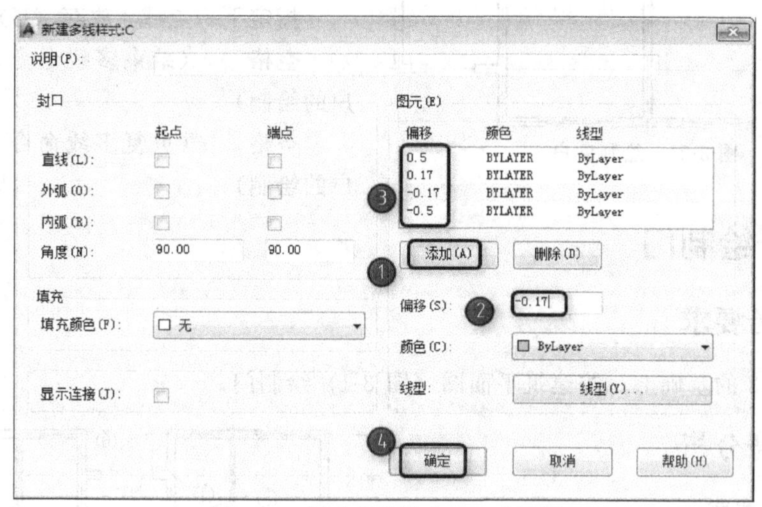

图 3-24 新建多线样式：C 对话框

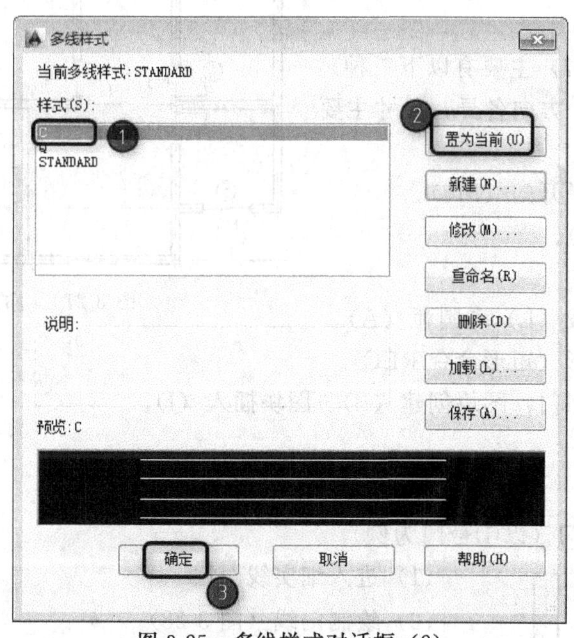

图 3-25 多线样式对话框（2）

2. 绘制窗（图 3-26）

返回绘图界面，进入细实线图层。

输入命令：ML 空格 （多线命令 MLINE）

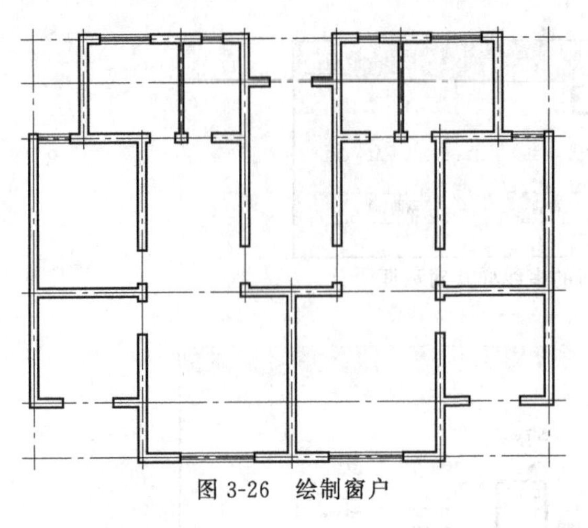

图 3-26 绘制窗户

〈提示〉：当前设置：对正＝无，比例＝240.00，样式＝C

〈提示〉：指定起点或［对正（J）/比例（S）/样式（ST）］：

拾取窗的起点

〈提示〉：指定下一点：

拾取窗的终点

指定下一点或［放弃（U）］：

空格 （结束多线命令，完成一个窗户的绘制）

空格 （重复多线命令，进行其他窗户的绘制）

任务 3.6 绘制门

一、任务要求

在任务 3.3 的基础上，按建筑平面图（图 3-1）绘制门。

二、任务分析

1. 线型和线宽

门窗放置于细线图层。

2. 门的种类

该工程门（图 3-27）主要有以下三种。

（1）单扇平开门：方向各异，尺寸主要有 900 和 1000 两种。

（2）带固定扇的平开门（M1）。

（3）推拉门（M5）。

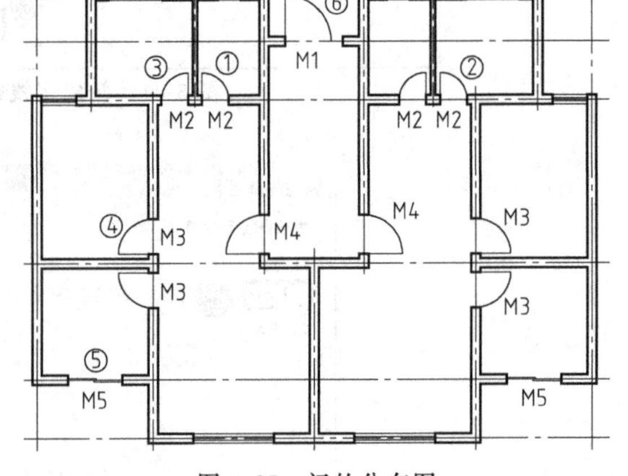

图 3-27 门的分布图

3. 绘制方法

（1）平开门：直线（L）和圆弧（A）。

（2）推拉门：矩形（矩形命令 REC）。

（3）相同门和类似门：图块创建（B）、图块插入（I）。

三、任务实施

1. 绘制单扇平开门（以①号门为例）

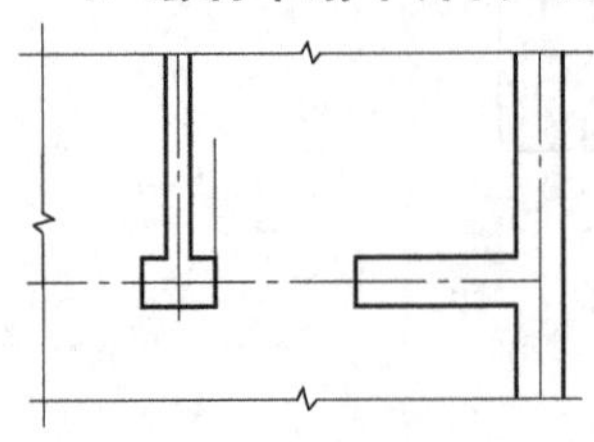

图 3-28 绘制①号门线

（1）进入细实线图层

（2）绘制门线（图 3-28）

输入命令：L 空格 （直线命令 LINE）

〈提示〉：指定第一个点：

拾取门线的一个端点

〈提示〉：指定下一点或［放弃（U）］：

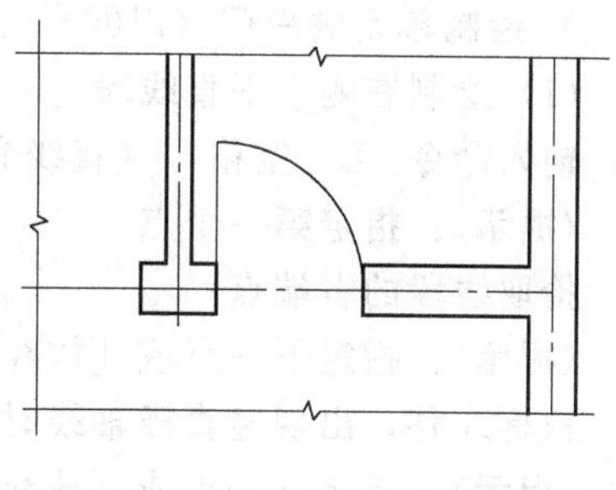

图 3-29　绘制①号门端轨迹圆弧

鼠标上移，出现竖直极轴线时输入：700　空格

〈提示〉：指定下一点或［放弃（U）］：

空格　　　（结束直线命令）

(3) 绘制门端轨迹圆弧（图 3-29）

输入命令：A　空格　　（圆弧命令 ARC）

〈提示〉：指定圆弧的起点或［圆心（C）］：

输入：C　空格

〈提示〉：指定圆弧的圆心：

拾取圆心

〈提示〉：指定圆弧的起点：

拾取圆弧的起点

〈提示〉：指定圆弧的端点或［角度（A）/弦长（L）］：

拾取圆弧的端点

2. 绘制阳台推拉门（以⑤号门为例，见图 3-30、图 3-31）

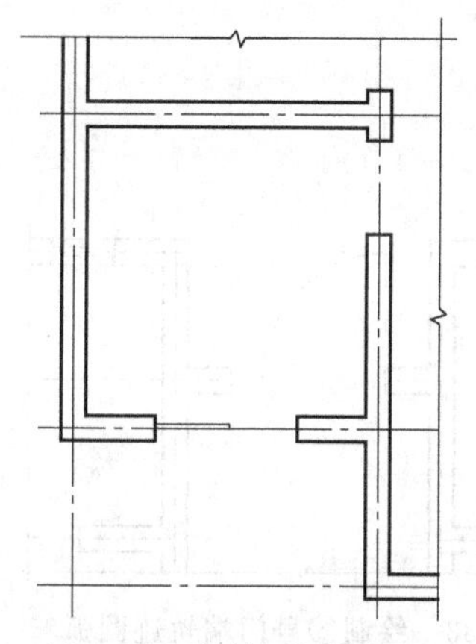

图 3-30　绘制一侧推拉门

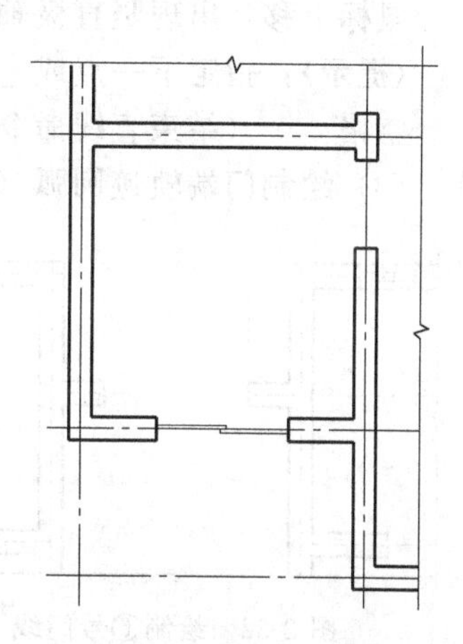

图 3-31　复制另一侧门

输入命令：REC　空格　　（矩形命令 RECTANG）

〈提示〉：指定第一个角点或［倒角（C）/标高（E）/圆角（F）/厚度（T）/宽度（W）］：

拾取一个角点

指定另一个角点或［面积（A）/尺寸（D）/旋转（R）］：

输入相对坐标：@730，40

输入命令：CO　空格　　（复制命令 COPY）

〈提示〉：选择对象：

拾取已绘制好的矩形

〈提示〉：指定基点或［位移（D）/模式（O）］<位移>：

拾取矩形的右上角点

〈提示〉：指定第二个点或［阵列（A）］<使用第一个点作为位移>：

拾取需要对齐的第二点

〈提示〉：指定第二个点或［阵列（A）/退出（E）/放弃（U）］<退出>：

空格　　　（结束命令）

3. 绘制单元进户门（以⑥号门为例）

(1) 绘制右侧水平直线段

输入命令：L　空格　（直线命令 LINE）

〈提示〉：指定第一个点：

拾取线段的右端点

〈提示〉：指定下一点或 [放弃（U）]：

鼠标左移，出现竖直极轴线时输入：300　空格

〈提示〉：指定下一点或 [放弃（U）]：

空格　　（结束直线命令）

(2) 绘制门线（直线）（图 3-32）

输入命令：L　空格　（直线命令 LINE）

〈提示〉：指定第一个点：

拾取门线的一个端点

〈提示〉：指定下一点或 [放弃（U）]：

鼠标上移，出现竖直极轴线时输入：1200　空格

〈提示〉：指定下一点或 [放弃（U）]：

空格　　（结束直线命令）

(3) 绘制门端轨迹圆弧（图 3-33）

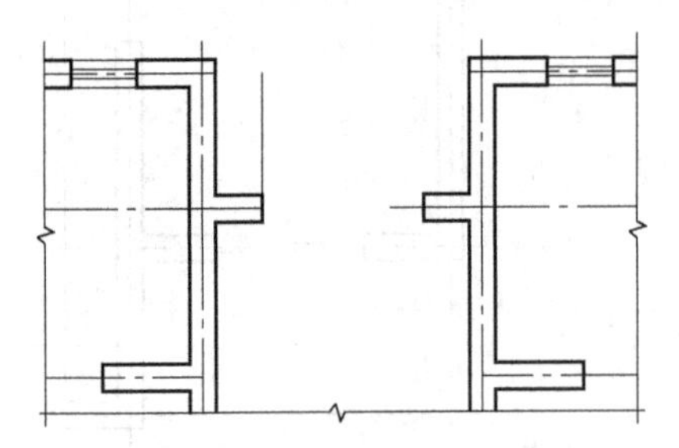

图 3-32　绘制⑥号门线

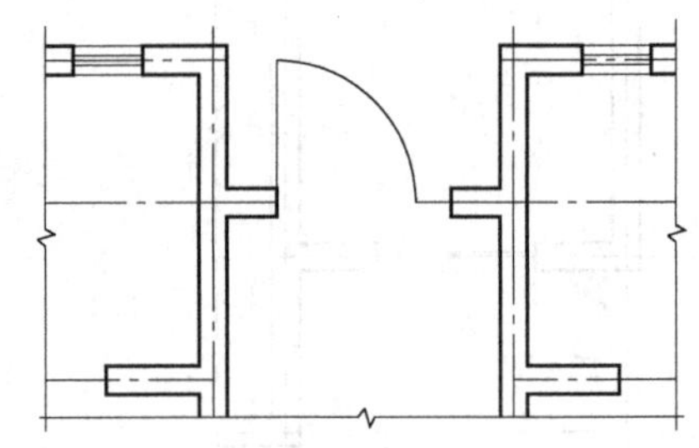

图 3-33　绘制⑥号门端轨迹圆弧

输入命令：A　空格　（圆弧命令 ARC）

〈提示〉：指定圆弧的起点或 [圆心（C）]：

输入：C　空格

〈提示〉：指定圆弧的圆心：

拾取圆心

〈提示〉：指定圆弧的起点：

拾取圆弧的起点

〈提示〉：指定圆弧的端点或 [角度（A）/弦长（L）]：

拾取圆弧的端点

四、任务拓展

1. 创建门图块

将已绘制好的①号门转换为块。

输入命令：B　空格　（创建图块命令 BLOCK）

弹出图 3-34 所示对话框。

输入块名称，拾取插入基点，选择要转换为图块的对象，不勾选“按统一比例缩放”，点【确定】。

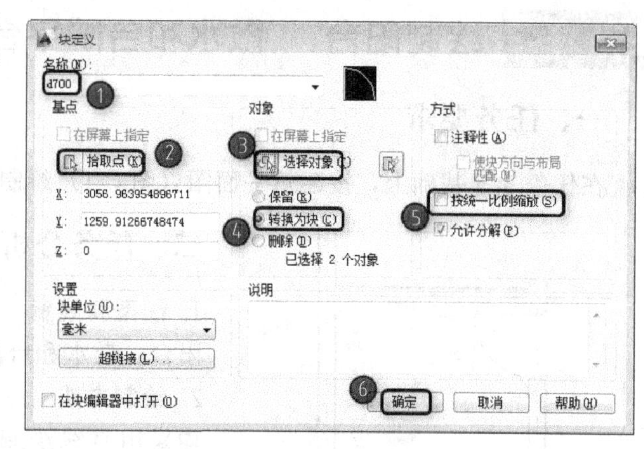

图 3-34 块定义对话框

2. 插入门图块

(1) 方向、尺寸均不变

根据①号门，绘制②号门。

输入命令：I 空格 (插入图块命令 INSERT)

弹出图 3-35 所示对话框，点击【确定】。

〈**提示**〉：指定插入点或［基点(B)/比例(S)/X/Y/Z/旋转(R)］：

拾取插入点

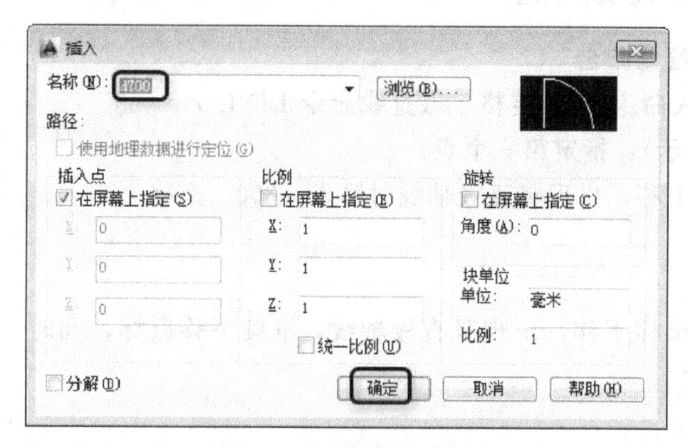

图 3-35 插入对话框 (1)

(2) X方向对称，尺寸不变

根据①号门，绘制③号门。

输入命令：I 空格 (插入图块命令 INSERT)

弹出图 3-36 所示对话框。

因为 X 向对称，所以，在比例栏，将 X 方向设为“－1”，点【确定】。

〈**提示**〉：指定插入点或［基点(B)/比例(S)/X/Y/Z/旋转(R)］：

拾取插入点

(3) 旋转 90°，同时尺寸变化

根据①号门，绘制④号门。

输入命令：I 空格 (插入图块命令 INSERT)

弹出图 3-37 所示对话框。

此时，门尺寸为 900，所以将 X、Y 方向设为“900/700”，同时，旋转 90°，点【确定】。

〈**提示**〉：指定插入点或［基点(B)/比例(S)/X/Y/Z/旋转(R)］：

拾取插入点

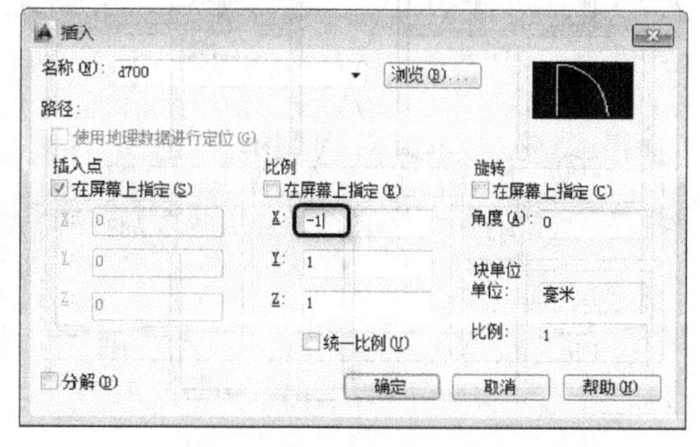

图 3-36 插入对话框 (2)

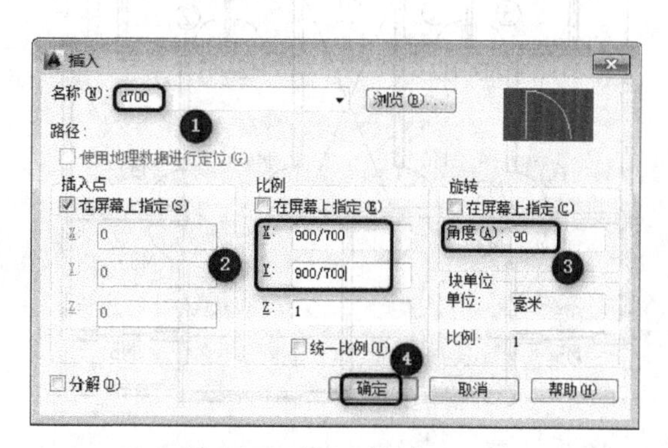

图 3-37 插入对话框 (3)

任务 3.7 绘制阳台、散水和台阶平台

一、任务要求

在任务 3.5 基础上，按建筑平面图（图 3-1）绘制阳台（图 3-38）、散水和台阶平台。

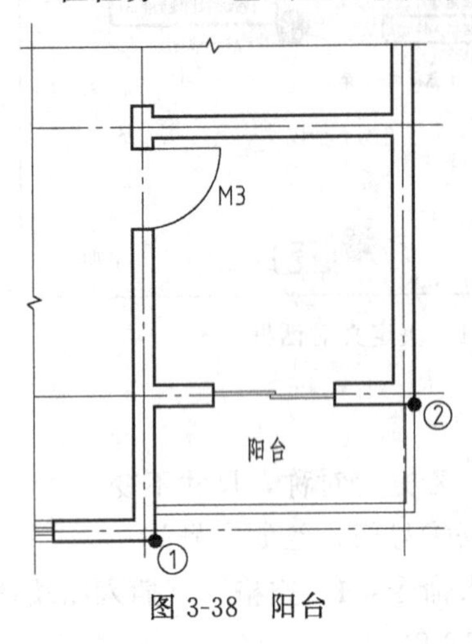

图 3-38 阳台

二、任务分析

1. 线型和线宽

阳台、散水和台阶平台应放置于细线图层。

2. 绘制方法

均采用直线绘制，注意绘制技巧，使用对象追踪、F（圆角命令）等方法。

三、任务实施

1. 绘制阳台

输入命令：L 空格 （直线命令 LINE ）

〈提示〉：指定第一个点：

鼠标置于 1 点片刻（勿点击），鼠标上移，出现竖直极轴线时输入：300 空格

〈提示〉：指定下一点或［放弃（U）］：

鼠标右移，出现水平极轴线

鼠标移于 2 点停留片刻（勿点击），鼠标下移，出现竖直极轴线，继续下移鼠标，同时出现水平和竖直极轴线时，点击鼠标左键

〈提示〉：指定下一点或［放弃（U）］：

空格 （结束直线命令）

直线偏移 100

修剪

2. 绘制散水

（1）距离外墙 600 绘制平行直线。

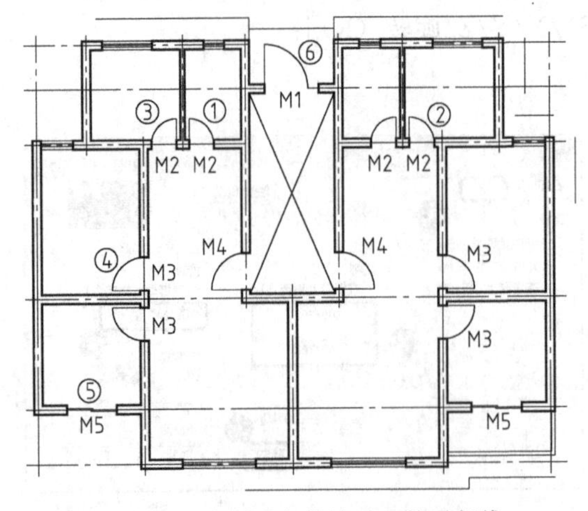

图 3-39 绘制距离外墙 600 的平行线

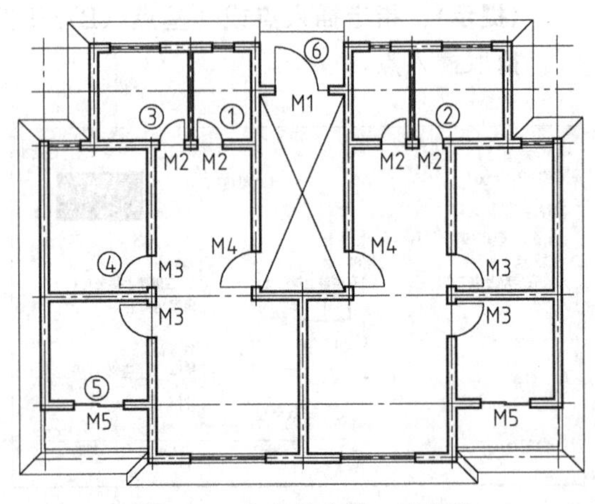

图 3-40 完成散水线、平台线

（2）用圆角命令（设 $R=0$）将不连续的线连接起来。

（3）转角处绘制45°斜线。

3. 绘制台阶平台

在M1处距离外墙300绘制一直线，连接两侧的散水线。

4. 绘制过程

如图3-39、图3-40所示。

四、巩固与提高

绘制图3-41所示建筑平面图。

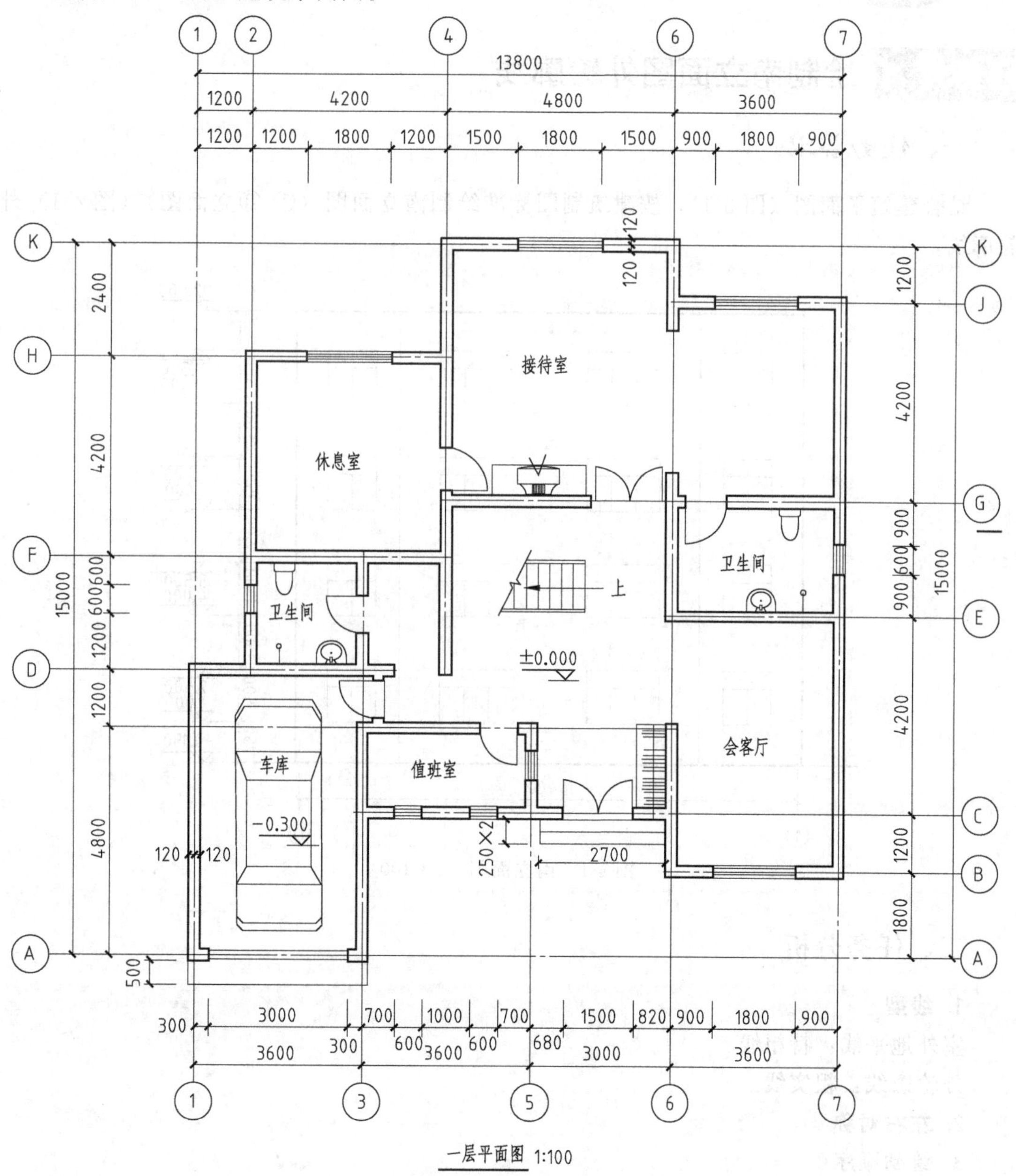

图3-41 建筑平面图

绘制建筑立面图

任务 4.1 绘制南立面图外轮廓线

一、任务要求

结合建筑平面图（图 3-1），按建筑制图标准绘制南立面图（①-⑪立面图）（图 4-1）外轮廓线。

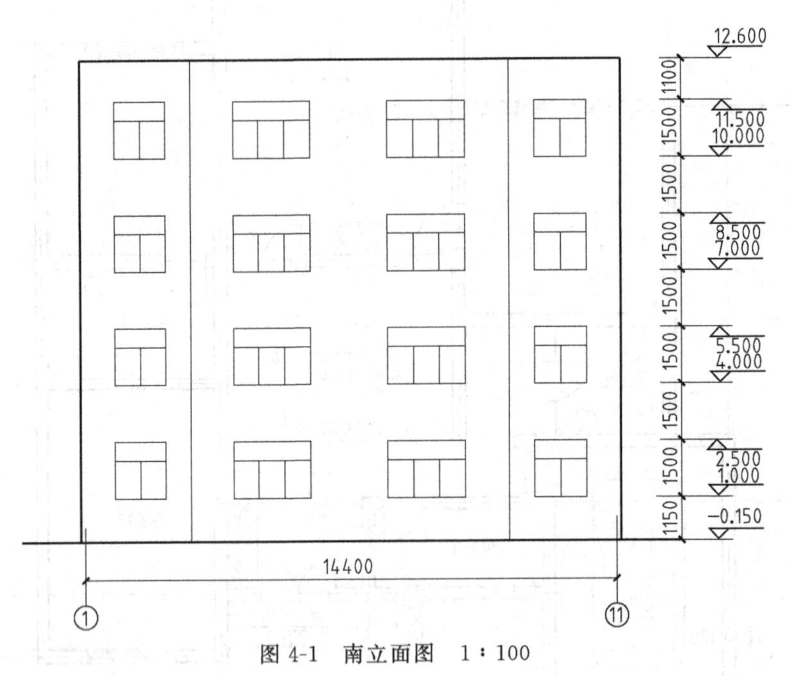

图 4-1　南立面图　1∶100

二、任务分析

1. 线型

室外地平线：特粗线

外轮廓线：粗实线

2. 左右对称

3. 绘制顺序

室外地平线→女儿墙顶线→左右外墙外边线

三、任务实施

1. 绘制南立面轴线

输入命令：L 空格 （直线命令 LINE）

〈提示〉：指定第一个点：

鼠标左键任意拾取一点

〈提示〉：指定下一点或［放弃（U）］：

鼠标上移，出现竖直极轴线时输入：13000 空格

〈提示〉：指定下一点或［放弃（U）］：

空格 （结束直线命令）

输入命令：O 空格 （偏移命令 OFFSET）

〈提示〉：指定偏移距离或［通过（T）/删除（E）/图层（L）］＜通过＞：

输入：3000 空格

〈提示〉：选择要偏移的对象，或［退出（E）/放弃（U）］＜退出＞：

拾取已绘制的直线

〈提示〉：指定要偏移的那一侧上的点，或［退出（E）/多个（M）/放弃（U）］＜退出＞：

在已绘制直线的右侧点击一次

〈提示〉：选择要偏移的对象，或［退出（E）/放弃（U）］＜退出＞：

空格 （结束偏移命令）

空格 （重复执行偏移命令）

〈提示〉：指定偏移距离或［通过（T）/删除（E）/图层（L）］＜通过＞：

输入：4200 空格

〈提示〉：选择要偏移的对象，或［退出（E）/放弃（U）］＜退出＞：

拾取已偏移的直线

〈提示〉：指定要偏移的那一侧上的点，或［退出（E）/多个（M）/放弃（U）］＜退出＞：

在已偏移直线的右侧点击一次

〈提示〉：选择要偏移的对象，或［退出（E）/放弃（U）］＜退出＞：

拾取刚偏移的直线

〈提示〉：指定要偏移的那一侧上的点，或［退出（E）/多个（M）/放弃（U）］＜退出＞：

在直线的右侧点击一次

〈提示〉：选择要偏移的对象，或［退出（E）/放弃（U）］＜退出＞：

空格 （结束偏移命令）

2. 绘制室外地平线

在已绘制的轴线下方绘制一水平直线。

3. 绘制女儿墙顶线

将室外地平线向上偏移，偏移距离为：12750。

4. 修剪得到立面图外轮廓图

5. 绘制过程

如图 4-2～图 4-4 所示。

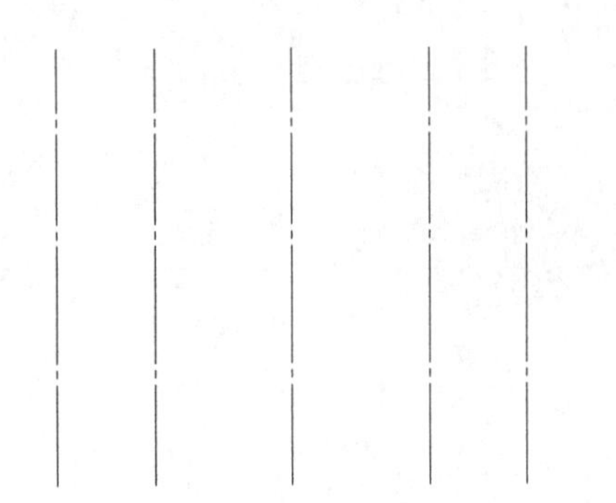
图 4-2 绘制南立面轴线

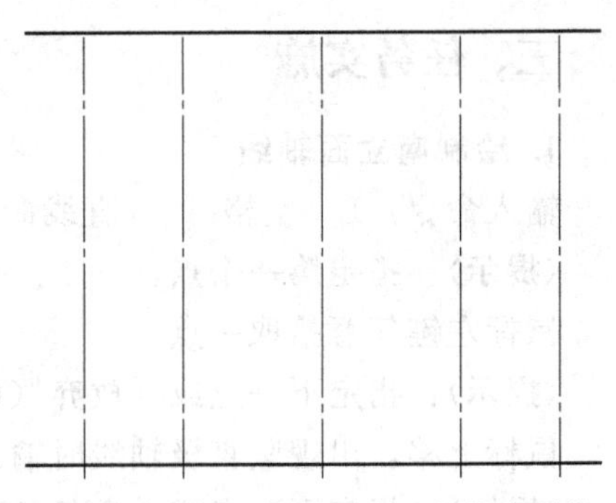
图 4-3 绘制室外地平线和女儿墙顶线

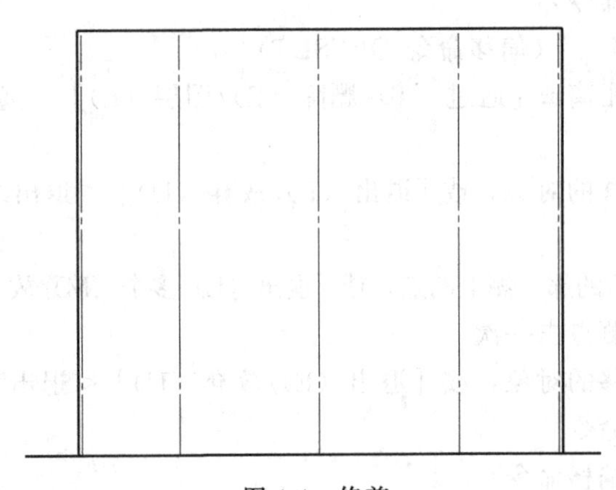
图 4-4 修剪

任务 4.2 绘制南立面窗户

一、任务要求

结合建筑平面图（图 3-1），按建筑制图标准绘制南立面图（①-⑪立面图）（图 4-1）窗户。

二、任务分析

1. 线型：细实线

2. 根据室内外高差、窗台高度确定窗台线，根据窗户高度确定窗顶线，根据建筑平面图确定窗户两侧线

3. 绘制顺序

室内地平线→窗台底线→窗顶线→窗侧线→窗内分格线→一层窗→二层窗→三层窗→四层窗

三、任务实施

1. 绘制室内地平线

输入命令：O 空格 （偏移命令 OFFSET）

〈提示〉：指定偏移距离或［通过（T）/删除（E）/图层（L）］<通过>：

输入：150 空格

〈提示〉：选择要偏移的对象或［退出（E）/放弃（U）］＜退出＞：

拾取室外地平线

〈提示〉：指定要偏移的那一侧上的点或［退出（E）/多个（M）/放弃（U）］＜退出＞：

在室外地坪线的上方点击一次

〈提示〉：选择要偏移的对象或［退出（E）/放弃（U）］＜退出＞：

空格 （结束偏移命令）

2. 绘制 C1

输入命令：REC 空格 （矩形命令：REC RECTANG ）

〈提示〉：指定第一个角点或［倒角（C）/标高（E）/圆角（F）/厚度（T）/宽度（W）］：

按住【Shift】键同时点鼠标右键，出现右键菜单，选择【自动拾取】

拾取室内地平线和第1轴线的交点

输入：@800，1000 空格

〈提示〉：指定另一个角点或［面积（A）/尺寸（D）/旋转（R）］：

输入：@1400，1500

输入命令：L 空格 （直线命令 LINE ）

〈提示〉：指定第一个点：

鼠标在窗户左上角点停留片刻（勿点击），鼠标下移，出现竖直极轴线时输入：500 空格

〈提示〉：指定下一点或［放弃（U）］：

鼠标右移，出现水平极轴线时，拾取与窗户右侧边线的交点

〈提示〉：指定下一点或［放弃（U）］：

空格 （结束直线命令）

空格 （重复执行直线命令）

〈提示〉：指定第一个点：

鼠标拾取水平中线的中点

〈提示〉：指定下一点或［放弃（U）］：

鼠标下移，出现竖直极轴线时，拾取与窗户下边线的交点

〈提示〉：指定下一点或［放弃（U）］：

空格 （结束直线命令）

3. 绘制 C2

输入命令：REC 空格 （矩形命令：REC RECTANG ）

〈提示〉：指定第一个角点或［倒角（C）/标高（E）/圆角（F）/厚度（T）/宽度（W）］：

按住【Shift】键同时点鼠标右键，出现右键菜单，选择【自动拾取】

拾取室内地平线和第2轴线的交点

输入：@1050，1000 空格

〈提示〉：指定另一个角点或［面积（A）/尺寸（D）/旋转（R）］：

输入：@2100，1500

输入命令：L　空格　（直线命令 LINE）

〈提示〉：指定第一个点：

鼠标在窗户左上角点停留片刻（勿点击），鼠标下移，出现竖直极轴线时输入：500 空格

〈提示〉：指定下一点或［放弃（U）］：

鼠标右移，出现水平极轴线时，拾取与窗户右侧边线的交点

〈提示〉：指定下一点或［放弃（U）］：

空格　（结束直线命令）

将水平中线三等分

菜单：【绘图】→【点】→【定数等分】

〈提示〉：选择要定数等分的对象：

拾取窗户水平中线

〈提示〉：输入线段数目或［块（B）］：

输入：3　空格

输入命令：L　空格　（直线命令 LINE）

〈提示〉：指定第一个点：

按住【Shift】键同时点鼠标右键，在右键菜单中选"节点"

鼠标拾取水平中线的节点

〈提示〉：指定下一点或［放弃（U）］：

鼠标下移，出现竖直极轴线时，拾取与窗户下边线的交点

〈提示〉：指定下一点或［放弃（U）］：

空格　（结束直线命令）

重复，绘制第二条竖直线

4. C1、C2 窗户镜像

5. 将一层的窗户进行阵列，得到二、三、四层的窗户

输入命令：AR　空格　（阵列命令 ARRAY）

弹出图 4-5 所示对话框，按图示设置，确定。

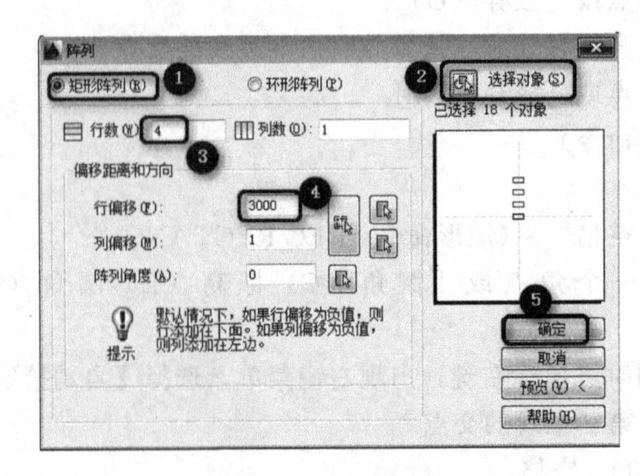

图 4-5　阵列对话框

6. 立面图修剪完善

7. 绘制过程

如图 4-6～图 4-10 所示。

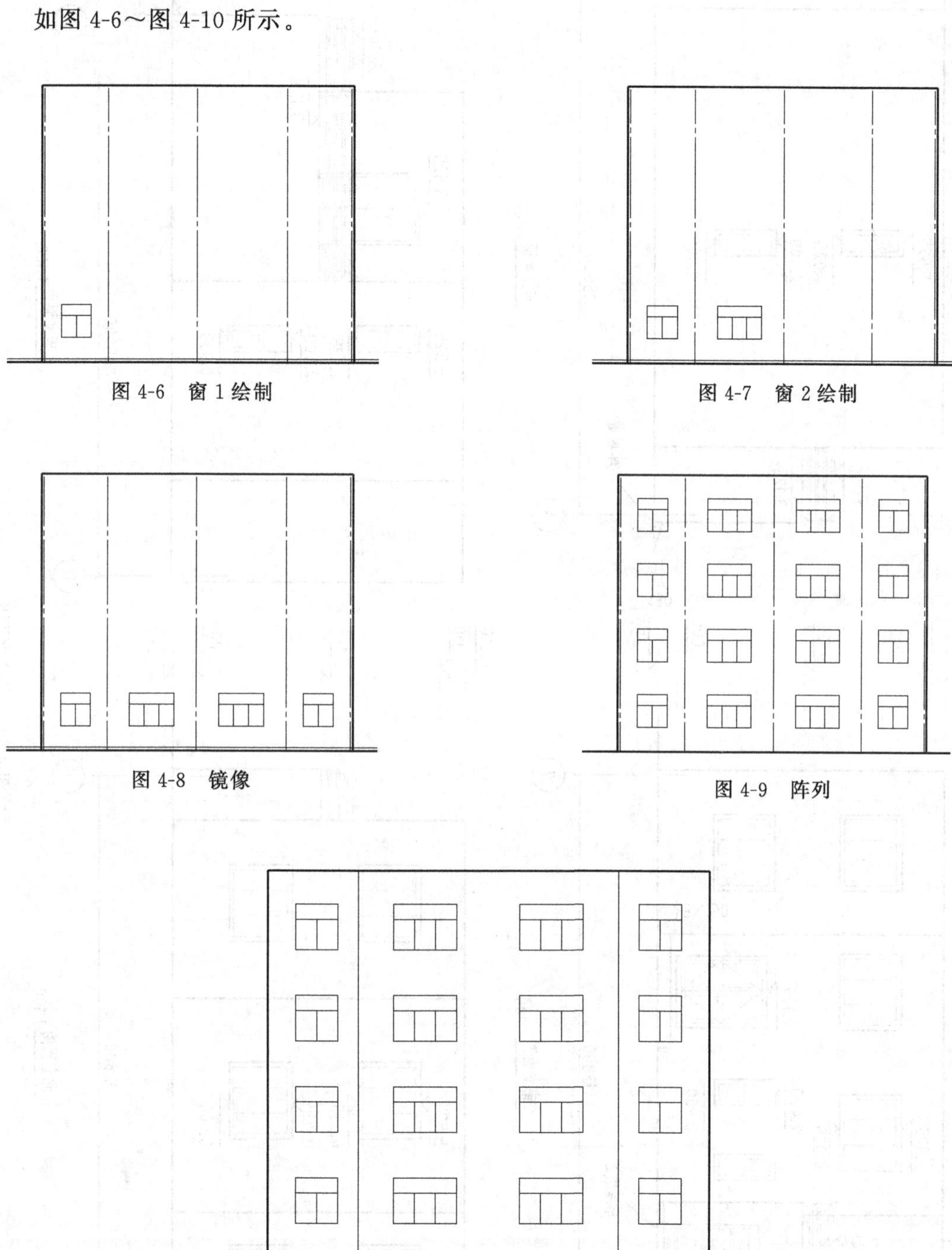

图 4-6 窗 1 绘制

图 4-7 窗 2 绘制

图 4-8 镜像

图 4-9 阵列

图 4-10 修剪完善

四、巩固与提高

根据建筑平面图（图 3-41），绘制建筑立面图（图 4-11）。

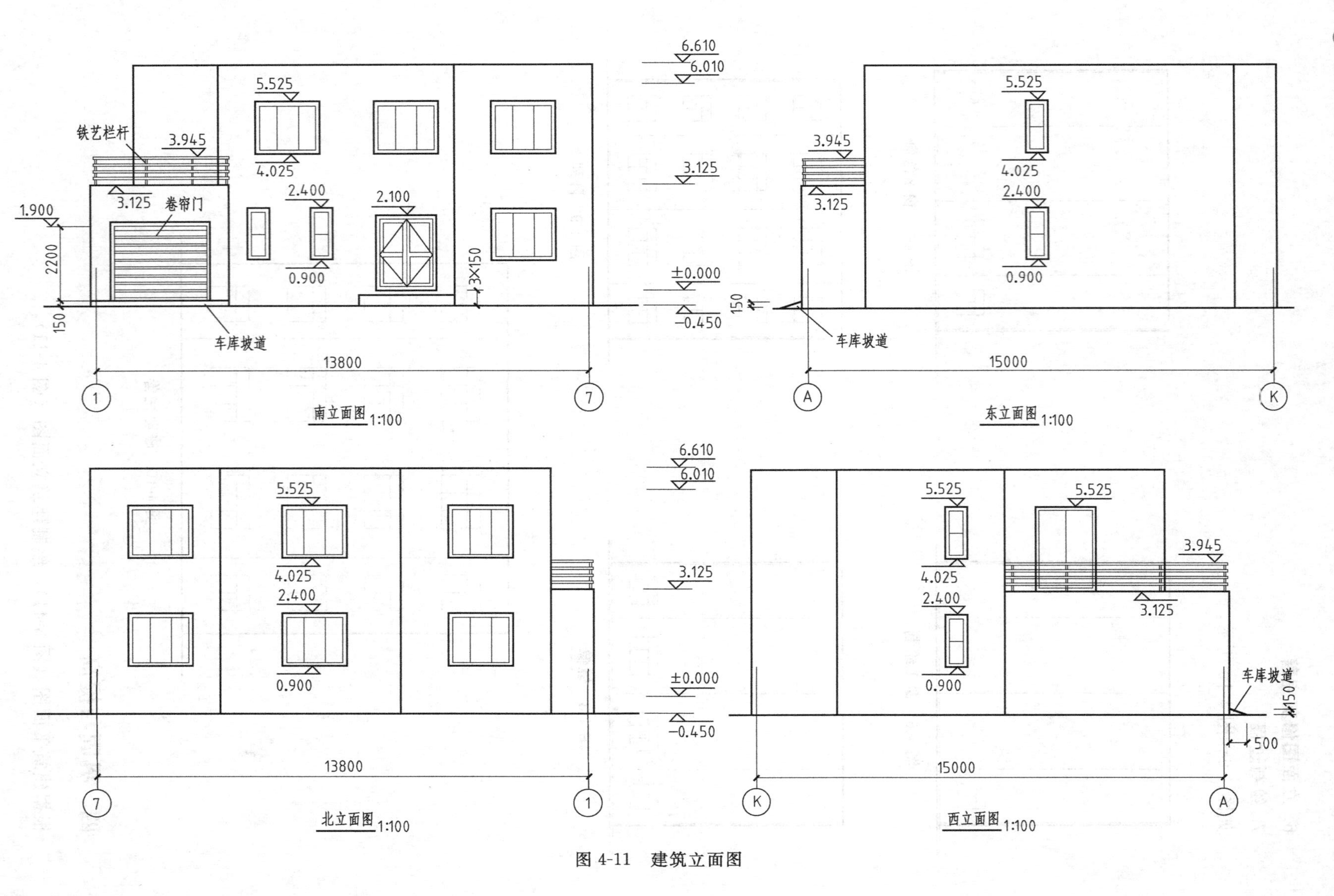
铁艺栏杆
卷帘门
车库坡道
南立面图 1:100
东立面图 1:100
北立面图 1:100
西立面图 1:100
13800
15000
2200
150
3×150
500
6.610
6.010
5.525
4.025
3.945
3.125
2.400
2.100
1.900
0.900
±0.000
-0.450
1
7
A
K

图 4-11 建筑立面图

绘制建筑剖面图

一、任务要求

结合建筑平面图（图 3-1），按照国家建筑制图标准，绘制建筑剖面图，如图 5-1 所示。

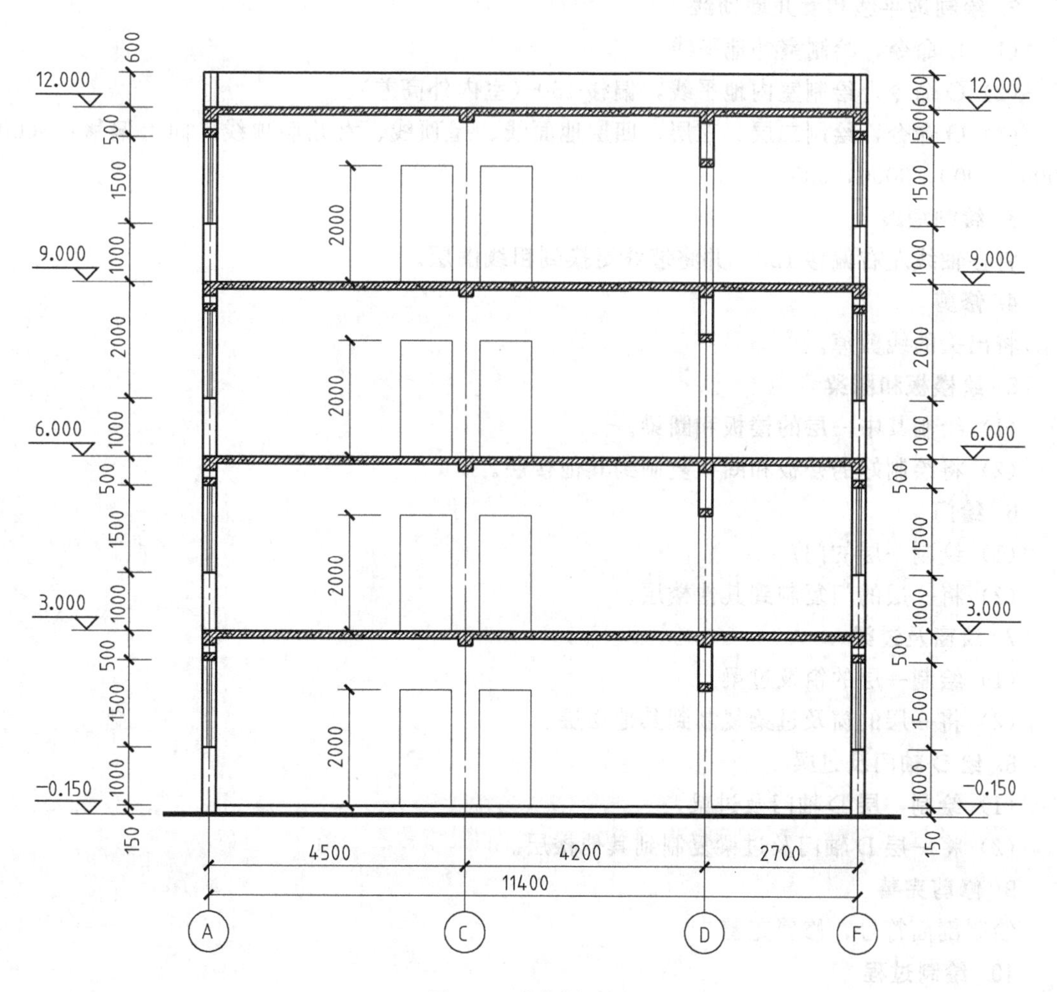

图 5-1　建筑剖面图

二、任务分析

1. 线型

轴线：细点画线。

地平线：特粗线。

剖切到的墙线、楼板线、过梁、圈梁线：粗线。

看到的门窗线：细实线。

2. 绘制顺序

墙定位轴线→墙线→各层地平线和女儿墙顶线→楼板和圈梁→门窗及过梁

三、任务实施

1. 绘制轴线

（1）L 命令，绘制长度为 13000 的竖直直线。

（2）O 命令，将竖直直线向右偏移：4500，4200，2700。

2. 绘制地平线和女儿墙顶线

（1）L 命令，绘制室外地平线。

（2）O 命令，绘制室内地平线，偏移 150（室内外高差）。

（3）O 命令，绘制二层、三层、四层地面线、屋顶线、女儿墙顶线。向上偏移：3000，3000，3000，3000，600。

3. 绘制墙线

将各轴线左右偏移 120，并将墙线更换到粗线图层。

4. 修剪

将出头的线剪掉。

5. 绘楼板和圈梁

（1）绘制其中一层的楼板和圈梁。

（2）将绘制好的楼板和圈梁复制到其他楼层。

6. 绘门

（1）绘制一层的门。

（2）将一层的门复制到其他楼层。

7. 绘窗及过梁

（1）绘制一层的窗及过梁。

（2）将一层的窗及过梁复制到其他楼层。

8. 绘 D 轴门及过梁

（1）绘制一层 D 轴门及过梁。

（2）将一层 D 轴门及过梁复制到其他楼层。

9. 修剪完善

绘制剖面符号，修剪完善。

10. 绘制过程

如图 5-2 所示。

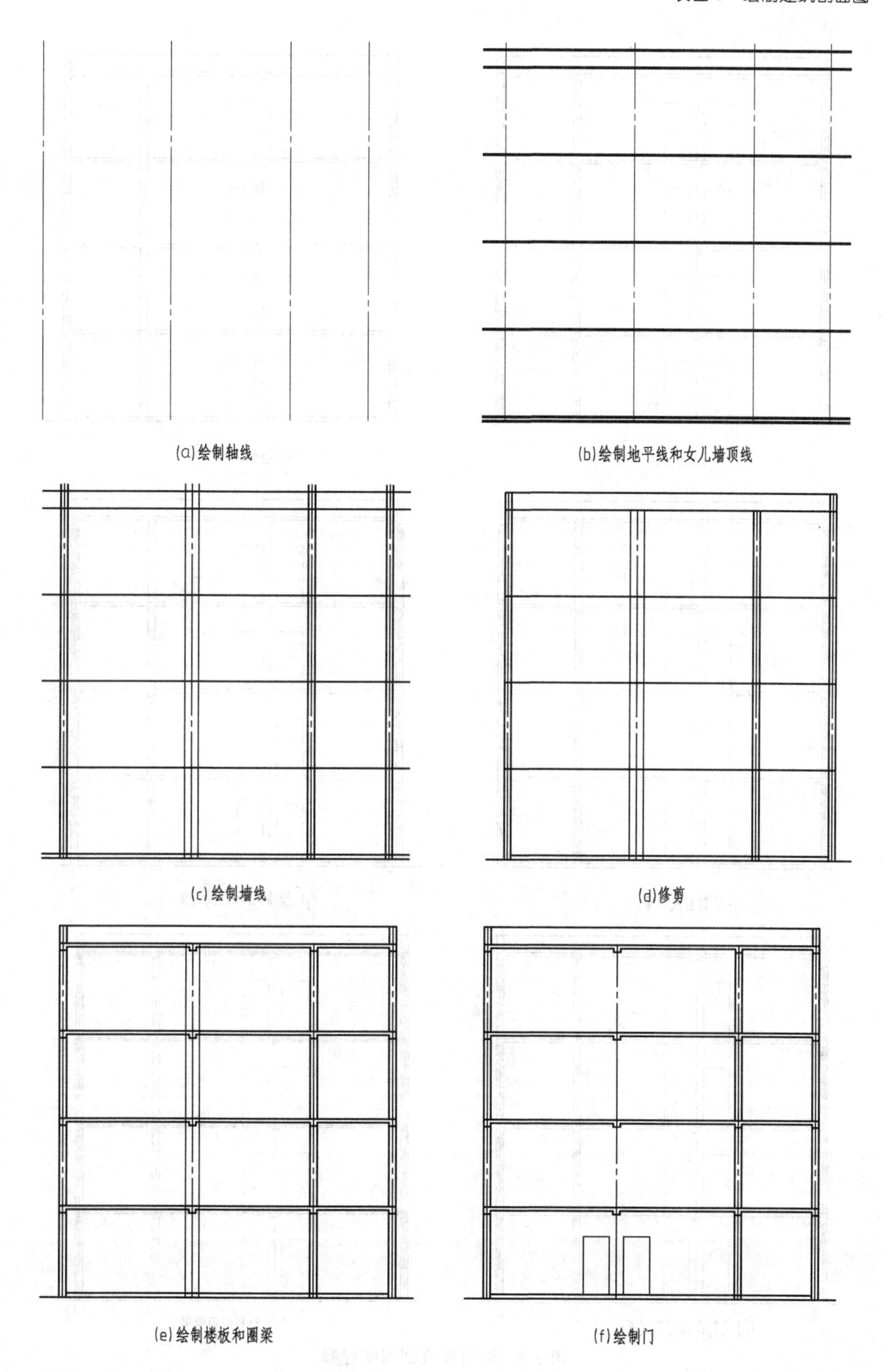

图 5-2

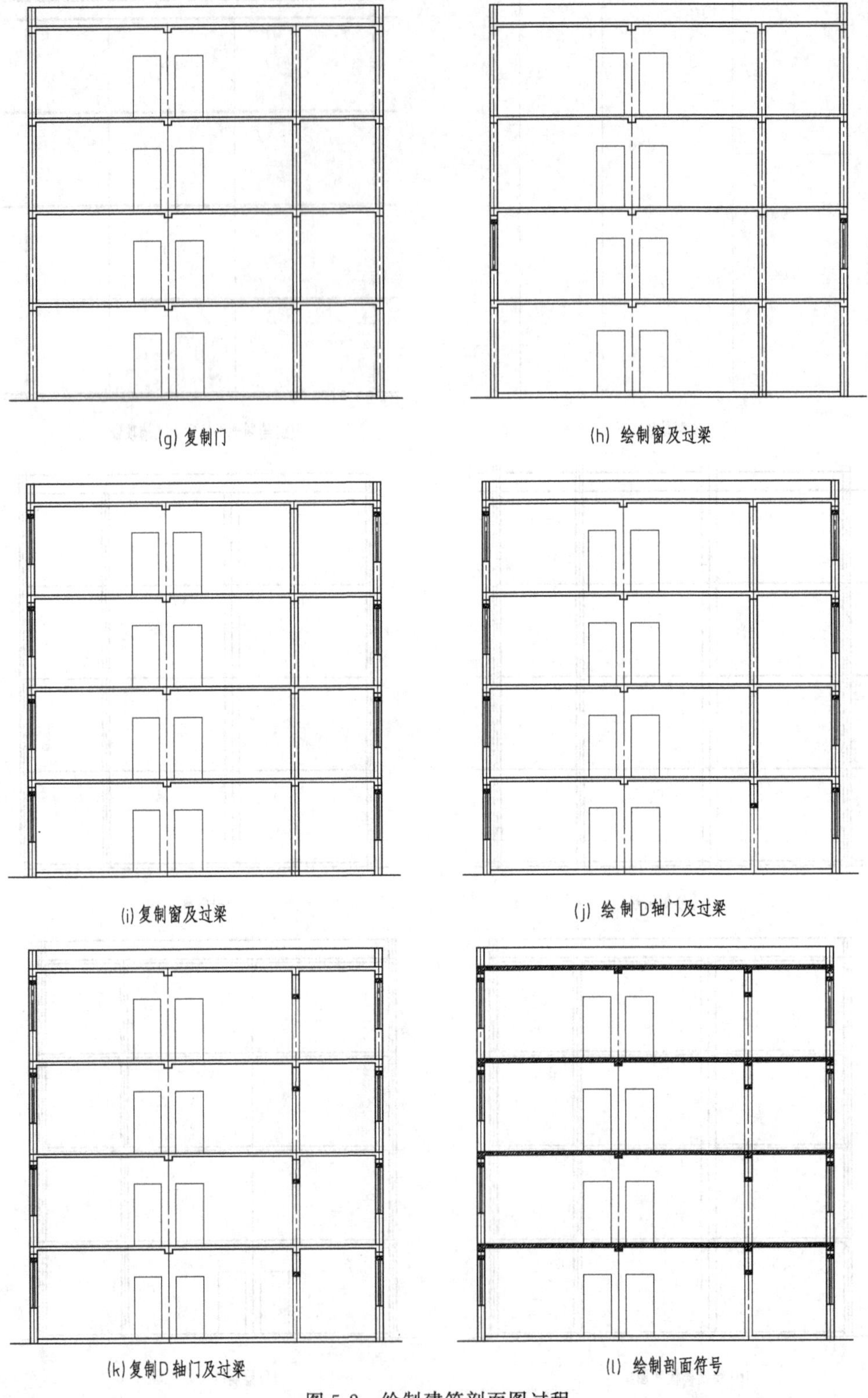

图 5-2　绘制建筑剖面图过程

绘制楼梯详图

任务 6.1 绘制梯段板剖面图

一、任务要求

根据给定尺寸，绘制梯段板和休息平台剖面图，如图 6-1 所示。

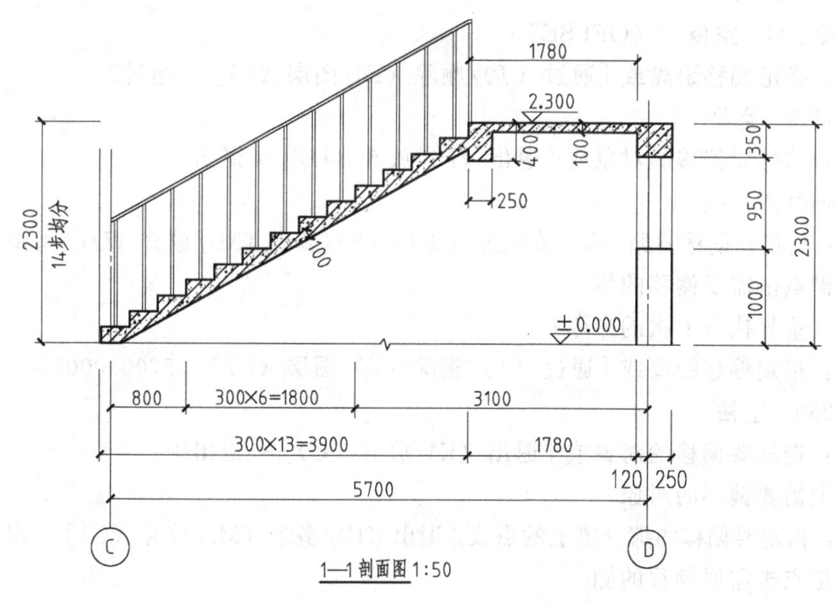

图 6-1 梯段板和休息平台剖面图

二、任务分析

1. 线型

墙定位轴线：点画线。

剖切到的梯段板：粗实线。

剖切到的墙、楼板、梁：粗实线。

看到的墙、楼板：细实线。

门窗线：细实线。

剖面线：细实线。

2. 绘制顺序

轴线和墙线→休息平台线→踏步线→阵列踏步线→梯段板下边线→平台梁、圈梁→填充45°斜线→填充混凝土图例

3. 重点难点

梯段板、踏步的绘制方法和技巧。

三、任务实施

1. 轴线和墙线

输入命令：L 空格 （LINE）

〈提示〉：指定第一个点：

鼠标左键任意拾取一点

〈提示〉：指定下一点或［放弃（U）］：

鼠标上移，出现竖直极轴线时输入：2500 空格

〈提示〉：指定下一点或［放弃（U）］：

空格 （结束命令）

输入命令：O 空格 （OFFSET）

〈提示〉：指定偏移距离或［通过（T）/删除（E）/图层（L）］<通过>：

输入：5700 空格

〈提示〉：选择要偏移的对象或［退出（E）/放弃（U）］<退出>：

选择要偏移的直线

〈提示〉：指定要偏移的那一侧上的点或［退出（E）/多个（M）/放弃（U）］<退出>：

鼠标左键点击需要偏移的侧

空格 （重复执行上次的命令）

〈提示〉：指定偏移距离或［通过（T）/删除（E）/图层（L）］<5700.0000>：

输入：250 空格

〈提示〉：选择要偏移的对象或［退出（E）/放弃（U）］<退出>：

左键拾取需要偏移的对象

〈提示〉：指定要偏移的那一侧上的点或［退出（E）/多个（M）/放弃（U）］<退出>：

鼠标左键点击需要偏移的侧

空格 （重复执行上次的命令）

〈提示〉：指定偏移距离或［通过（T）/删除（E）/图层（L）］<250.0000>：

输入：120 空格

〈提示〉：选择要偏移的对象或［退出（E）/放弃（U）］<退出>：

左键拾取需要偏移的对象

〈提示〉：指定要偏移的那一侧上的点或［退出（E）/多个（M）/放弃（U）］<退出>：

鼠标左键点击需要偏移的侧

2. 休息平台线

输入命令：L 空格 （LINE）

〈提示〉：指定第一个点：

鼠标上移输入：2300 空格

〈提示〉：指定下一点或［放弃（U）］：

空格　（结束直线命令）

3. 踏步线

输入命令：L　空格　（LINE ）

〈提示〉：指定第一个点：

拾取端点

〈提示〉：指定下一点或［放弃（U）］：

鼠标下移输入：2300/14　空格

〈提示〉：指定下一点或［放弃（U）］：

鼠标左移输入：300　空格

4. 阵列踏步线

输入命令：AR　空格　（阵列命令：ARRAYCLASSIC）

弹出图 6-2 所示对话框。

选择“矩形阵列”，选择阵列对象，输入行数和列数，拾取列偏移距离：先拾取 2 点，再拾取 1 点（先左后右），如图 6-3 所示。

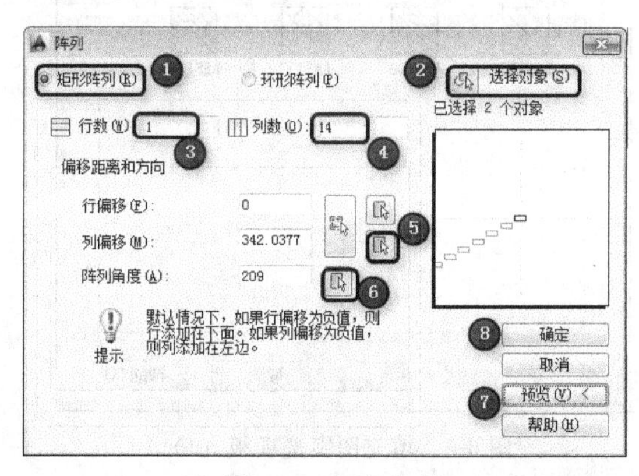

图 6-2　阵列对话框

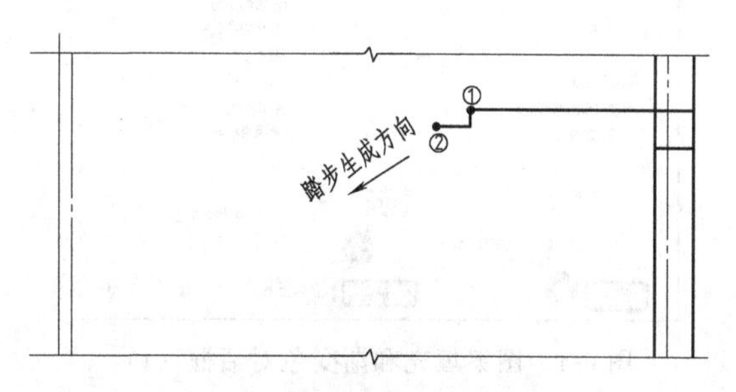

图 6-3　踏步阵列拾取的点

拾取阵列角度：先拾取 1 点，再拾取 2 点（按生成方向），预览，确定。

5. 梯段板下边线

输入命令：L　空格　（LINE）

连接踏步线下角点

输入命令：O　空格（OFFSET）

〈提示〉：指定偏移距离或［通过（T）/删除（E）/图层（L）］<120.0000>：

输入：100　空格

〈提示〉：选择要偏移的对象或［退出（E）/放弃（U）］<退出>：

拾取连接角点的线

〈提示〉：指定要偏移的那一侧上的点或［退出（E）/多个（M）/放弃（U）］<退出>：

在下方点击鼠标左键

6. 平台梁、圈梁

输入命令：L　空格　（LINE）

〈提示〉：指定第一个点：

鼠标下移输入：400　空格

〈提示〉：指定下一点或［放弃（U）］：

鼠标右移输入：250　空格

〈提示〉：指定下一点或［放弃（U）］：

鼠标上移输入：300　空格

空格　（结束直线命令）

7. 填充 45°斜线

输入命令：H　空格　（填充命令 HATCH）

弹出图 6-4 所示对话框。

选择填充图案，弹出填充图案选项板（图 6-5）。

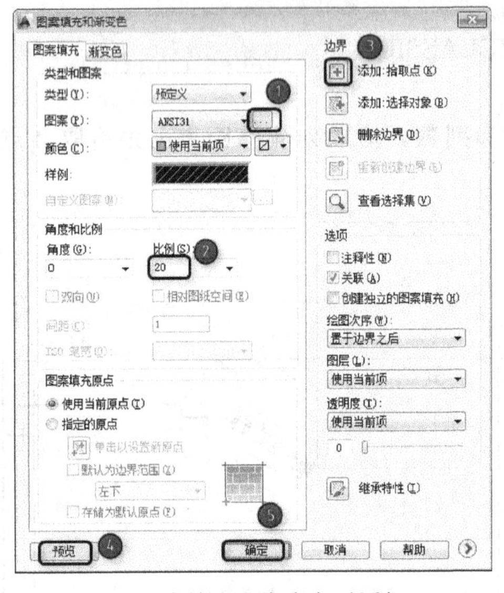

图 6-4　图案填充和渐变色对话框（1）

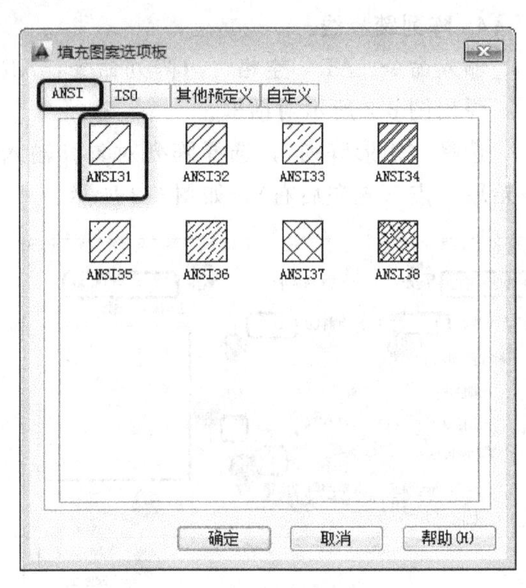

图 6-5　填充图案选项板（1）

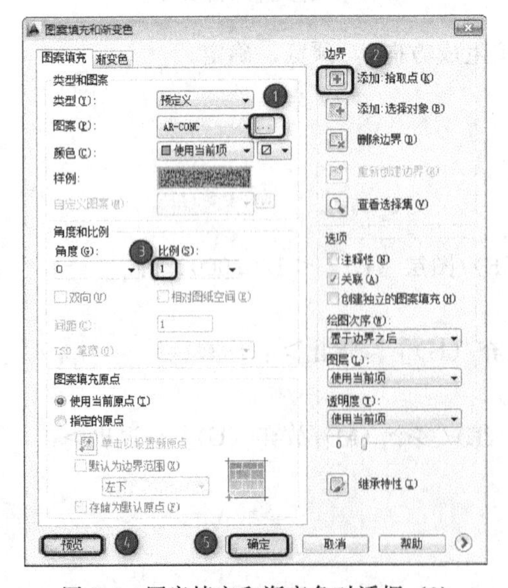

图 6-6　图案填充和渐变色对话框（2）

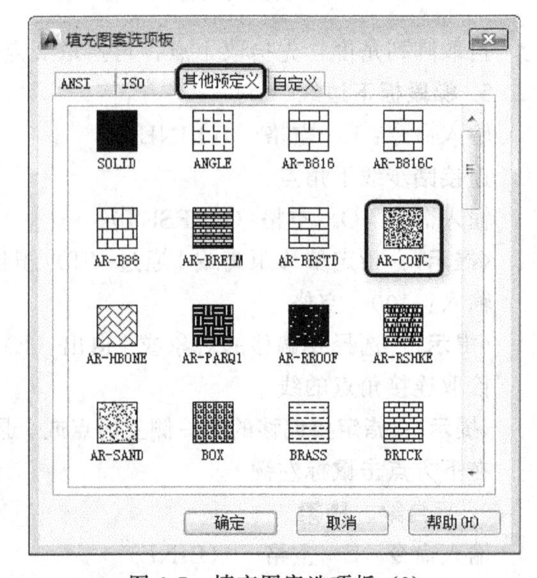

图 6-7　填充图案选项板（2）

8. 填充混凝土图例

输入命令：H 空格 （填充命令 HATCH ）

弹出图 6-6 所示对话框。

选择填充图案，弹出填充图案选项板（图 6-7）。

9. 绘制过程

如图 6-8 所示。

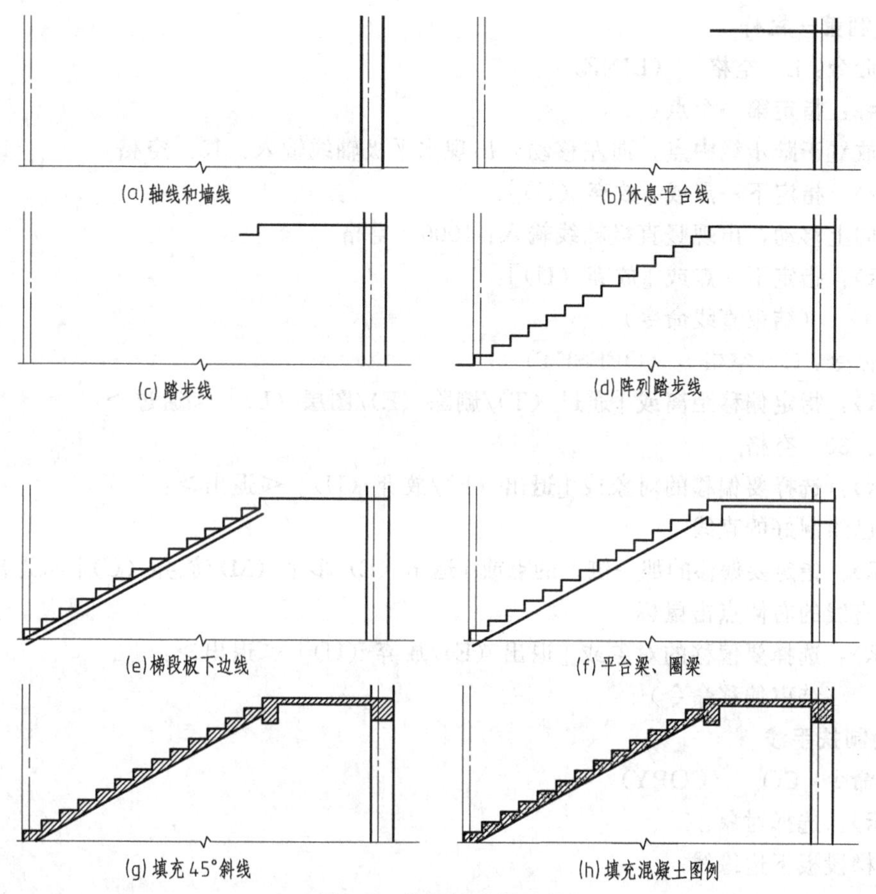

图 6-8 梯段板绘制过程

任务 6.2 绘制栏杆扶手

一、任务要求

根据给定的楼梯第一跑剖面图，绘制楼梯栏杆（尺寸：30mm，高度：1000mm）和扶手（尺寸：40mm）。

二、任务分析

1. 线型

细实线

2. 主要命令

阵列

3. 绘制步骤

绘制第一栏杆→绘制扶手线→修剪第一栏杆→阵列栏杆→绘制扶手。

4. 主要技巧

栏杆上部是不平齐的，应修剪后进行阵列，会节省上部修剪的时间。

三、任务实施

1. 绘制第一栏杆

输入命令：L　空格　(LINE)

〈提示〉：指定第一个点：

鼠标放置于踏步线中点，向左移动，出现水平极轴线输入：15　空格

〈提示〉：指定下一点或[放弃(U)]：

鼠标向上移动，出现竖直极轴线输入：1000　空格

〈提示〉：指定下一点或[放弃(U)]：

空格　(结束直线命令)

输入命令：O　空格　(OFFSET)

〈提示〉：指定偏移距离或[通过(T)/删除(E)/图层(L)]<通过>：

输入：30　空格

〈提示〉：选择要偏移的对象或[退出(E)/放弃(U)]<退出>：

选择已绘制好的直线

〈提示〉：指定要偏移的那一侧上的点或[退出(E)/多个(M)/放弃(U)]<退出>：

在竖直线的右侧点击鼠标

〈提示〉：选择要偏移的对象或[退出(E)/放弃(U)]<退出>：

空格　(结束偏移命令)

2. 绘制扶手线

输入命令：CO　(COPY)

〈提示〉：选择对象：

选择梯段板下边缘线

空格　(结束选择)

〈提示〉：指定基点或[位移(D)/模式(O)]<位移>：

鼠标拾取梯段板下边缘线的端点

〈提示〉：指定第二个点或[阵列(A)]<使用第一个点作为位移>：

鼠标拾取栏杆线的端点

3. 修剪第一栏杆

输入命令：F　空格　(FILLET)

〈提示〉：当前设置：模式＝修剪，半径＝0.0000

确认半径为零

〈提示〉：选择第一个对象或[放弃(U)/多段线(P)/半径(R)/修剪(T)/多个(M)]：

选择栏杆线

〈提示〉：选择第二个对象，或按住【Shift】键选择对象以应用角点或[半径(R)]：

选择扶手线

4. 阵列栏杆

输入命令：AR　空格　（ARRAYCLASSIC）

弹出图 6-9 所示对话框。

5. 绘制扶手

输入命令：O　空格　（OFFSET）

〈提示〉：指定偏移距离或［通过（T）/删除（E）/图层（L）］＜30.0000＞：

输入：40　空格

〈提示〉：选择要偏移的对象或［退出（E）/放弃（U）］＜退出＞：

选择扶手线

〈提示〉：指定要偏移的那一侧上的点或［退出（E）/多个（M）/放弃（U）］＜退出＞：

在扶手线的上方点击鼠标左键

〈提示〉：选择要偏移的对象或［退出（E）/放弃（U）］＜退出＞：

空格　（结束偏移命令）

输入命令：L　空格　（LINE）

〈提示〉：指定第一个点：

在扶手线的端部拾取一点

〈提示〉：指定下一点或［放弃（U）］：

拾取正上方另一点

〈提示〉：指定下一点或［放弃（U）］：

空格　（结束直线命令）

输入命令：F　空格　（FILLET）

〈提示〉：当前设置：模式＝修剪，半径＝0.0000

确认当前半径为零

〈提示〉：选择第一个对象或［放弃（U）/多段线（P）/半径（R）/修剪（T）/多个（M）］：

选择上方扶手线

〈提示〉：选择第二个对象，或按住【Shift】键选择对象以应用角点或［半径（R）］：

拾取绘制的直线

6. 绘制过程

如图 6-10～图 6-14 所示。

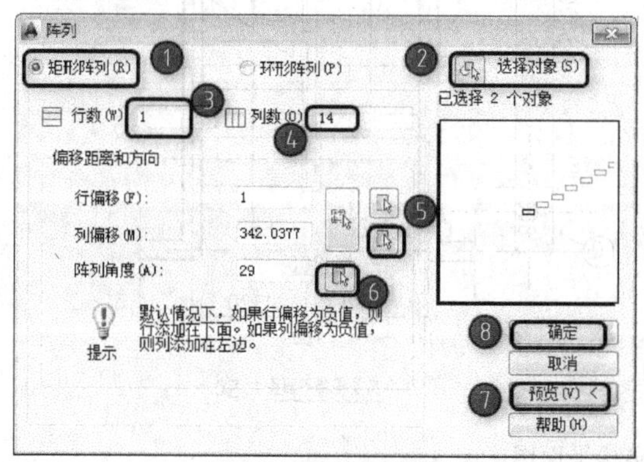

图 6-9　阵列对话框

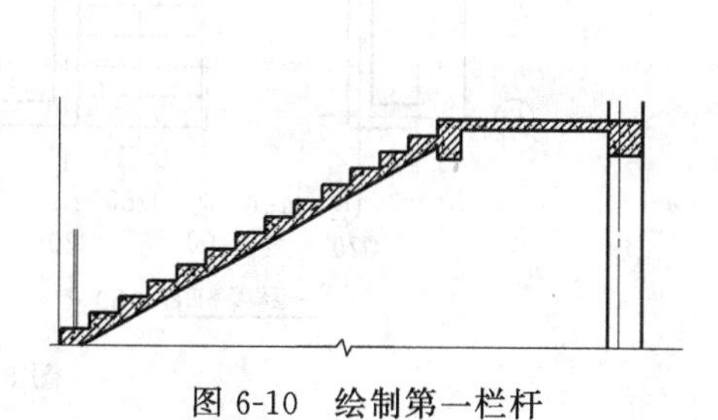

图 6-10　绘制第一栏杆

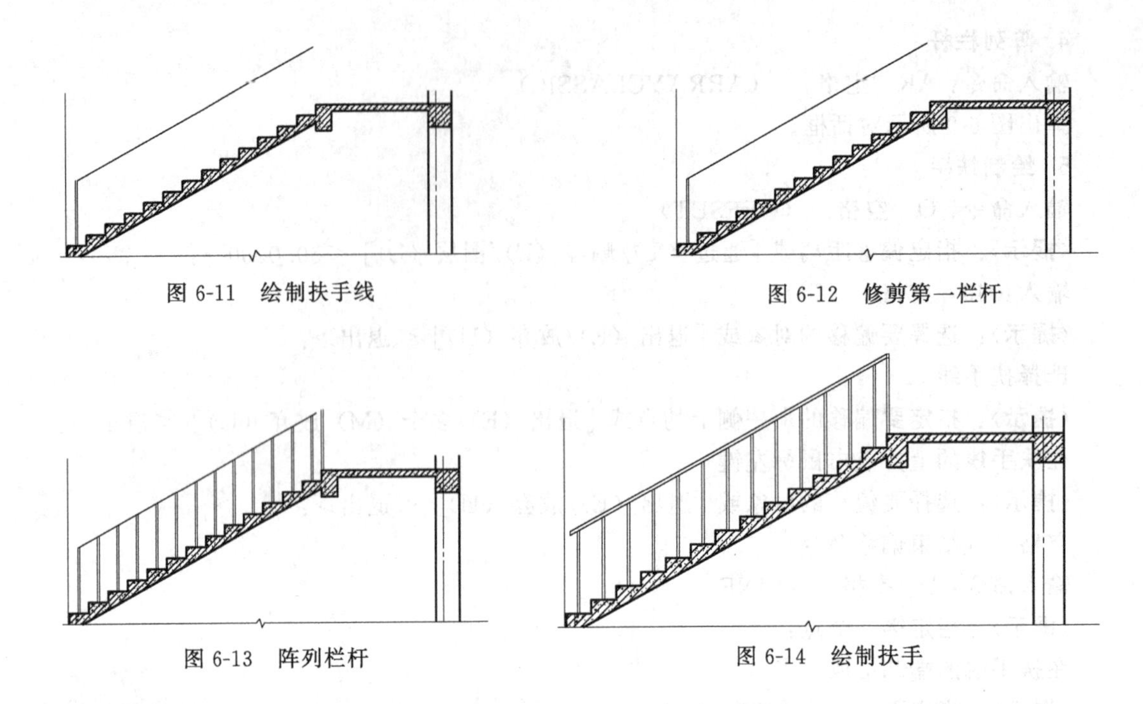

图 6-11　绘制扶手线　　图 6-12　修剪第一栏杆

图 6-13　阵列栏杆　　图 6-14　绘制扶手

任务 6.3 抄绘楼梯剖面图

一、任务要求

根据给定的楼梯平面图（图 6-15）和剖面图（图 6-16），以及国家制图标准，抄绘楼梯剖面图。

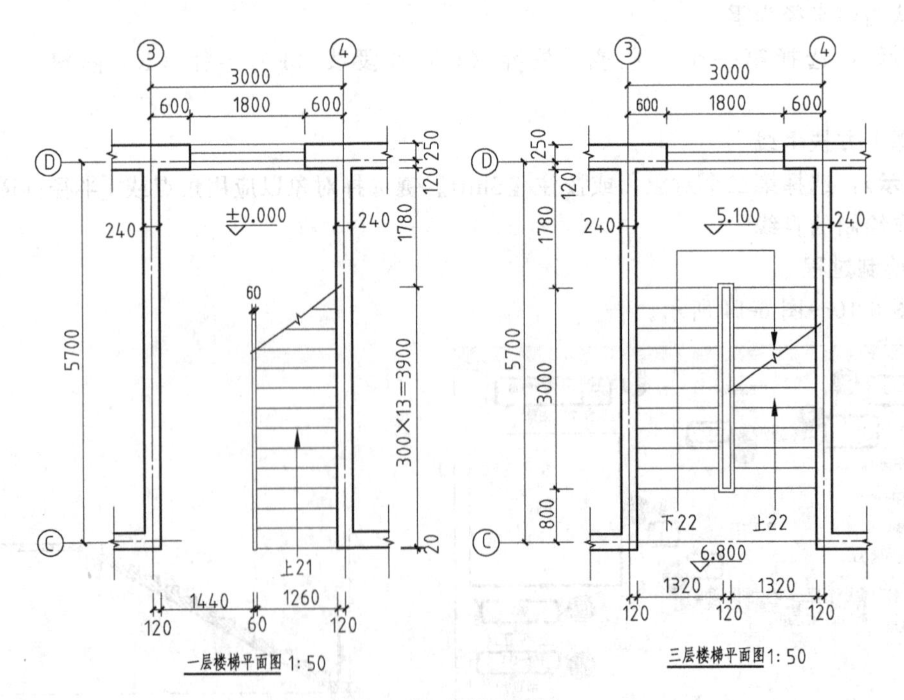

图 6-15　楼梯平面图

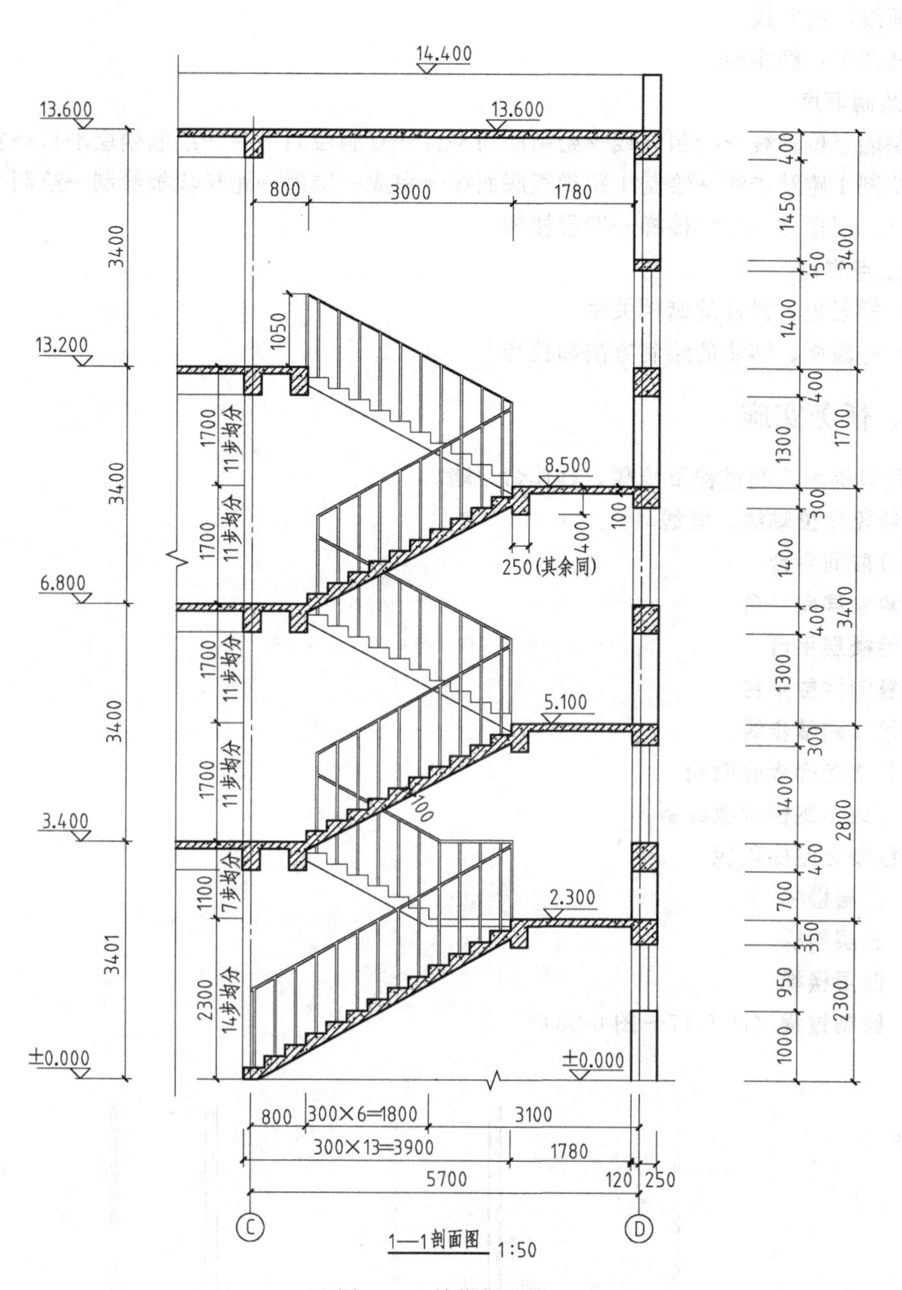

图 6-16　楼梯剖面图

二、任务分析

1. 线型

墙定位轴线：点画线。

剖切到的梯段板：粗实线。

剖切到的墙、楼板、梁：粗实线。

看到的墙、楼板：细实线。

门窗线：细实线。

剖面线：细实线。

栏杆扶手：细实线。

2. 绘制顺序

绘制墙定位轴线→绘制墙线→绘制层间平台→复制层间平台→绘制楼层平台→复制楼层平台→绘制 1 跑踏步线→绘制 1 跑梯板底面线→完成一层第一跑梯段板绘制→绘制一层 2 跑梯段板→二层楼梯→三层楼梯→四层楼梯

3. 重点难点

(1) 梯段板、栏杆的遮挡关系

(2) 梯段板、踏步的绘制方法和技巧

三、任务实施

这里只提示绘制过程及步骤，具体命令略。

1. 绘墙定位轴线、墙线

2. 绘层间平台

3. 复制层间平台

4. 绘楼层平台

5. 复制楼层平台

6. 绘 1 跑踏步线

7. 绘 1 跑梯板底面线

8. 完成 1 跑梯段板绘制

9. 绘制 2 跑梯段板

10. 二层楼梯

11. 三层楼梯

12. 四层楼梯

13. 绘制过程（图 6-17～图 6-38）

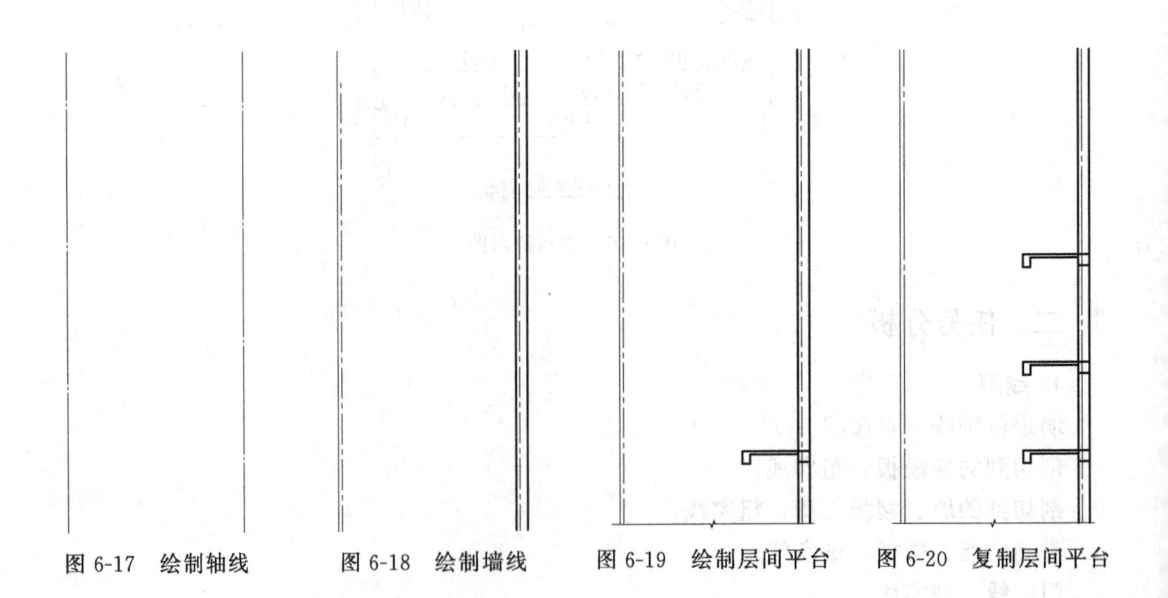

图 6-17 绘制轴线　图 6-18 绘制墙线　图 6-19 绘制层间平台　图 6-20 复制层间平台

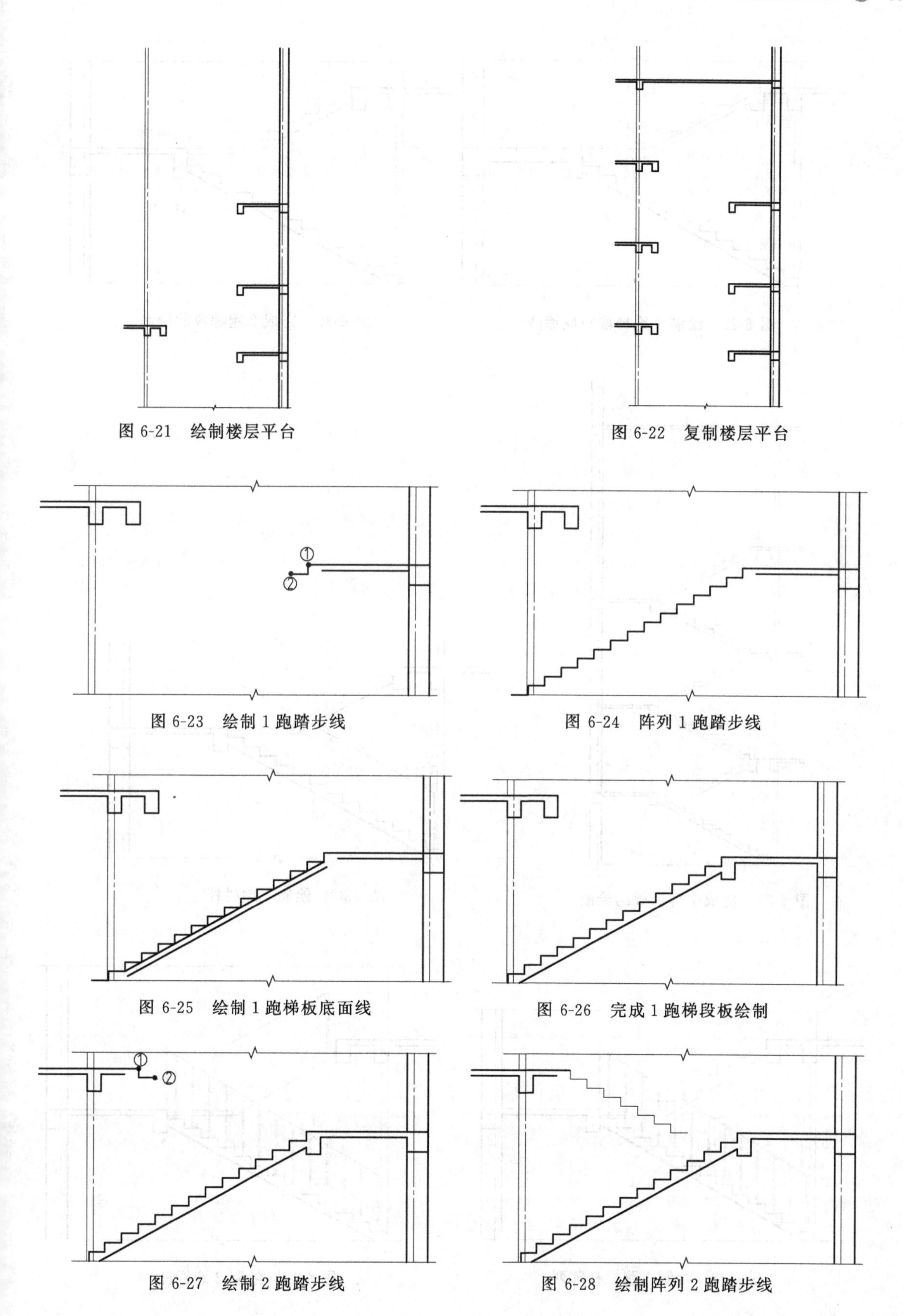

图 6-21 绘制楼层平台

图 6-22 复制楼层平台

图 6-23 绘制 1 跑踏步线

图 6-24 阵列 1 跑踏步线

图 6-25 绘制 1 跑梯板底面线

图 6-26 完成 1 跑梯段板绘制

图 6-27 绘制 2 跑踏步线

图 6-28 绘制阵列 2 跑踏步线

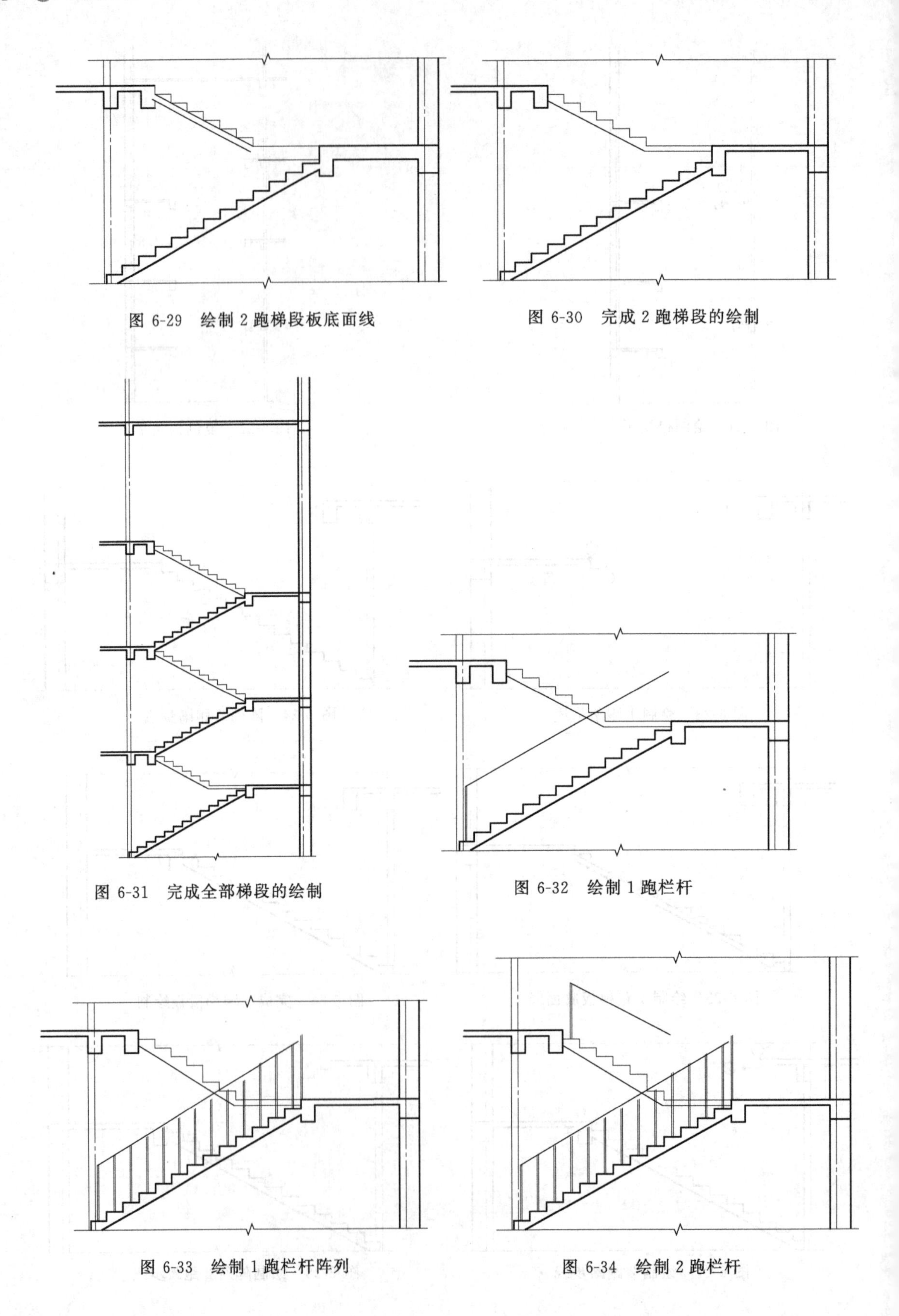

图 6-29 绘制 2 跑梯段板底面线

图 6-30 完成 2 跑梯段的绘制

图 6-31 完成全部梯段的绘制

图 6-32 绘制 1 跑栏杆

图 6-33 绘制 1 跑栏杆阵列

图 6-34 绘制 2 跑栏杆

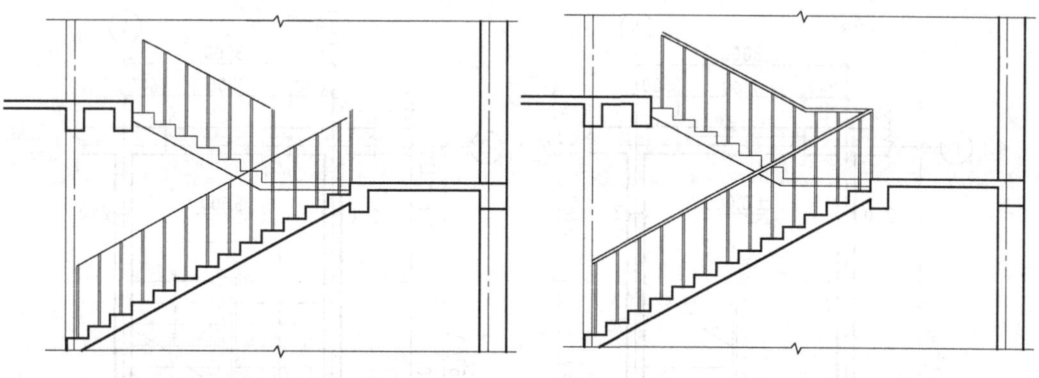

图 6-35　绘制 2 跑栏杆阵列　　图 6-36　完成 1 层栏杆的绘制

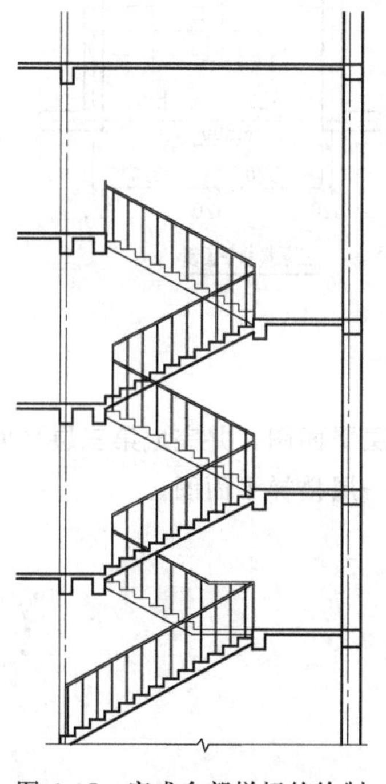

图 6-37　完成全部栏杆的绘制

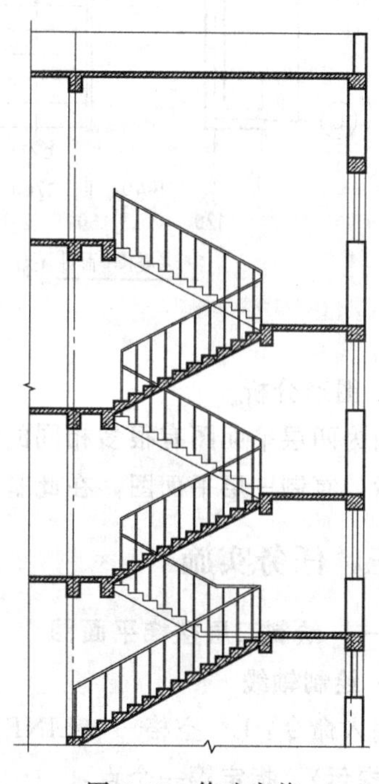

图 6-38　修改完善

任务 6.4　抄绘楼梯平面图

一、任务要求

根据给定的楼梯平面图（图 6-39），以及国家制图标准，抄绘一层楼梯平面图和三层楼梯平面图。

二、任务分析

1. 线型

墙：粗实线。

其他：均为细实线。

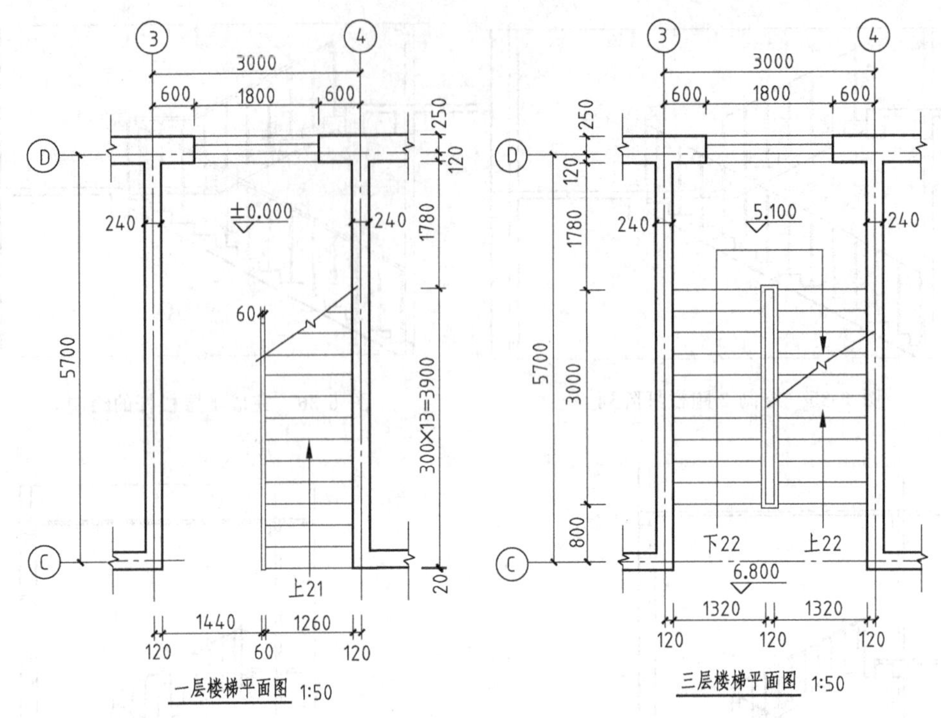

图 6-39 楼梯平面图

2. 图形分析

因为两层平面图有很多相同的要素，所以先绘制第三层平面图，并完成第三层平面图的标注后，复制三层平面图，在此基础上进行修改，得到第一层楼梯平面图。

三、任务实施

（一）绘制三层楼梯平面图

1. 绘制轴线

输入命令：L 空格 （LINE）

〈提示〉：指定第一个点：

鼠标左键任意拾取一点

〈提示〉：指定下一点或 [放弃（U）]：

输入：6500 空格

〈提示〉：指定下一点或 [放弃（U）]：

空格 （结束直线命令）

输入命令：O 空格 （OFFSET）

〈提示〉：指定偏移距离或 [通过（T）/删除（E）/图层（L）] ＜通过＞：

输入：3000 空格

〈提示〉：选择要偏移的对象或 [退出（E）/放弃（U）] ＜退出＞：

拾取已绘制的直线

〈提示〉：指定要偏移的那一侧上的点或 [退出（E）/多个（M）/放弃（U）] ＜退出＞：

在右侧点击鼠标左键

〈提示〉：选择要偏移的对象或［退出（E）/放弃（U）］<退出>：
空格 （结束偏移命令）
输入命令：L 空格 （LINE）
〈提示〉：指定第一个点：
在合适位置拾取一点
〈提示〉：指定下一点或［放弃（U）］：
在合适位置拾取另一点
〈提示〉：指定下一点或［放弃（U）］：
空格 （结束直线命令）
输入命令：O 空格 （OFFSET）
〈提示〉：指定偏移距离或［通过（T）/删除（E）/图层（L）］<3000.0000>：
输入：5700
〈提示〉：选择要偏移的对象或［退出（E）/放弃（U）］<退出>：
拾取已绘制的水平直线
〈提示〉：指定要偏移的那一侧上的点或［退出（E）/多个（M）/放弃（U）］<退出>：
在水平直线的上方点击鼠标左键
〈提示〉：选择要偏移的对象或［退出（E）/放弃（U）］<退出>：
空格 （结束偏移命令）

2. 绘制墙线及窗户

将37墙的多线样式置为当前
输入命令：ML （MLINE）
〈提示〉：当前设置：对正＝上，比例＝370.00，样式＝37
〈提示〉：指定起点或［对正（J）/比例（S）/样式（ST）］：
输入：S 空格
〈提示〉：输入多线比例 <370.00>：
输入：1 空格
〈提示〉：当前设置：对正＝上，比例＝1.00，样式＝37
〈提示〉：指定起点或［对正（J）/比例（S）/样式（ST）］：
输入：J 空格
〈提示〉：输入对正类型［上（T）/无（Z）/下（B）］<上>：
输入：Z 空格
〈提示〉：当前设置：对正＝无，比例＝1.00，样式＝37
确认设置正确，绘制37墙
〈提示〉：指定起点或［对正（J）/比例（S）/样式（ST）］：
空格 （结束多线命令）
将24墙的多线样式置为当前
输入命令：ML （MLINE）
〈提示〉：当前设置：对正＝无，比例＝1.00，样式＝Q
〈提示〉：指定起点或［对正（J）/比例（S）/样式（ST）］：
输入：S 空格

〈提示〉：输入多线比例 <1.00>：

输入：240　空格

〈提示〉：当前设置：对正＝无，比例＝240.00，样式＝Q

确认设置正确，绘制 24 墙

〈提示〉：指定下一点：

空格　（结束多线命令）

输入命令：O　空格　（OFFSET）

〈提示〉：指定偏移距离或[通过（T)/删除（E）/图层（L)] <5700.0000>：

输入：600　空格

〈提示〉：选择要偏移的对象或[退出（E)/放弃（U)] <退出>：

选择左侧竖直定位轴线

〈提示〉：指定要偏移的那一侧上的点或[退出（E)/多个（M)/放弃（U)] <退出>：

在右侧点击一次

〈提示〉：选择要偏移的对象或[退出（E)/放弃（U)] <退出>：

选择右侧竖直直线

〈提示〉：指定要偏移的那一侧上的点或[退出（E)/多个（M)/放弃（U)] <退出>：

在左侧点击鼠标一次

输入命令：TR　空格　（TRIM）

〈提示〉：选择对象或 <全部选择>：

选择偏移得到的两根竖直线

空格

〈提示〉：选择要修剪的对象，或按住【Shift】键选择要延伸的对象或选择要修剪的多线

输入命令：E　空格　（ERASE）

选择偏移得到的两个直线

将窗的多线样式置为当前

输入命令：ML　空格　（MLINE）

〈提示〉：当前设置：对正＝无，比例＝240.00，样式＝C

〈提示〉：指定起点或[对正（J)/比例（S)/样式（ST)]：

输入：S　空格

〈提示〉：输入多线比例 <240.00>：

输入：370　空格

〈提示〉：当前设置：对正＝无，比例＝370.00，样式＝C

确认多线设置正确，绘制窗户

3. 绘制踏步线

输入命令：L　空格　（LINE）

〈提示〉：指定第一个点：

鼠标在轴线处停留片刻，鼠标上移，出现极轴线时输入：800　空格

〈提示〉：指定下一点或[放弃（U)]：

鼠标右移，拾取与右侧墙边线的交点

〈提示〉：指定下一点或［放弃（U）］：
空格　（结束直线命令）
输入命令：AR　空格　（ARRAYCLASSIC）
弹出图6-40所示对话框。
完成踏步线绘制。

4. 绘制楼梯井及扶手线

输入命令：REC　空格　（RECTANG）
〈提示〉：指定第一个角点或［倒角（C）/标高（E）/圆角（F）/厚度（T）/宽度（W）］：
鼠标置第一条踏步线中点片刻，向左移动，出现水平极轴线时输入：60　空格
〈提示〉：指定另一个角点或［面积（A）/尺寸（D）/旋转（R）］：
鼠标置最后一条踏步线中点片刻，向右移动，出现水平极轴线时输入：60　空格

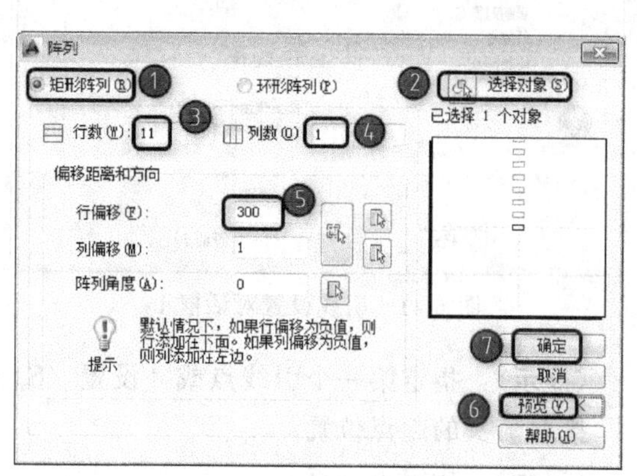

图6-40　阵列对话框

输入命令：O　空格　（OFFSET）
〈提示〉：指定偏移距离或［通过（T）/删除（E）/图层（L）］<600.0000>：
输入：60　空格
〈提示〉：选择要偏移的对象或［退出（E）/放弃（U）］<退出>：
选择绘制的矩形
〈提示〉：指定要偏移的那一侧上的点或［退出（E）/多个（M）/放弃（U）］<退出>：
在矩形的外侧点击鼠标左键
〈提示〉：选择要偏移的对象或［退出（E）/放弃（U）］<退出>：
空格　（结束偏移命令）
输入命令：TR　空格　（TRIM）
〈提示〉：选择要修剪的对象或按住【Shift】键选择要延伸的对象或
选择外侧矩形　空格
选择外侧矩形内部的水平踏步线　空格

5. 绘制折断线和箭头

输入命令：Breakline　（折断线命令）
或者菜单：【Express】→【Draw】→【Breakline】
〈提示〉：Block= BRKLINE.DWG，Size= 2，Extension= 2
〈提示〉：Specify first point for breakline or［Block/Size/Extension］：
绘制折断线
输入命令：LE　空格　（QLEADER）
〈提示〉：指定第一个引线点或［设置（S）］<设置>：
输入：S　空格
弹出图6-41、图6-42所示对话框。

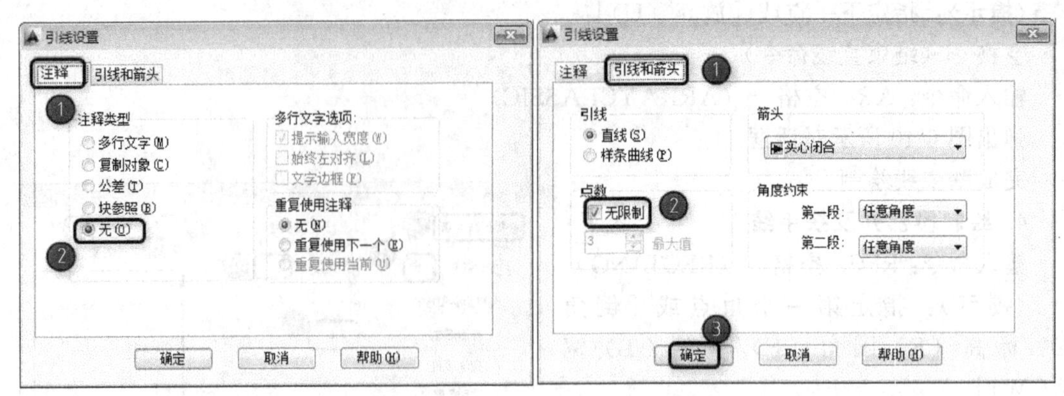

图 6-41　引线设置对话框 1　　　图 6-42　引线设置对话框 2

〈提示〉：指定第一个引线点或［设置（S）］＜设置＞：
拾取箭头的起点位置
〈提示〉：指定下一点：
拾取箭头的拐点位置
〈提示〉：指定下一点：
拾取箭头的终点位置
〈提示〉：指定下一点：
空格　（结束箭头绘制）
指定第一个引线点或［设置（S）］＜设置＞：

6. 绘制过程

如图 6-43～图 6-48 所示。

图 6-43　绘制轴线

图 6-44　绘制墙线、窗户

（二）绘制一层楼梯平面图

1. 复制三层楼梯平面图

输入命令：CO　空格　（COPY）
〈提示〉：当前设置：复制模式＝多个
〈提示〉：指定基点或［位移（D）/模式（O）］＜位移＞：
鼠标左键选择复制基点

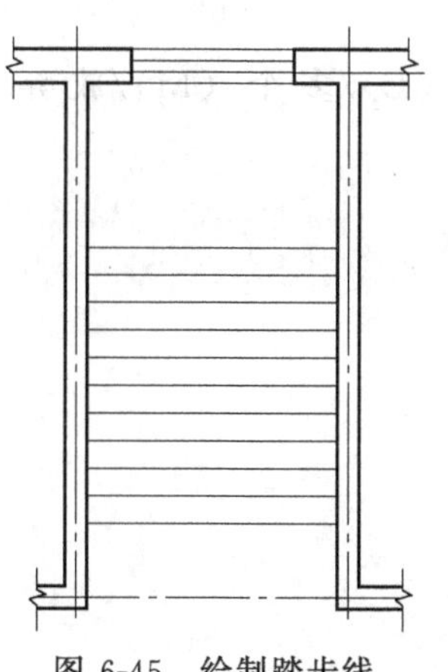

图 6-45 绘制踏步线

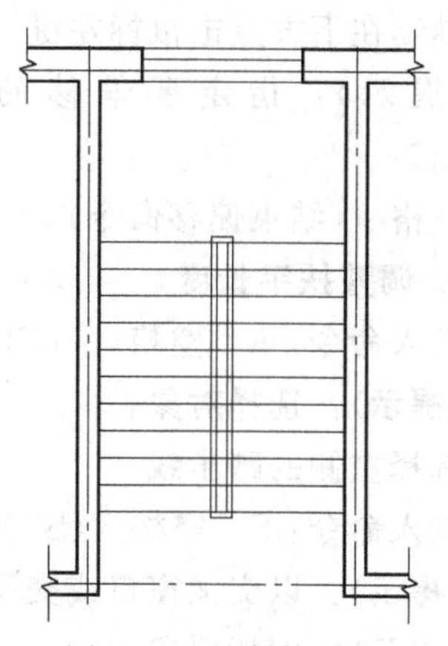

图 6-46 绘制扶手线

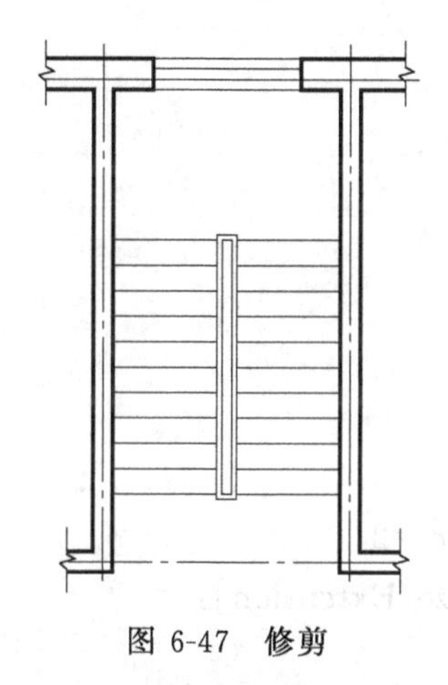

图 6-47 修剪

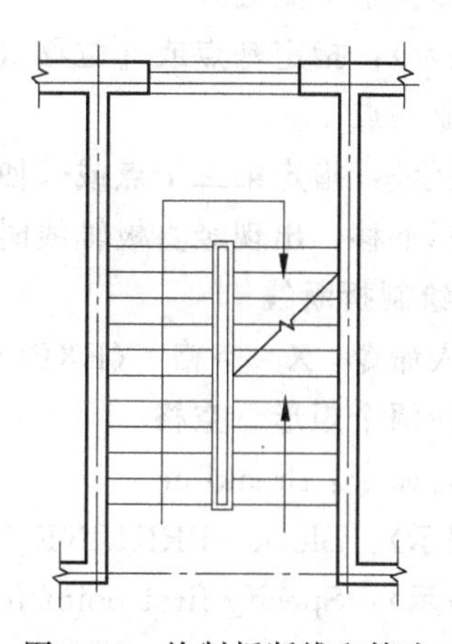

图 6-48 绘制折断线和箭头

〈提示〉：指定第二个点或［阵列（A）］＜使用第一个点作为位移＞：

鼠标左键选择放置点

2. 增补右侧的踏步线

输入命令：O 空格 （OFFSET)

〈提示〉：当前设置：删除源＝否，图层＝源，OFFSETGAPTYPE＝0

〈提示〉：指定偏移距离或［通过（T)/删除（E)/图层（L)］＜通过＞：

输入：300 空格

〈提示〉：选择要偏移的对象或［退出（E)/放弃（U)］＜退出＞：

选择最下面一根踏步线

〈提示〉：指定要偏移的那一侧上的点或［退出（E)/多个（M)/放弃（U)］＜退出＞：

在下方点击鼠标

〈提示〉：选择要偏移的对象或［退出（E)/放弃（U)］＜退出＞：

继续在下方点击鼠标左键

〈提示〉：指定要偏移的那一侧上的点或［退出（E)/多个（M)/放弃（U)］＜退出＞：

继续在下方点击鼠标左键

〈提示〉：指定要偏移的那一侧上的点或［退出（E）/多个（M）/放弃（U）］＜退出＞：

空格（结束偏移命令）

3. 调整扶手长度

输入命令：E　空格　（ERASE）

〈提示〉：选择对象：

选择左侧的踏步线

输入命令：S　空格　（STRETCH）

〈提示〉：以交叉窗口或交叉多边形选择要拉伸的对象

〈提示〉：选择对象：

选择扶手下侧边线

〈提示〉：指定基点或［位移（D）］＜位移＞：

拾取一点

〈提示〉：指定第二个点或＜使用第一个点作为位移＞：

鼠标下移，出现竖直极轴线时输入：900　空格

4. 绘制折断线

输入命令：X　空格　（EXPLODE）

选择两个矩形　空格

输入命令：Breakline

〈提示〉：Block=BRKLINE.DWG，Size=2，Extension=2

〈提示〉：Specify first point for breakline or [Block/Size/Extension]：

拾取第一点

〈提示〉：Specify second point for breakline：

拾取第二点

5. 修剪

输入命令：TR　空格　（TRIM）

〈提示〉：选择对象或＜全部选择＞：

选择折断线　空格

选择需要修剪的踏步线　空格

6. 绘制箭头

输入命令：LE　空格　（QLEADER）

〈提示〉：指定第一个引线点或［设置（S）］＜设置＞：

拾取第一点

〈提示〉：指定下一点：

拾取第二点

〈提示〉：指定下一点：

空格　（结束箭头绘制）

7. 绘制过程

如图 6-49～图 6-54 所示。

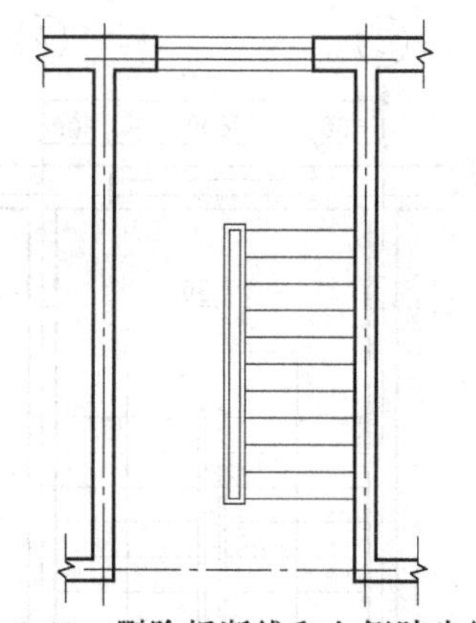

图 6-49 删除折断线和左侧踏步线

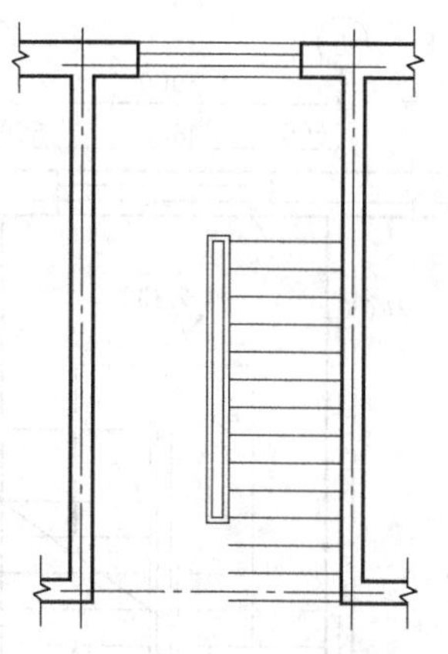

图 6-50 补充右侧踏步线

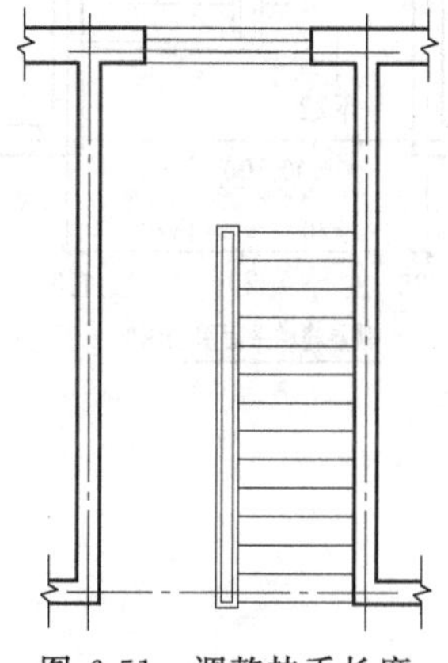

图 6-51 调整扶手长度

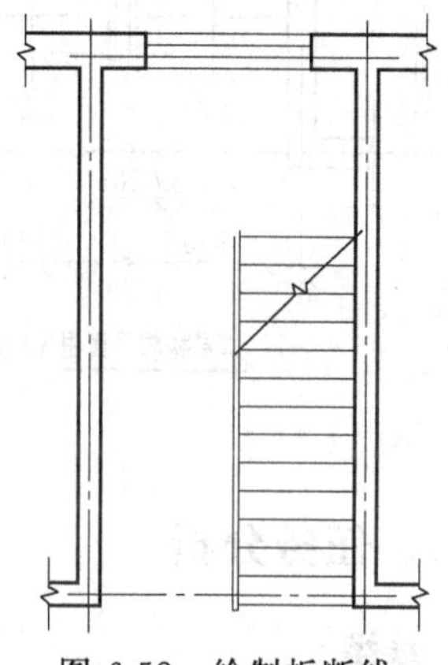

图 6-52 绘制折断线

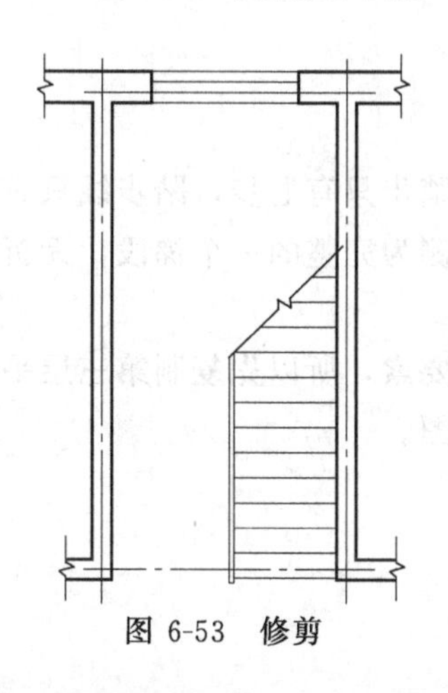

图 6-53 修剪

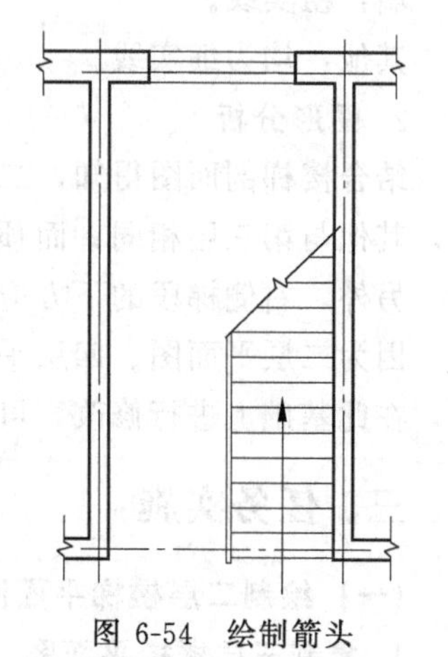

图 6-54 绘制箭头

任务 6.5 补画楼梯平面图

一、任务要求

根据给定的楼梯平面图（图 6-55）和剖面图（图 6-16），以及国家制图标准，补画二、四层楼梯平面图。

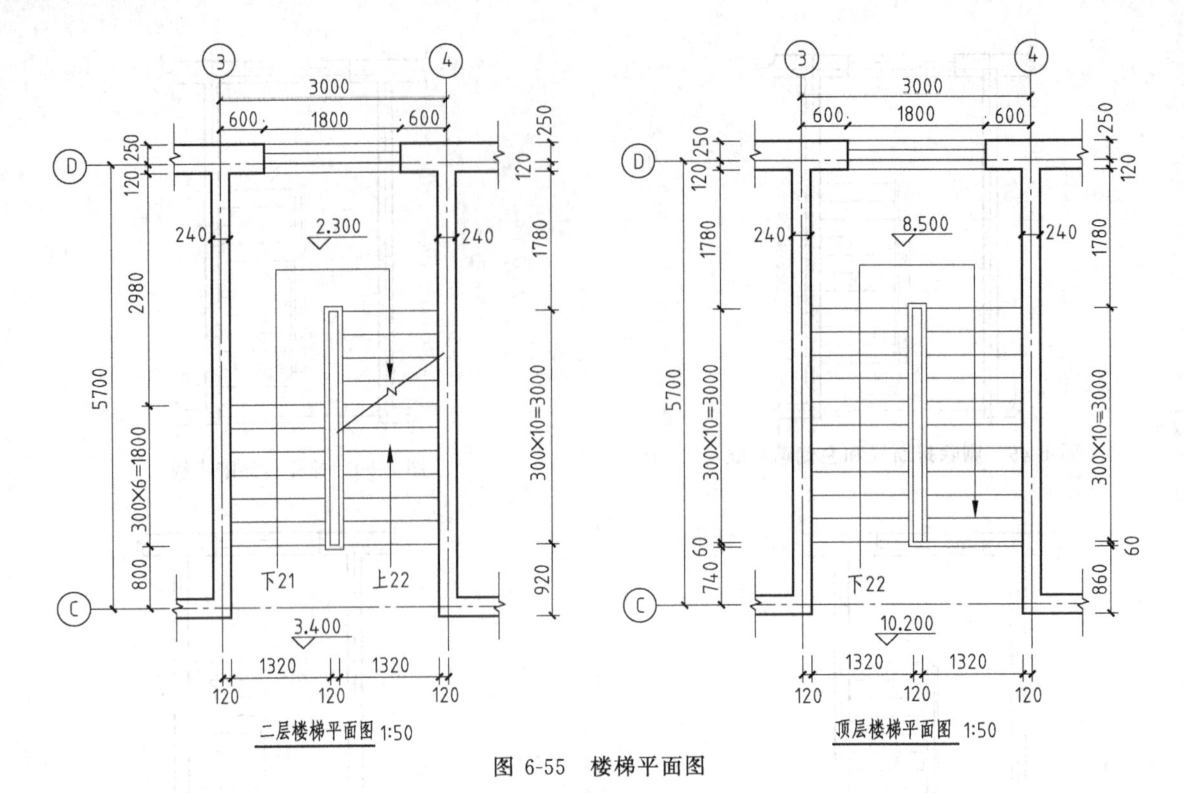

图 6-55 楼梯平面图

二、任务分析

1. 线型

墙：粗实线。

其他：均为细实线。

2. 图形分析

结合楼梯剖面图得知，二层与顶层平面图的区别在于左侧踏步只有七步，踏步线只有七根，其他与第三层相同；而顶层平面图与三层的区别在于，右侧为完整的一个梯段，无折断线，另外，右侧梯段的下方应该增加安全栏杆。

因为二层平面图、四层平面图与三层平面图有很多相同的要素，所以先复制第三层平面图，在此基础上进行修改，可方便得到第二层和顶层楼梯平面图。

三、任务实施

(一) 绘制二层楼梯平面图

1. 复制三层楼梯平面图

输入命令：CO 空格 （COPY）

〈提示〉：选择对象：

框选三层楼梯平面图 空格

〈提示〉：指定基点或［位移（D)/模式（O)］<位移>：

鼠标左键拾取基点

〈提示〉：指定第二个点或［阵列（A)］<使用第一个点作为位移>：

鼠标左键拾取放置二层平面图的放置点

〈提示〉：指定第二个点或［阵列（A)/退出（E)/放弃（U)］<退出>：

空格　　（结束复制命令）

2. 删除左侧上部踏步线

输入命令：E　空格　(ERASE)

〈提示〉：选择对象：

选择左侧上部四根踏步线　空格

3. 箭头绘制

输入命令：LE　空格　(QLEADER)

〈提示〉：指定第一个引线点或［设置（S)］<设置>：

拾取箭头的起点

〈提示〉：指定下一点：

拾取箭头的拐点

〈提示〉：指定下一点：

再拾取箭头的拐点

〈提示〉：指定下一点：

拾取箭头的终点

〈提示〉：指定下一点：

空格　　（结束箭头绘制）

4. 绘图过程

如图6-56、图6-57所示。

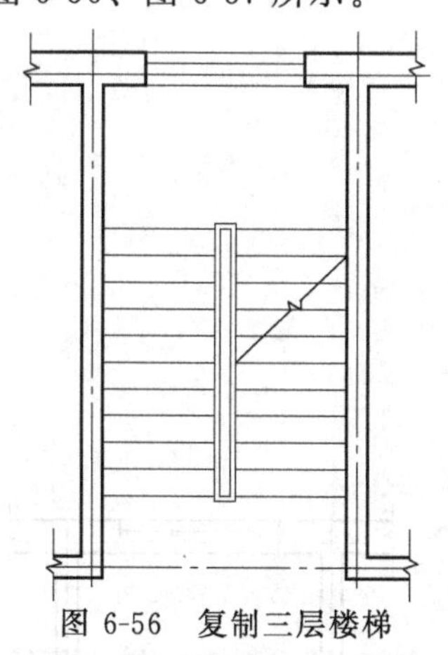

图6-56　复制三层楼梯

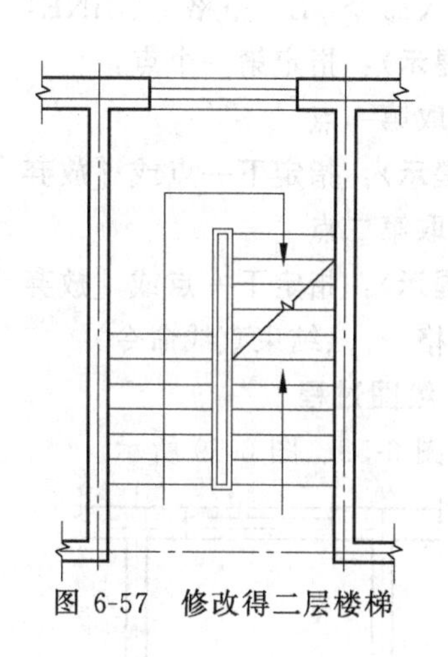

图6-57　修改得二层楼梯

（二）绘制顶层楼梯平面图

1. 复制三层楼梯平面图

输入命令：CO　空格　(COPY)

〈提示〉：选择对象：

框选三层楼梯平面图　空格

〈提示〉：指定基点或［位移（D)/模式（O)］<位移>：

鼠标左键拾取基点

〈提示〉：指定第二个点或［阵列（A)］<使用第一个点作为位移>：

鼠标左键拾取放置顶层平面图的放置点
〈提示〉：指定第二个点或［阵列（A)/退出（E)/放弃（U)］<退出>：
空格　　（结束复制命令）

2. 删去折断线

输入命令：E　空格　（ERASE）
〈提示〉：选择对象：
选择折断线　空格

3. 补画右侧栏杆

输入命令：CO　空格　（COPY）
〈提示〉：选择对象：
选择右侧最下方踏步线　空格
〈提示〉：指定基点或［位移（D)/模式（O)］<位移>：
鼠标拾取基点
〈提示〉：指定第二个点或［阵列（A)］<使用第一个点作为位移>：
鼠标拾取直线的放置点
输入命令：TR　空格　（TRIM）
〈提示〉：选择对象或<全部选择>：
框选择要修剪线四周区域　空格
〈提示〉：选择要修剪的对象，或按住【Shift】键选择要延伸的对象或
选择要修剪的线段
输入命令：L　空格　（LINE）
〈提示〉：指定第一个点：
拾取第一点
〈提示〉：指定下一点或［放弃（U)］：
拾取第二点
〈提示〉：指定下一点或［放弃（U)］：
空格　　（结束直线命令）

4. 绘图过程

如图 6-58、图 6-59 所示。

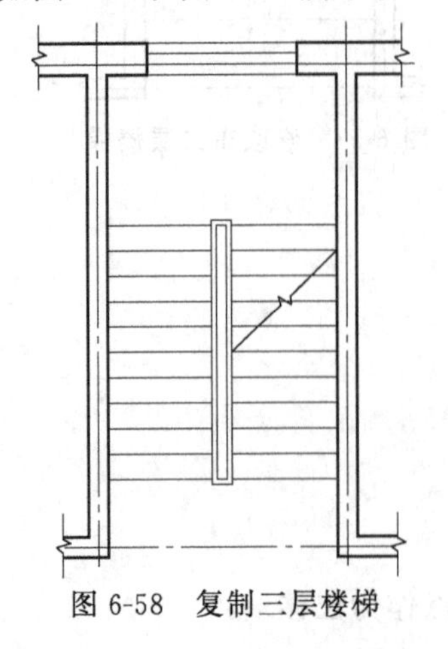
图 6-58　复制三层楼梯

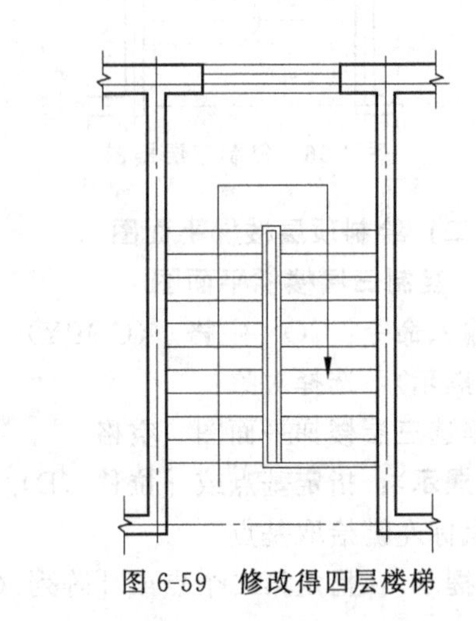
图 6-59　修改得四层楼梯

标注文字与尺寸

任务 7.1 绘制标题栏

一、任务要求

按尺寸绘制如图 7-1 所示标题栏，外轮廓线采用粗实线，内部采用细实线，文字采用宋体字，高度为 3.5。

审定		建设单位	南京科技职业学院	编号	
审核		工程名称		图别	建施
校对		图名	楼梯平面图	图号	13
设计				比例	1:50
制图				日期	151208

20　25　20　65　20　20

170

8　8　8　8　8　8　48

图 7-1　标题栏

二、任务分析

(1) 线型：外轮廓为粗实线，内部均为细实线。

(2) 字体：宋体，高度：3.5。

(3) 文字于表格正中对齐。

(4) 文字处于单独的“文字”图层。

三、任务实施

(一) 绘制表格

1. 外框矩形绘制

输入命令：REC　空格　(RECTANG)

〈提示〉：指定第一个角点或 [倒角 (C)/标高 (E)/圆角 (F)/厚度 (T) /宽度 (W)]：

鼠标左键任意拾取一点

〈提示〉：指定另一个角点或 [面积 (A)/尺寸 (D)/旋转 (R)]：

输入：@170，48　空格

2. 内部横线绘制

输入命令：L　空格　（LINE）

〈提示〉：指定第一个点：

鼠标放置于左上角点片刻，下移，出现竖直极轴线时输入：8　空格

〈提示〉：指定下一点或[放弃（U）]：

空格　（结束直线命令）

输入命令：CO　空格　（COPY）

〈提示〉：选择对象：

选择绘制的直线　空格

〈提示〉：指定基点或[位移（D）/模式（O）]＜位移＞：

鼠标拾取左上角点

〈提示〉：指定第二个点或[阵列（A）]＜使用第一个点作为位移＞：

连续拾取插入点

〈提示〉：指定第二个点或[阵列（A）/退出（E）/放弃（U）]＜退出＞：

空格　（结束复制命令）

3. 内部竖线绘制

输入命令：L　空格　（LINE）

〈提示〉：指定第一个点：

鼠标放置于左上角点片刻，右移，出现水平极轴线时输入：20　空格

〈提示〉：指定下一点或[放弃（U）]：

拾取下部端点

〈提示〉：指定下一点或[放弃（U）]：

空格　（结束直线命令）

空格　（重复执行直线命令）

〈提示〉：指定第一个点：

根据追踪点，输入追踪距离：25　空格

〈提示〉：指定下一点或[放弃（U）]：

拾取直线的另一端点

〈提示〉：指定下一点或[放弃（U）]：

空格　（结束直线命令）

空格　（重复执行直线命令）

〈提示〉：指定第一个点：

根据追踪点，输入追踪距离：65　空格

〈提示〉：指定下一点或[放弃（U）]：

拾取直线的另一端点

〈提示〉：指定下一点或[放弃（U）]：

空格　（结束直线命令）

空格　（重复执行直线命令）

〈提示〉：指定第一个点：

根据追踪点，输入追踪距离：20　空格

〈提示〉：指定下一点或［放弃（U）］：

拾取直线的另一端点

〈提示〉：指定下一点或［放弃（U）］：

空格　（结束直线命令）

4. 修剪

输入命令：TR　空格　（TRIM）

〈提示〉：选择对象或<全部选择>：

选择整个表格　空格

〈提示〉：选择要修剪的对象，或按住【Shift】键选择要延伸的对象或

［栏选（F）/窗交（C）/投影（P）/边（E）/删除（R）/放弃（U）］：指定对角点：

选择要修剪的线段

〈提示〉：选择要修剪的对象，或按住【Shift】键选择要延伸的对象或

［栏选（F）/窗交（C）/投影（P）/边（E）/删除（R）/放弃（U）］：指定对角点：

空格　（结束修剪命令）

5. 绘制过程

如图 7-2～图 7-5 所示。

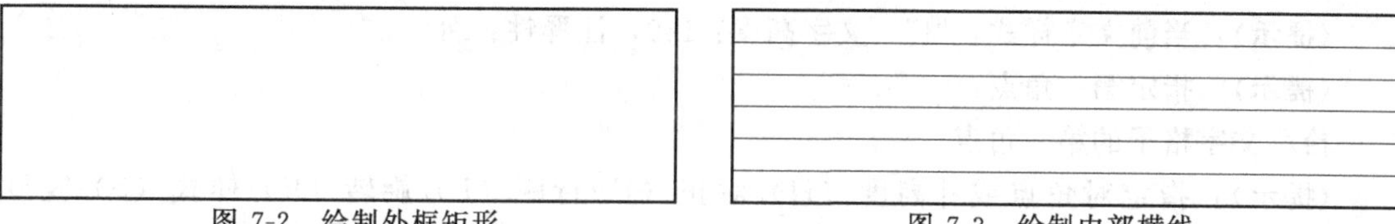

图 7-2　绘制外框矩形　　图 7-3　绘制内部横线

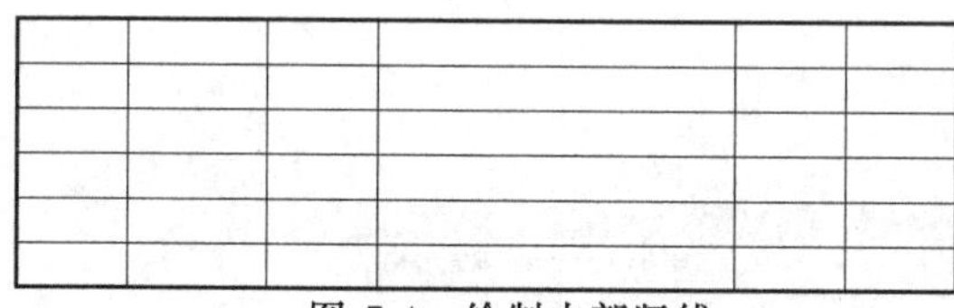

图 7-4　绘制内部竖线

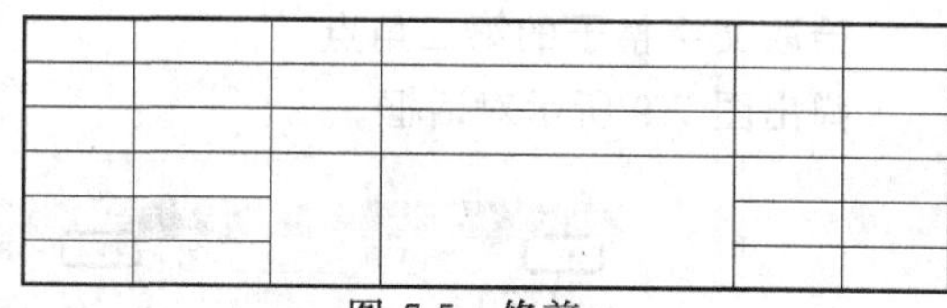

图 7-5　修剪

（二）汉字输入

1. 字体设置

菜单：【格式】→【文字样式】，弹出图 7-6 所示对话框。

点【新建】，弹出图 7-7 所示对话框。

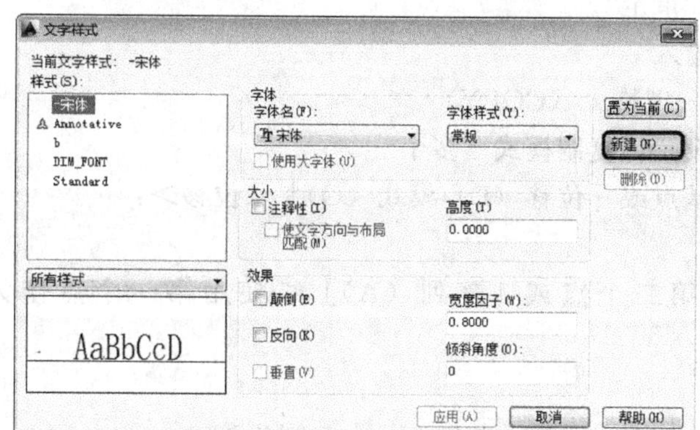

图 7-6　文字样式对话框（1）

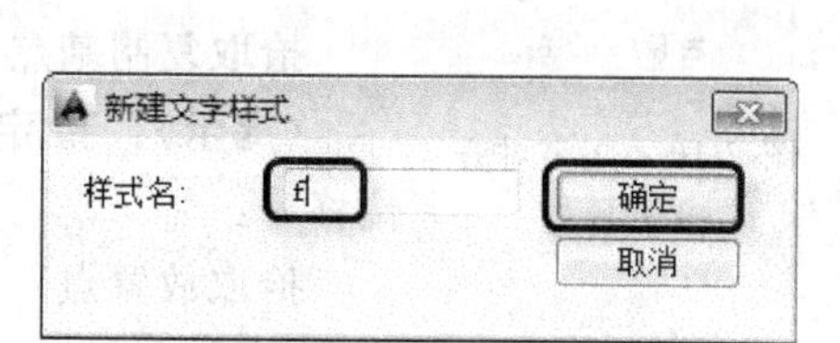

图 7-7　新建文字样式对话框

输入文字样式名称，点【确定】，返回对话框（图 7-8）。

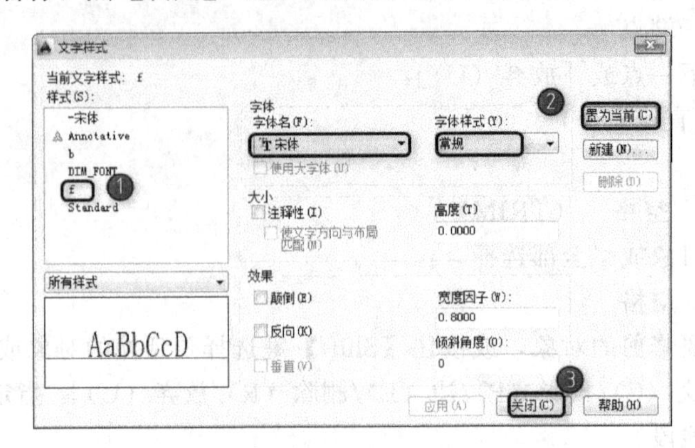

图 7-8　文字样式对话框（2）

选择“宋体”，点击“置为当前”，关闭对话框。

2. **文字输入**

（1）“审定”输入

输入命令：T　空格　（多行文字命令　TEXT）

〈提示〉：当前文字样式：“f”，文字高度：150，注释性：否

〈提示〉：指定第一角点：

拾取文字格子的第一角点

〈提示〉：指定对角点或［高度（H）/对正（J）/行距（L）/旋转（R）/样式（S）/宽度（W）/栏（C）］：

拾取文字格子的第二角点

弹出图 7-9 所示对话框。

图 7-9　文字格式对话框

选择字体样式，输入文字高度，选择对齐方式，弹出图 7-10 所示菜单。

左上	TL
中上	TC
右上	TR
左中	ML
● 正中	MC
右中	MR
左下	BL
中下	BC
右下	BR

图 7-10　文字对齐样式菜单

选择“正中”，输入文字，点击【确定】。

选择已输入的“审定”。

（2）其他文字输入

输入命令：CO　空格　（COPY）

〈提示〉：当前设置：复制模式＝多个

〈提示〉：指定基点或［位移（D）/模式（O）］<位移>：

拾取复制基点

〈提示〉：指定第二个点或［阵列（A）］<使用第一个点作为位移>：

拾取放置点

〈提示〉：指定第二个点或［阵列（A）/退出（E）/放弃（U）］<退出>：

拾取其他所有放置点

〈提示〉：指定第二个点或［阵列（A)/退出（E)/放弃（U)］＜退出＞：

空格　（结束复制命令）

双击修改，完成各文字输入（图 7-11～图 7-16)。

审定					

图 7-11　输入“审定”

审定		审定		审定	
审定		审定		审定	审定
审定				审定	审定
审定		审定		审定	审定
审定				审定	审定

图 7-12　复制“审定”

审定		建设单位		编号	
审核		工程名称		图别	建施
校对				图号	13
设计		图名		比例	1∶50
制图				日期	151208

图 7-13　修改“审定”为需要的字词

审定		建设单位	南京科技职业学院	编号	
审核		工程名称		图别	建施
校对				图号	13
设计		图名		比例	1∶50
制图				日期	151208

图 7-14　输入“南京科技职业学院”

审定		建设单位	南京科技职业学院	编号	
审核		工程名称		图别	建施
校对		图名	南京科技职业学院	图号	13
设计				比例	1∶50
制图				日期	151208

图 7-15 复制“南京科技职业学院”

审定		建设单位	南京科技职业学院	编号	
审核		工程名称		图别	建施
校对		图名	楼梯平面图	图号	13
设计				比例	1∶50
制图				日期	151208

图 7-16 修改“南京科技职业学院”为“楼梯平面图”

任务 7.2 标注衣钩的尺寸

一、任务要求

按图 7-17 所示尺寸，对任务 2.6 的衣钩图形进行 1∶1 尺寸标注。

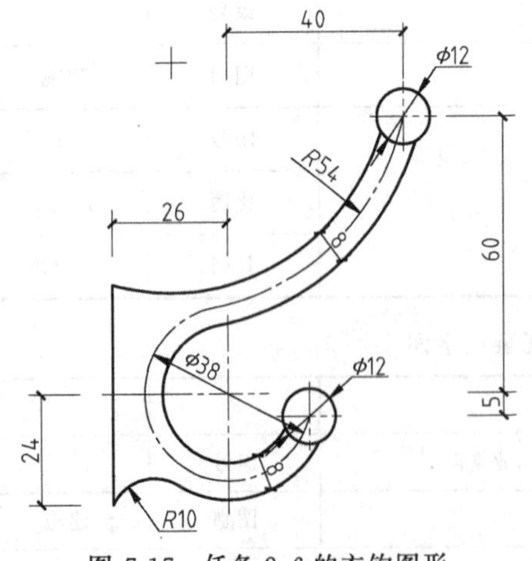

图 7-17 任务 2.6 的衣钩图形

二、任务分析

（1）线型：细实线。
（2）线性尺寸、半径、直径。
（3）比例：1∶1。
（4）字体：工程字体。
（5）尺寸应放置在单独的“标注”图层。

三、任务实施

1. 文字样式设置

菜单：【格式】→【文字样式】，弹出图 7-18 所示对话框。

2. 标注样式设置

（1）调出标注工具条

鼠标置于工具栏任意按钮上，点右键，出现图 7-19 所示菜单，勾选标注。屏幕上出现工具条（图 7-20）。

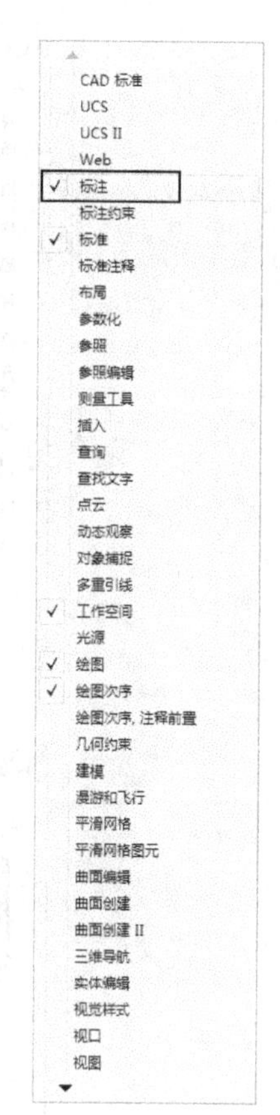

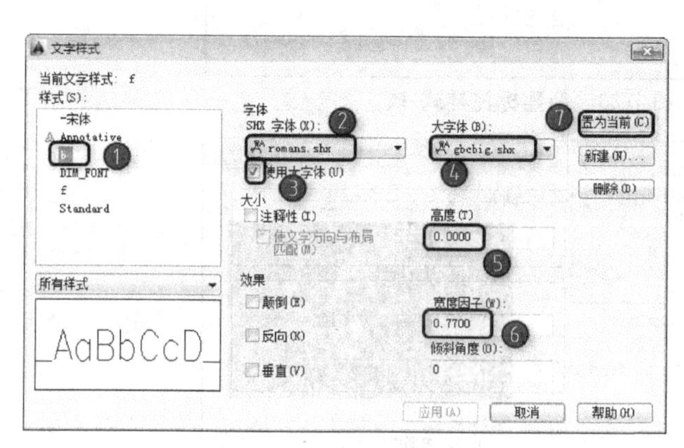

图 7-18 文字样式对话框

图 7-19 工具栏右键菜单

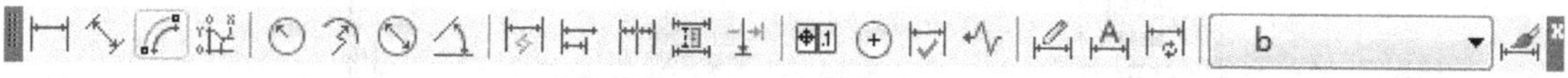

b

图 7-20 标注工具条

(2) 标注样式设置

如图 7-21～图 7-26 所示。

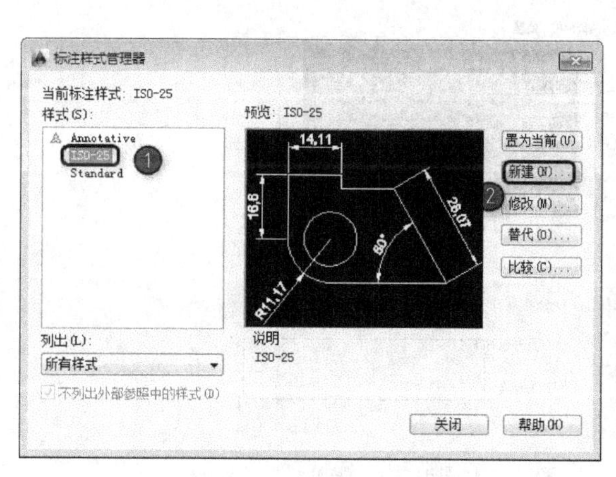

图 7-21 标注样式管理器

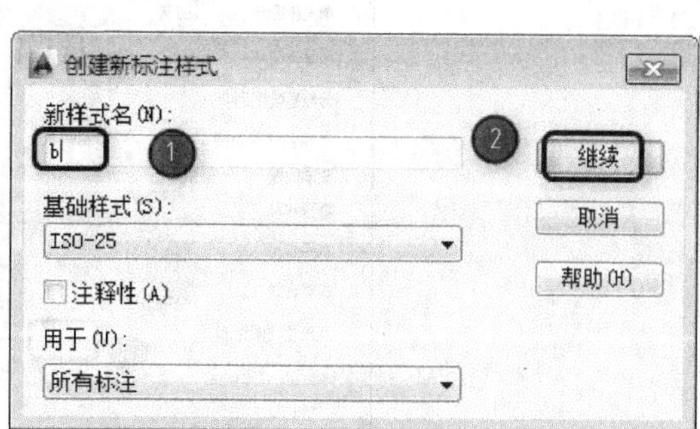

图 7-22 创建新标注样式

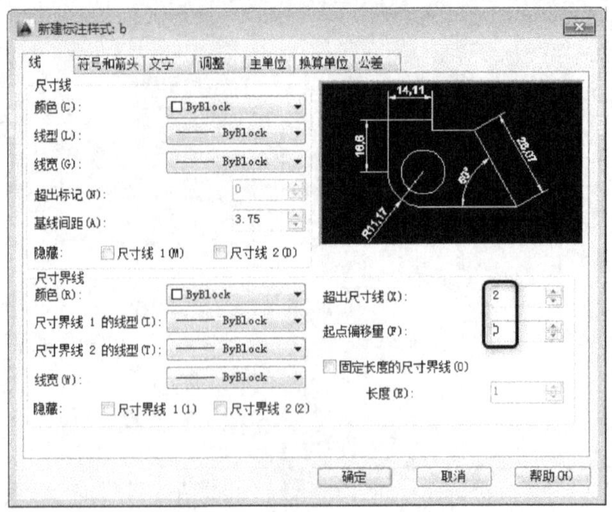

图 7-23 新建标注样式-线

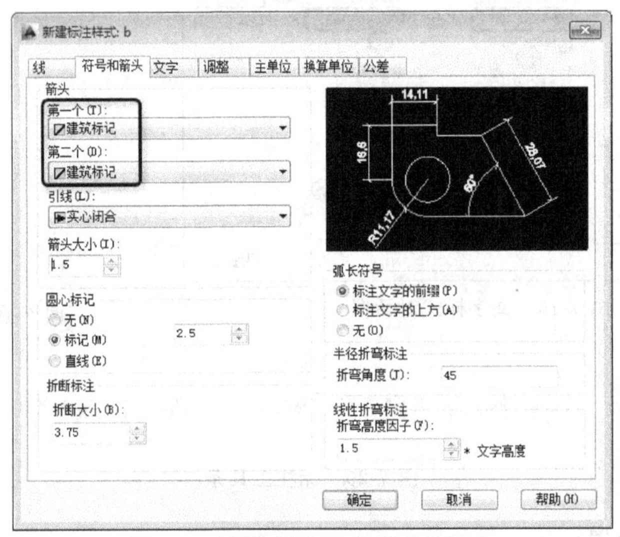

图 7-24 新建标注样式-符号和箭头

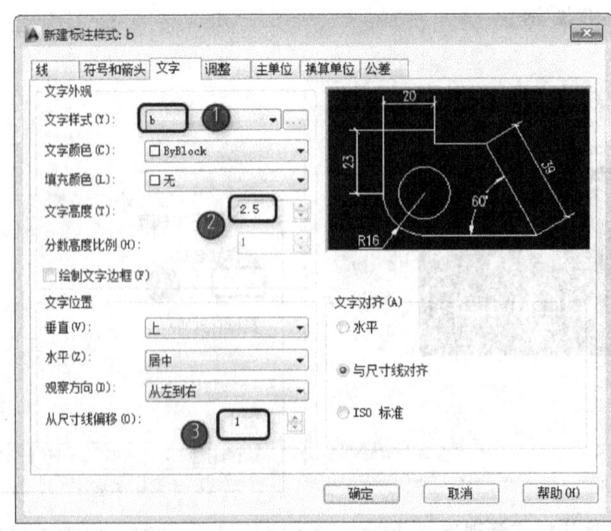

图 7-25 新建标注样式-文字

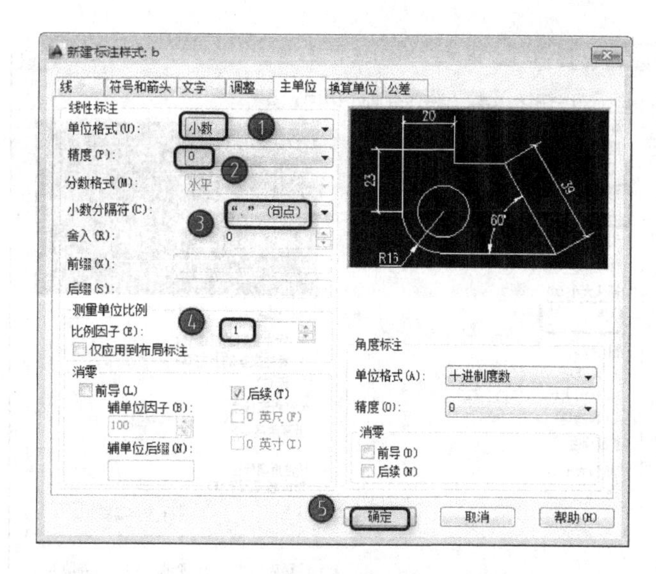

图 7-26 新建标注样式-主单位

(3) 半径子样式设置

如图 7-27～图 7-34 所示。

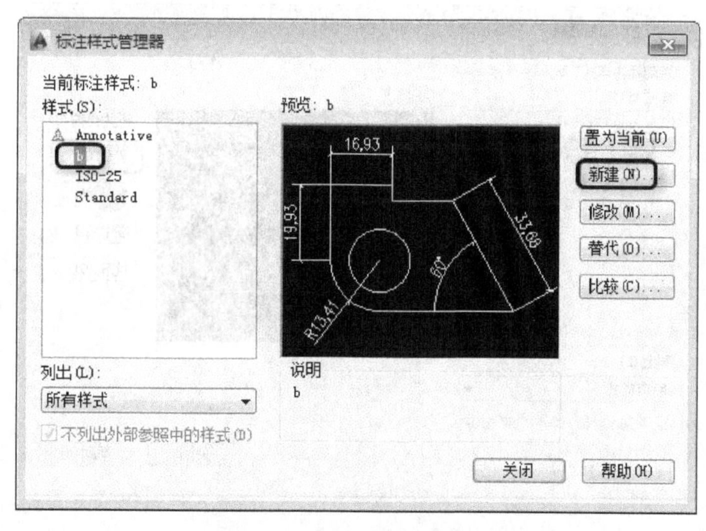

图 7-27 标注样式管理器 (1)

图 7-28 创建新标注样式 (1)

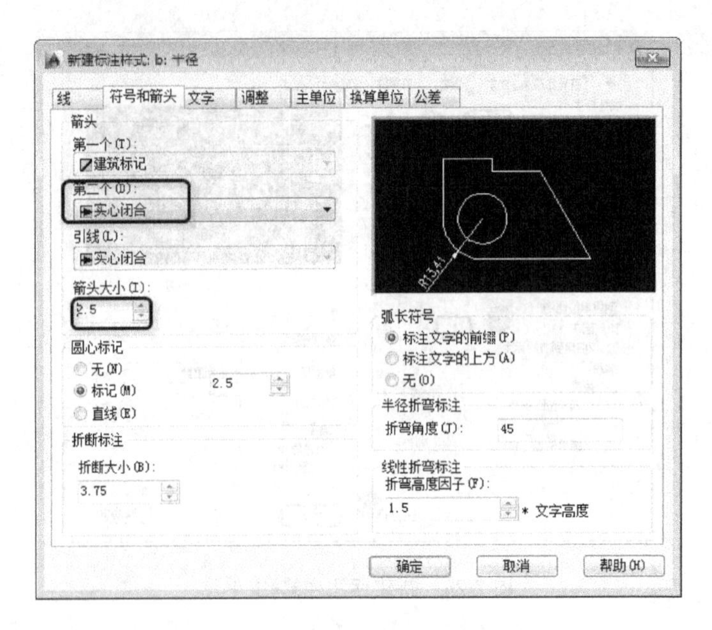

图 7-29 新建标注样式-符号和箭头（1）

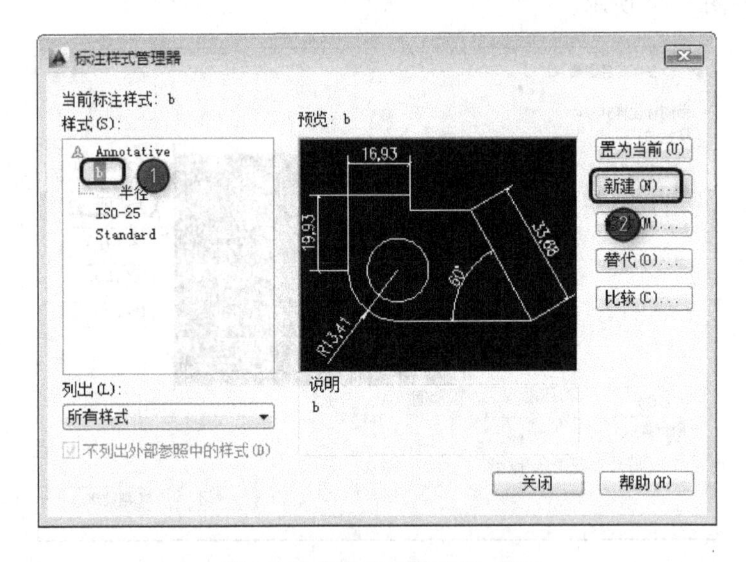

图 7-30 标注样式管理器（2）

创建新标注样式

新样式名(N):

副本 b

基础样式(S):

b

注释性(A)

用于(U):

直径标注

继续

取消

帮助(H)

图 7-31 创建新标注样式（2）

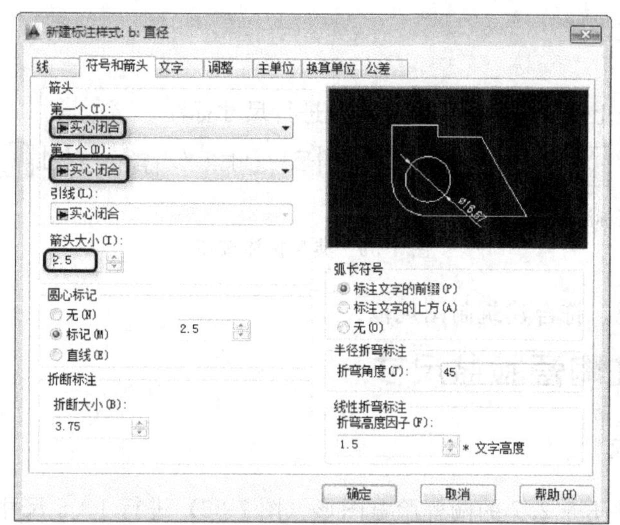

图 7-32 新建标注样式-符号和箭头（2）

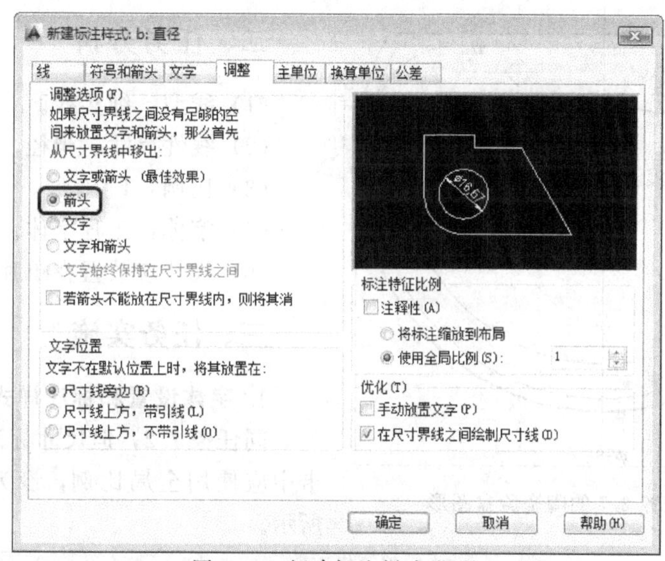

图 7-33 新建标注样式-调整

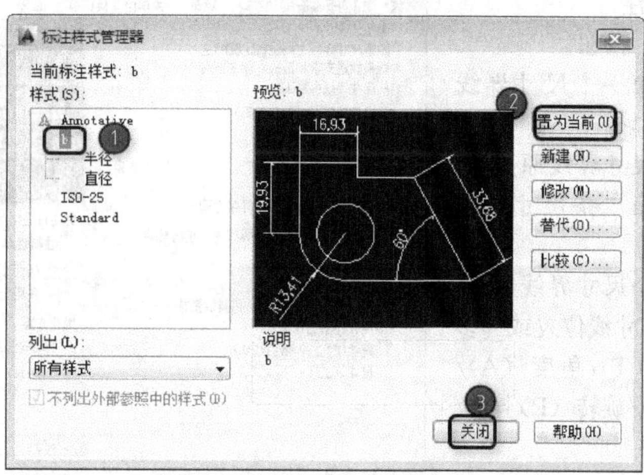

图 7-34 标注样式管理器（3）

(4) 直径子样式设置

3. 尺寸标注

选择标注工具条上相关按钮（图 7-35），进行尺寸标注。

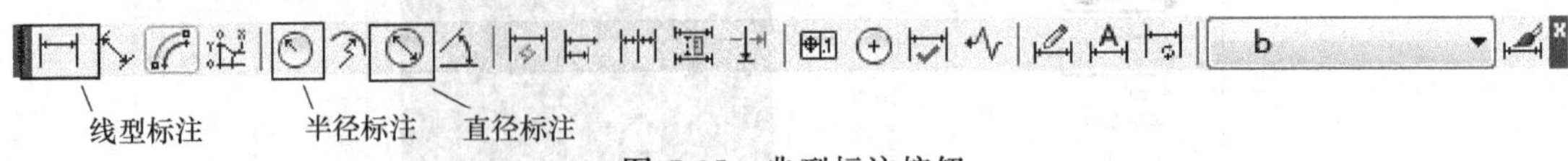

图 7-35 典型标注按钮

标注应整齐美观，符合建筑制图规范。

任务 7.3 标注陶瓷脸盆尺寸

一、任务要求

按图示尺寸，对任务 2.7 的陶瓷脸盆图形（图 7-36）进行 1∶5 尺寸标注。

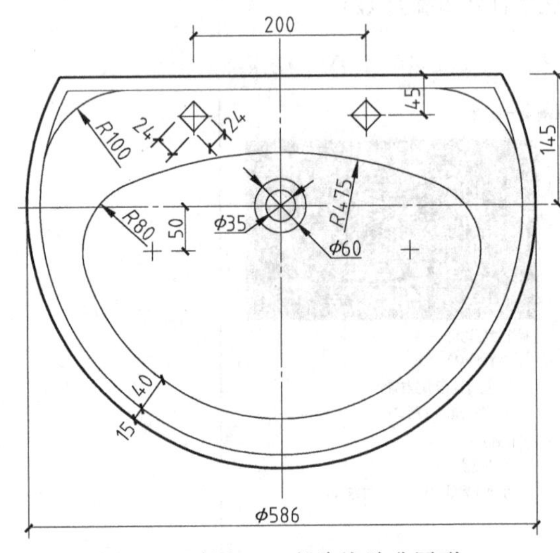

图 7-36 任务 2.7 的陶瓷脸盆图形

二、任务分析

(1) 线型：细实线。

(2) 线性尺寸、半径、直径。

(3) 比例：1∶5。

(4) 字体：工程字体。

(5) 尺寸应放置在单独的“标注”图层。

三、任务实施

1. 字体设置和标注样式设置

同任务 7.2，但尺寸标注的“调整”选项卡中应使用全局比例，设为“5”，如图 7-37 所示。

2. 尺寸标注

(1) ϕ586 的标注

点【线性标注】按钮。

〈提示〉：指定第一个尺寸界线原点或 <选择对象>：

鼠标拾取一个尺寸界线原点

〈提示〉：指定第二条尺寸界线原点：

鼠标拾取第二个尺寸界线原点

〈提示〉：指定尺寸线位置或 [多行文字 (M)/文字 (T)/角度 (A)/水平 (H)/垂直 (V)/旋转 (R)]：

输入：T 空格

〈提示〉：输入标注文字 <586>：

图 7-37 修改标注样式

输入：%%c586 回车

〈提示〉：指定尺寸线位置或[多行文字（M）/文字（T）/角度（A）/水平（H）/垂直（V）/旋转（R）]：

鼠标拾取尺寸线放置位置

（2）其他标注（略）

任务7.4 标注建筑平面图尺寸

一、任务要求

按建筑制图标准，对项目3所绘建筑平面图进行尺寸标注（图7-38）。

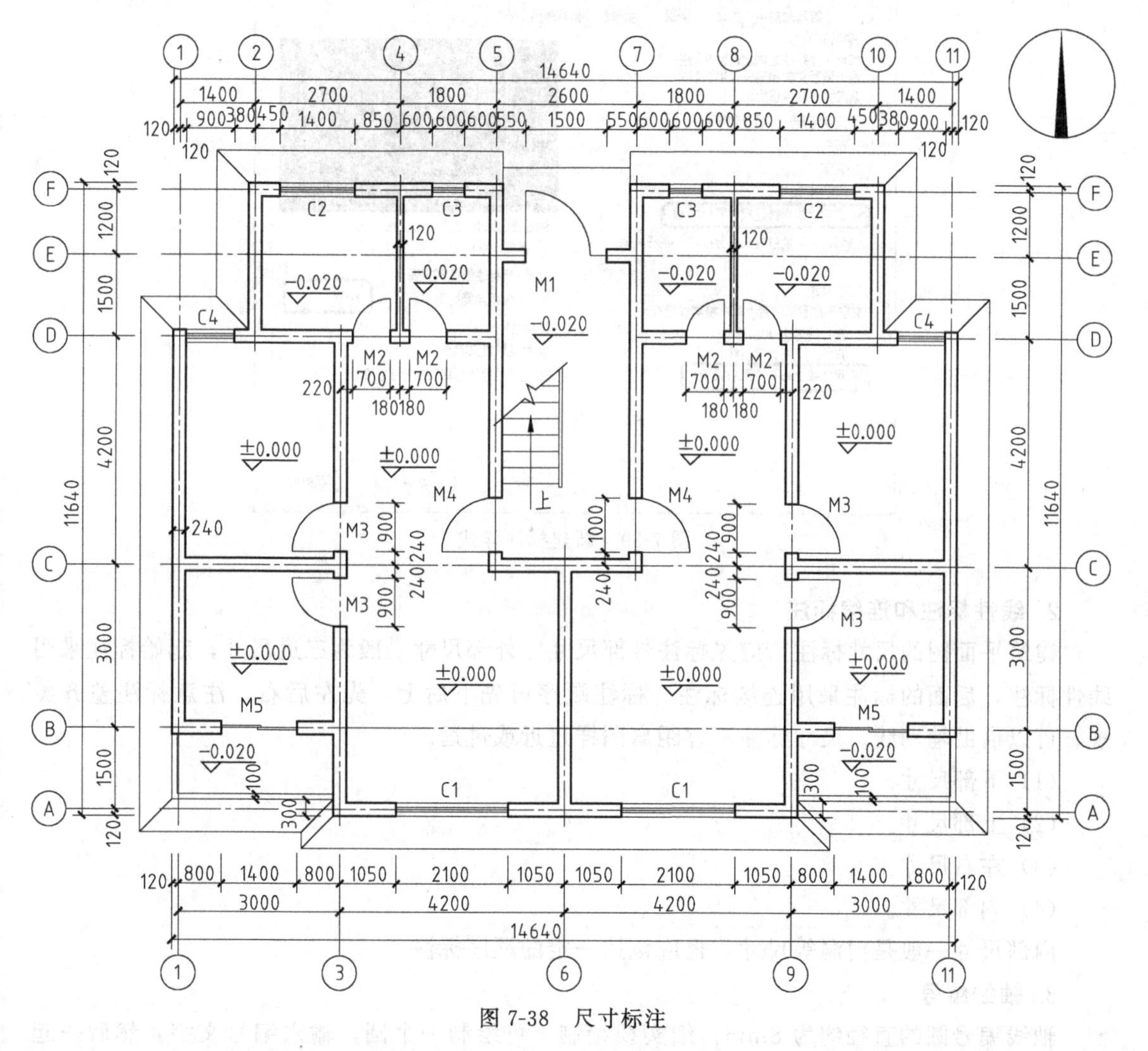

图7-38 尺寸标注

二、任务分析

（1）线型：尺寸应放置在单独的“标注”图层，用细实线。

（2）标注方式：采用线性标注和连续标注。

（3）楼梯有箭头标注，用引线标注。

(4) 轴线编号：编号圆直径约为 8mm，编号文字约为 5 号字。

(5) 标高符号：高度约为 3mm，斜线 45°。

(6) 指北针：直径约为 24mm，箭头尾部宽度约为 3mm。

(7) 出图比例：1∶100。

三、任务实施

1. 文字和标注样式设置

同任务 7.2，“调整”选项卡按图 7-39 进行设置。

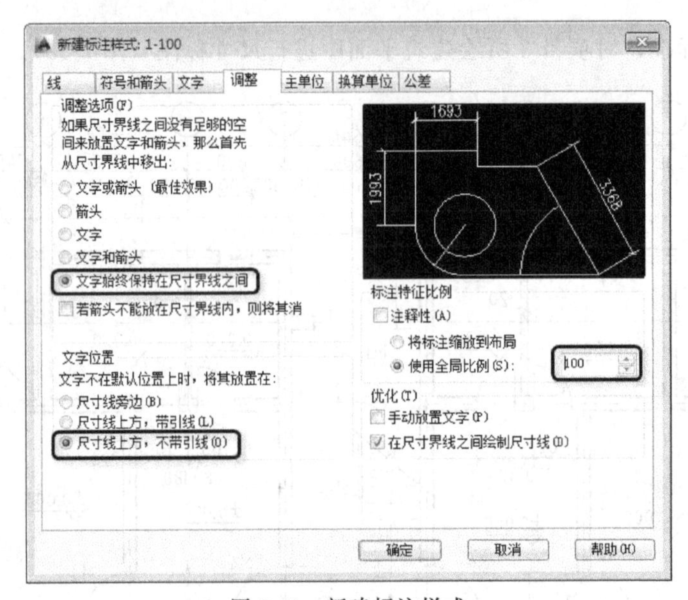

图 7-39　新建标注样式

2. 线性标注和连续标注

建筑平面图的尺寸标注，应先标注外部尺寸，外部尺寸一般为三道尺寸，起始标注采用线性标注，后面的标注采用连续标注。标注顺序可先下后上，先左后右。注意标注整齐美观，可以借助辅助线。尺寸标注不宜距离图样过近或过远。

(1) 下部尺寸。

(2) 上部尺寸。

(3) 左右尺寸。

(4) 内部尺寸。

内部尺寸一般是门洞等尺寸，也应该按一定的顺序标注。

3. 轴线编号

轴线编号圆的直径约为 8mm，细实线绘制。可绘制一个圆，输入编号文字，然后一起复制，最后双击修改编号文字。

(1) 下部轴线编号。

(2) 上部轴线编号。

(3) 左右轴线编号。

(4) 编号文字输入，一般采用 5 号字。

4. 标高符号

标高符号高度大约 3mm。斜线 45°，大约画 4mm。标高符号上的数字一般采用 3 号字。输入文字后，同标高符号一起复制到其他地方，然后双击修改标高文字。

室内正负零标高的输入：

输入多行文字命令，拾取输入两角点，弹出对话框（图 7-40）。

图 7-40　文字格式工具栏

点击黑三角，出现下拉菜单（图 7-41）。

选择“正负”，即可。

度数(D)　%%d
正/负(P)　%%p
直径(I)　%%c
几乎相等　\U+2248
角度　\U+2220
边界线　\U+E100
中心线　\U+2104
差值　\U+0394
电相角　\U+0278
流线　\U+E101
恒等于　\U+2261
初始长度　\U+E200
界碑线　\U+E102
不相等　\U+2260
欧姆　\U+2126
欧米加　\U+03A9
地界线　\U+214A
下标 2　\U+2082
平方　\U+00B2
立方　\U+00B3
不间断空格(S)　Ctrl+Shift+Space
其他(O)...

图 7-41　符号下拉菜单

5. 指北针

指北针的外圆采用细实线，直径 24mm 左右，箭头尾部宽度大约 3mm。

绘制方法：

输入命令：C　空格　（圆命令 CIRCLE）

〈提示〉：指定圆的圆心或 [三点（3P）/两点（2P）/切点、切点、半径（T）]：

拾取圆心

〈提示〉：指定圆的半径或 [直径（D）] ＜1000.0000＞：

输入：1200

输入命令：PL　空格　（多段线命令 PLINE）

〈提示〉：指定起点：

按住【Shift】键的同时，点击右键，出现右键菜单，选择“象限点”，拾取圆的上象限点

〈提示〉：当前线宽为 240.0000，指定下一个点或 [圆弧（A）/半宽（H）/长度（L）/放弃（U）/宽度（W）]：

输入：W　空格

〈提示〉：指定起点宽度 ＜240.0000＞：

输入：0　空格

〈提示〉：指定端点宽度 ＜0.0000＞：

输入：300　空格

〈提示〉：指定下一个点或 [圆弧（A）/半宽（H）/长度（L）/放弃（U）/宽度（W）]：

拾取圆的下象限点

指定下一点或 [圆弧（A）/闭合（C）/半宽（H）/长度（L）/放弃（U）/宽度（W）]：

空格结束命令

步骤如图 7-42～图 7-48 所示。

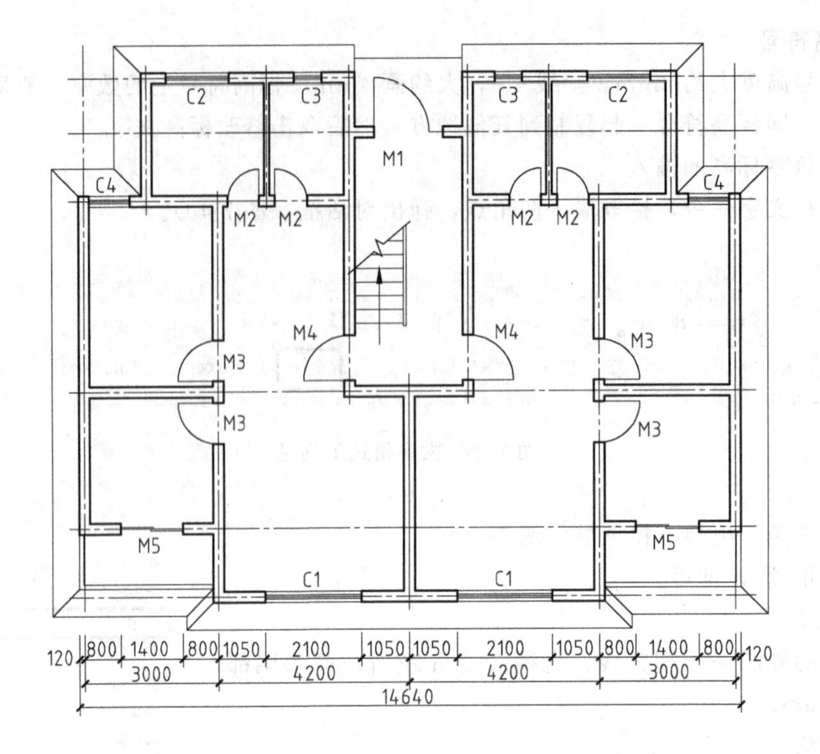

图 7-42 下部尺寸

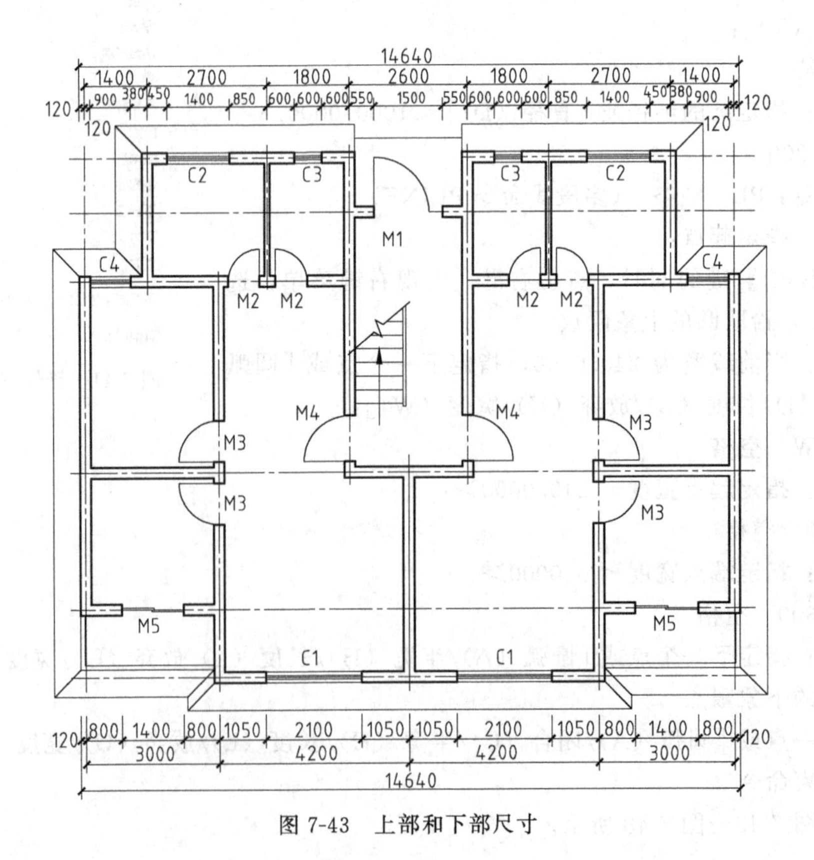

图 7-43 上部和下部尺寸

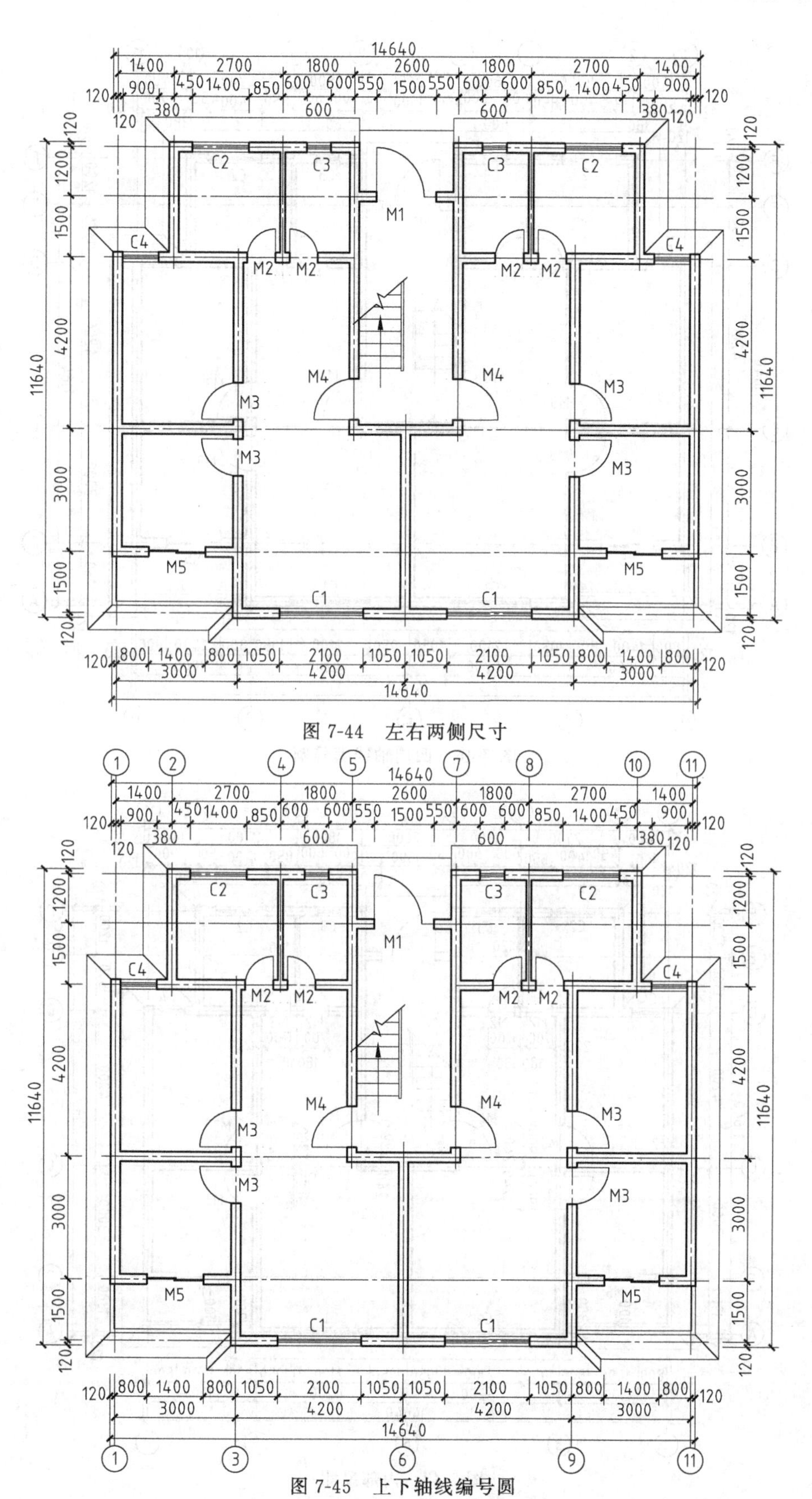

图 7-44 左右两侧尺寸

图 7-45 上下轴线编号圆

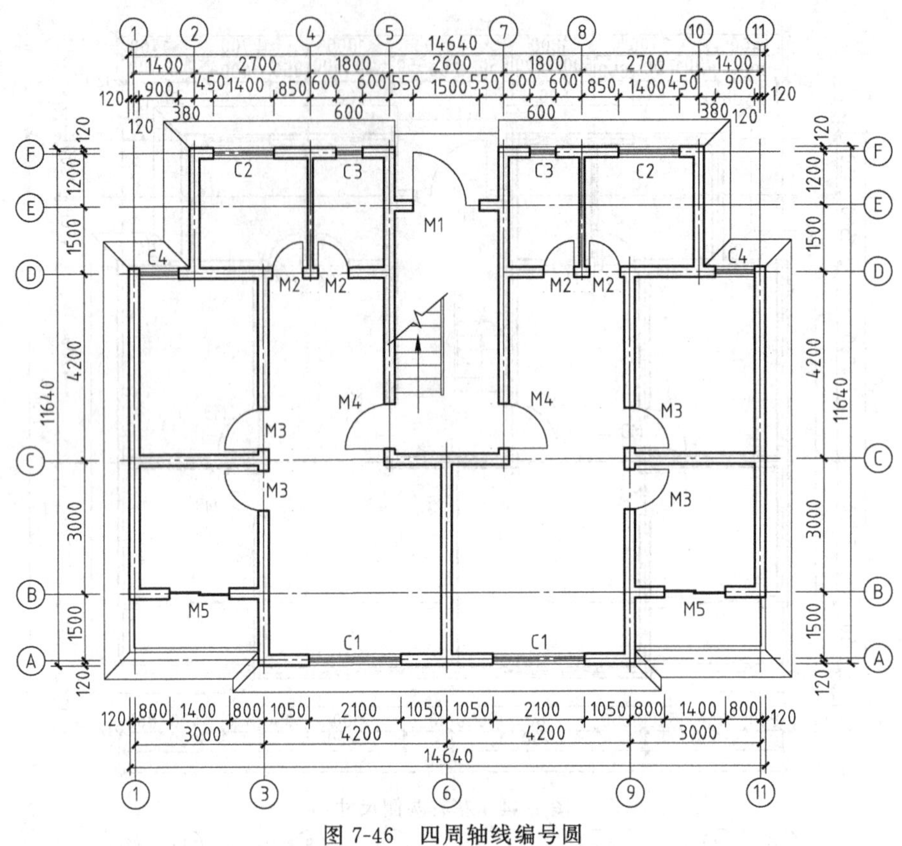

图 7-46 四周轴线编号圆

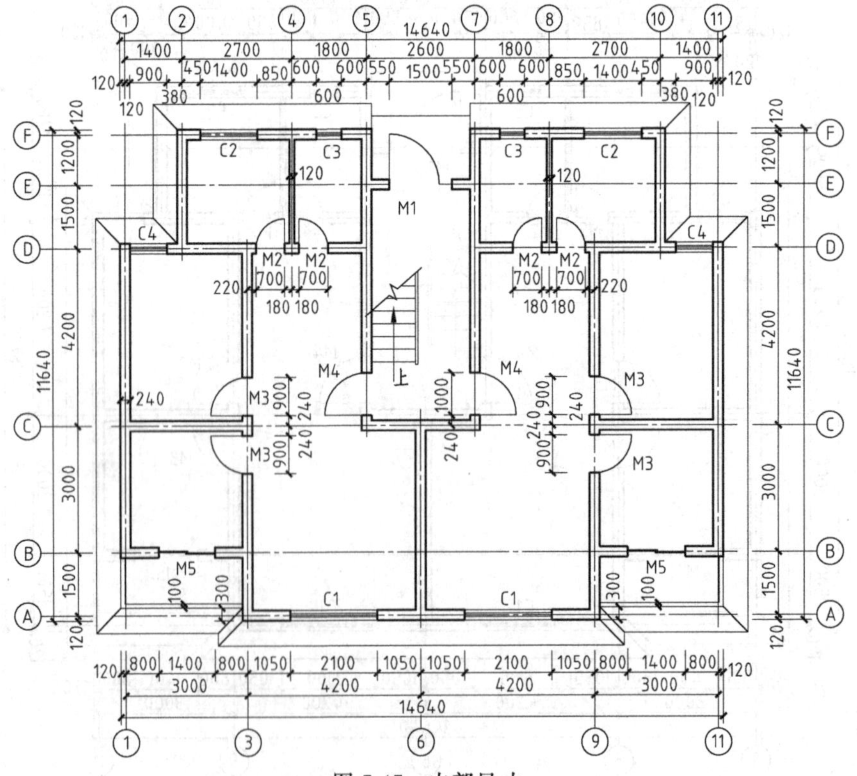

图 7-47 内部尺寸

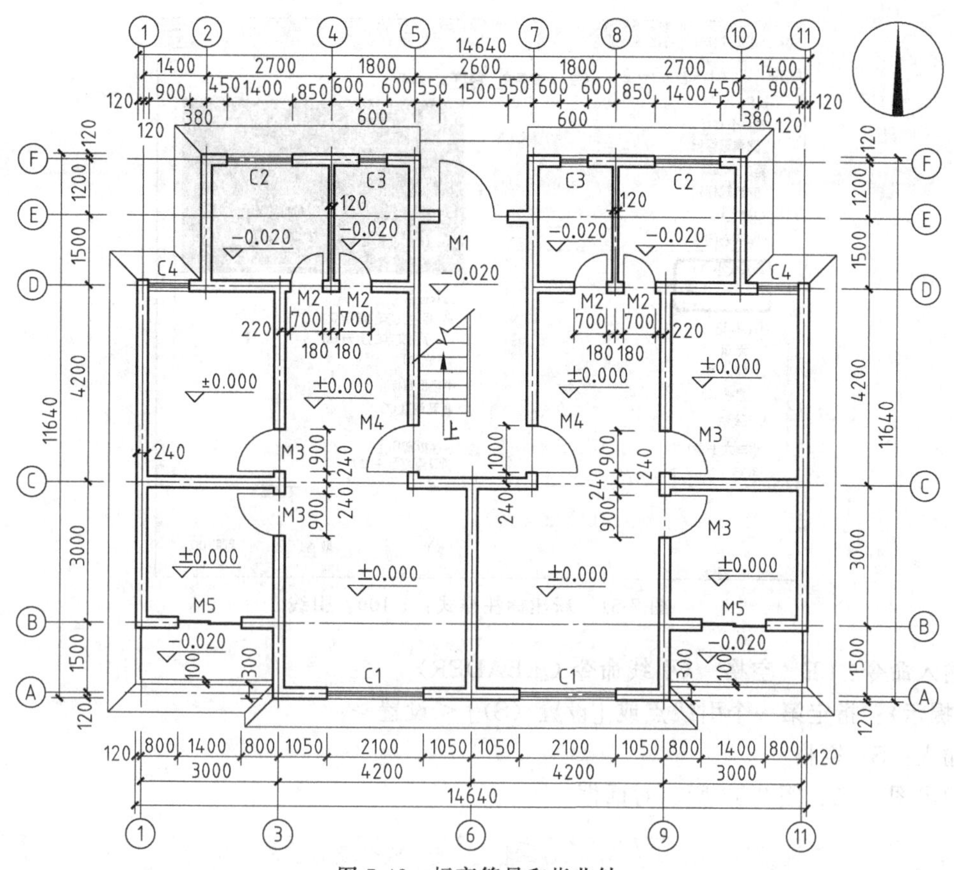

图 7-48　标高符号和指北针

6. 箭头标注

（1）新建“引线和公差”标注子样式

点标注工具条上【标注样式】按钮，弹出如下对话框（图 7-49～图 7-51）。

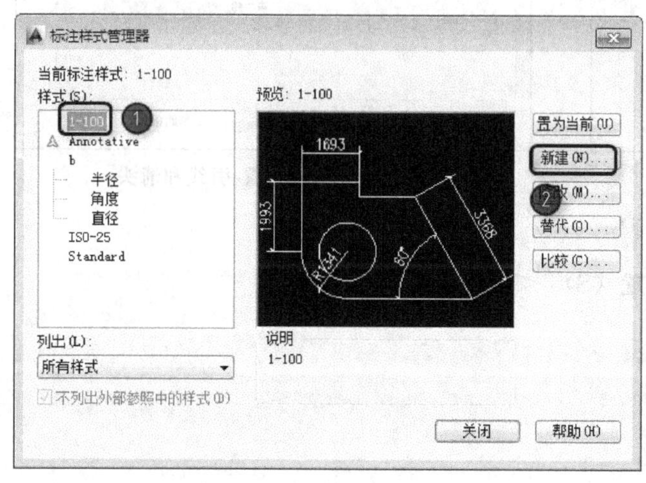

图 7-49　标注样式管理器

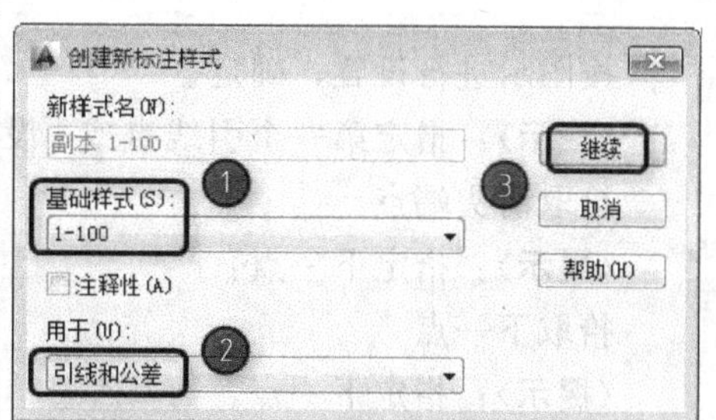

图 7-50　创建新标注样式

按图示，新建“引线和公差”标注子样式。

（2）箭头标注

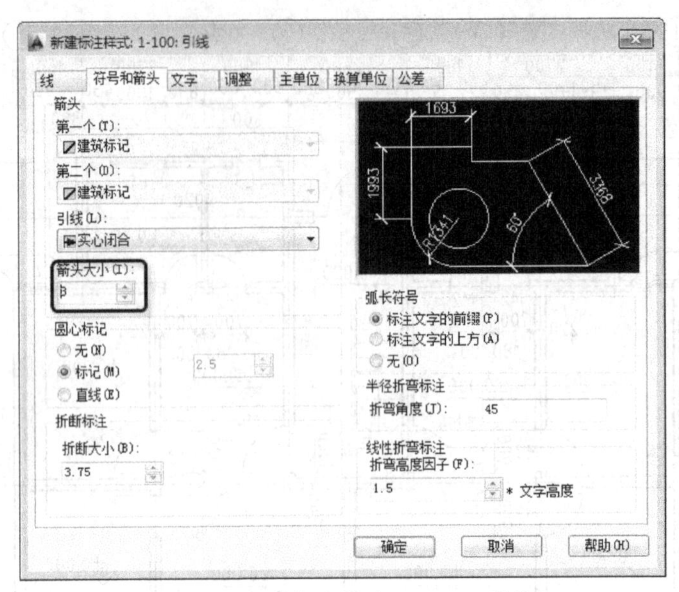

图 7-51 新建标注样式：1-100：引线

输入命令：LE 空格 （引线命令 QLEADER）

〈提示〉：指定第一个引线点或［设置（S）］＜设置＞：

输入：S 空格

弹出图 7-52、图 7-53 所示对话框。

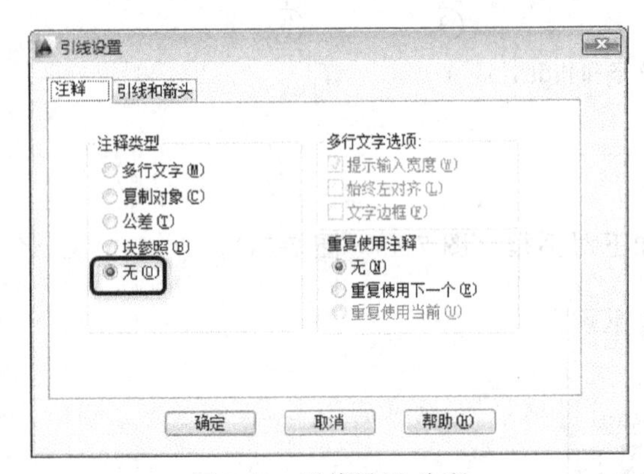

图 7-52 引线设置-注释

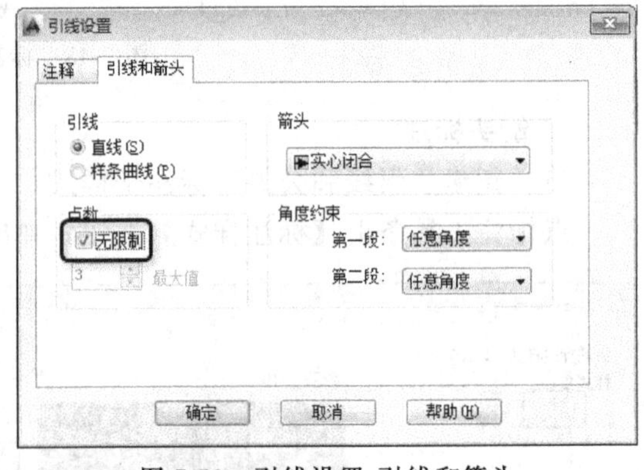

图 7-53 引线设置-引线和箭头

按图示进行设置，确定。

〈提示〉：指定第一个引线点或［设置（S）］＜设置＞：

拾取箭头端点

〈提示〉：指定下一点：

拾取下一点

〈提示〉：指定下一点：

空格 （结束引线命令）。

项目8 绘制三视图

任务 8.1 绘制物体 1 的三视图

一、任务要求

按 1∶1 比例绘制物体 1 的三视图（图 8-1）。

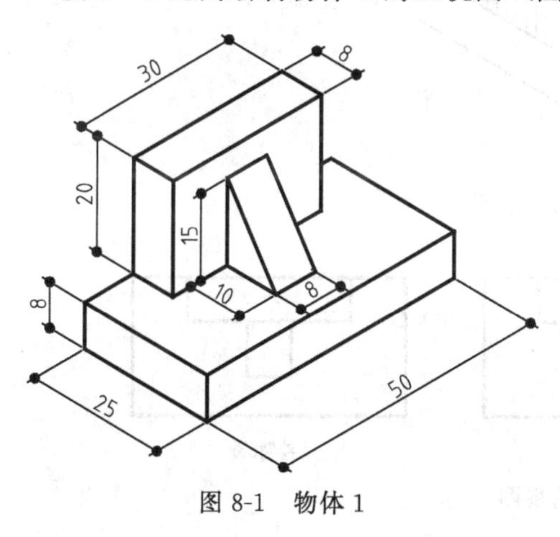

图 8-1 物体 1

二、任务分析

（1）确定主视方向。

（2）线型：可见的轮廓线用粗实线，不可见的轮廓线用中虚线。

（3）三视图的“三等”规律：长对正、高平齐、宽相等。

三、任务实施

1. 确定主视方向

如图 8-2 所示。

2. 绘制主视图

在主视方向，可以看到图示阴影部分三个面，如图 8-3 所示，可用直线或矩形命令绘制三个矩形，完成主视图的绘制（图 8-4）。

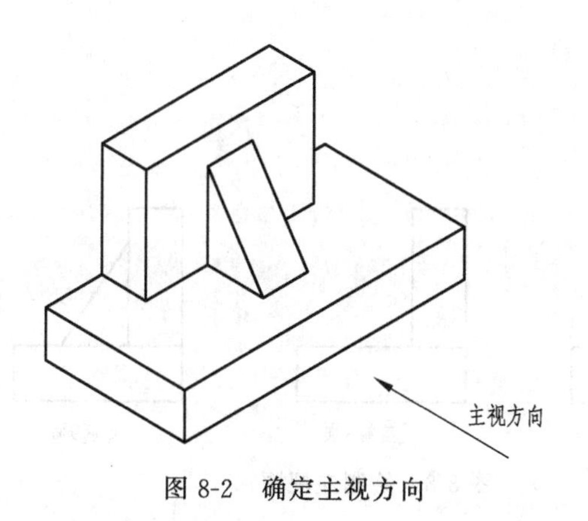

图 8-2 确定主视方向

图 8-3 主视方向三个面

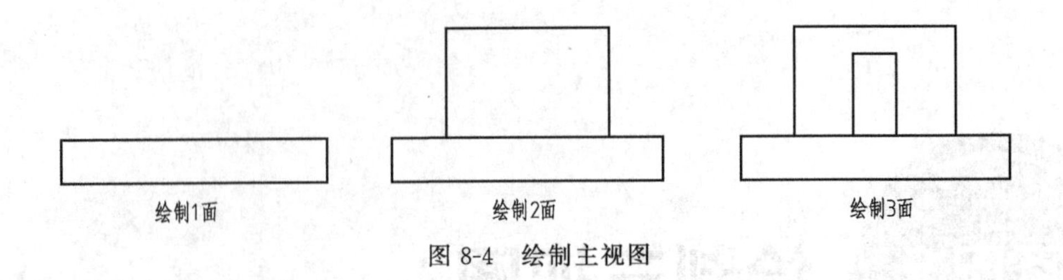

图 8-4 绘制主视图

3. 绘制俯视图

在俯视方向，可以看到图示阴影部分三个面，如图 8-5 所示，可用直线或矩形命令绘制三个矩形，完成俯视图的绘制（图 8-6）。

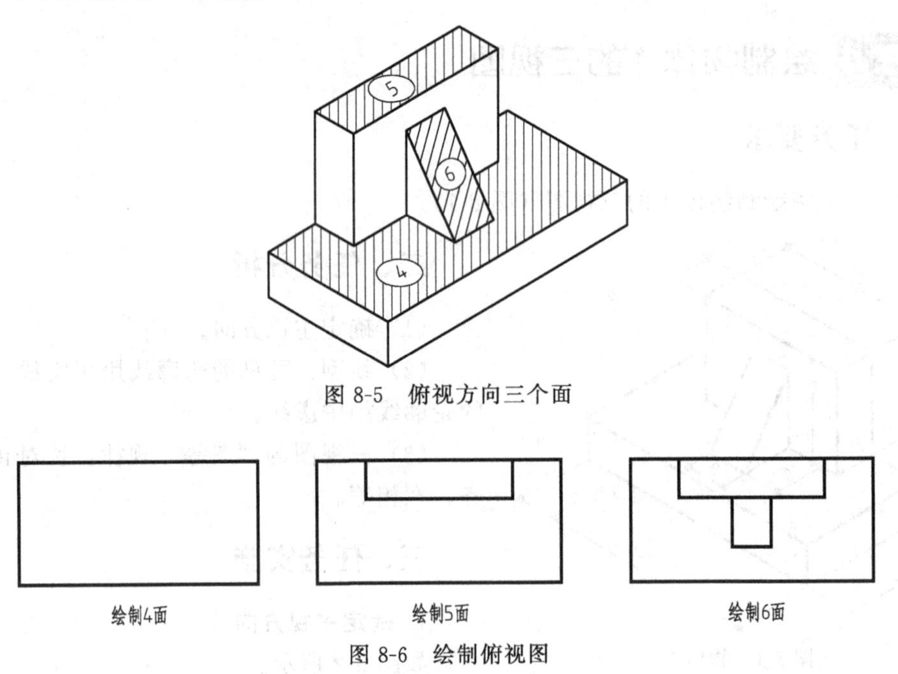

图 8-5 俯视方向三个面

图 8-6 绘制俯视图

4. 绘制左视图

在左视方向，可以看到图示阴影部分三个面，如图 8-7 所示，可用矩形命令和直线绘制两个矩形和一个三角形，完成左视图的绘制（图 8-8）。

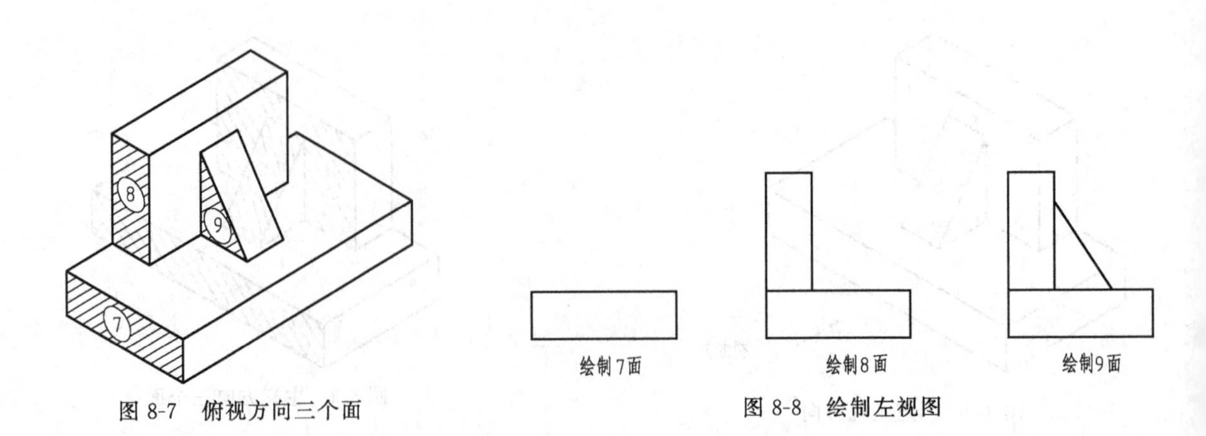

图 8-7 俯视方向三个面

图 8-8 绘制左视图

5. 三视图

三个视图绘制完成后，要注意三个视图的位置关系，保证三视图的“三等”规律：长对正、高平齐、宽相等。

物体1三视图如图8-9所示。

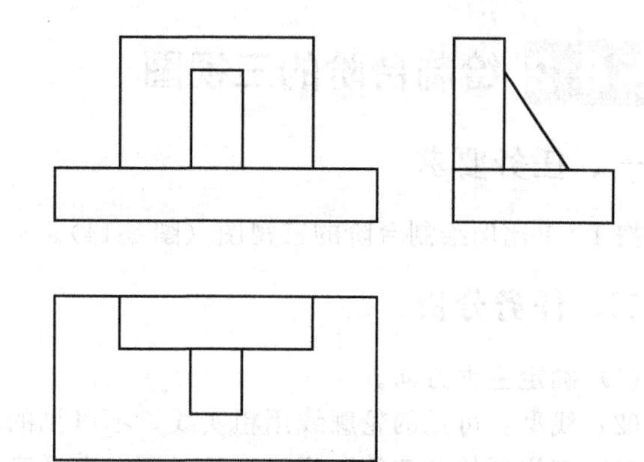

图8-9　物体1三视图

四、巩固与提高

绘制下列立体图形（图8-10～图8-13）的三视图，注意长对正、高平齐、宽相等的三视图作图规则。

1.

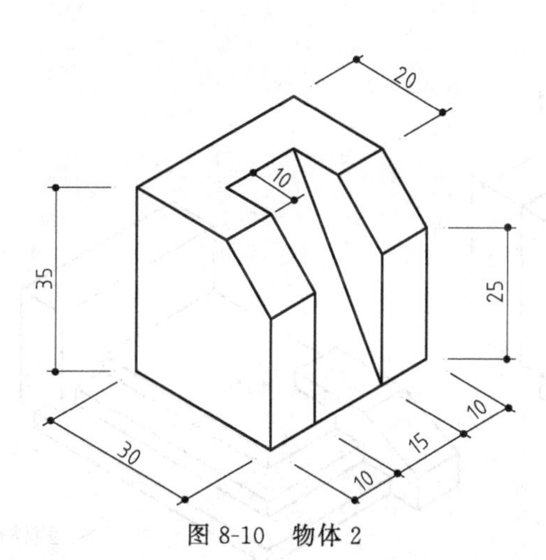

图8-10　物体2

2.

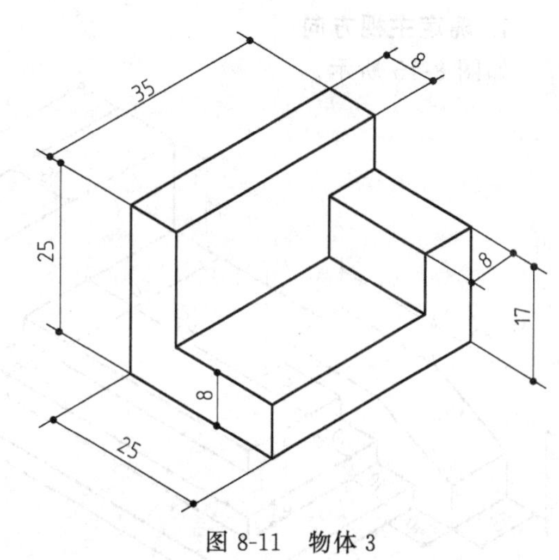

图8-11　物体3

3.

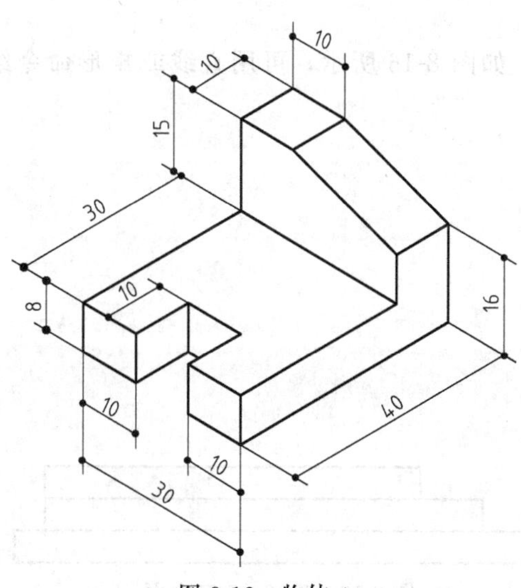

图8-12　物体4

4.

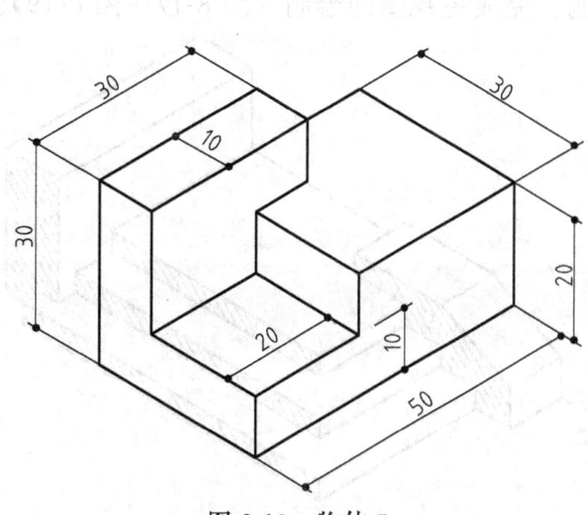

图8-13　物体5

任务 8.2 绘制台阶的三视图

一、任务要求

按 1∶1 比例绘制台阶的三视图（图 8-14）。

二、任务分析

（1）确定主视方向。
（2）线型：可见的轮廓线用粗实线，不可见的轮廓线用中虚线。
（3）三视图的“三等”规律：长对正、高平齐、宽相等。

三、任务实施

1. 确定主视方向

如图 8-15 所示。

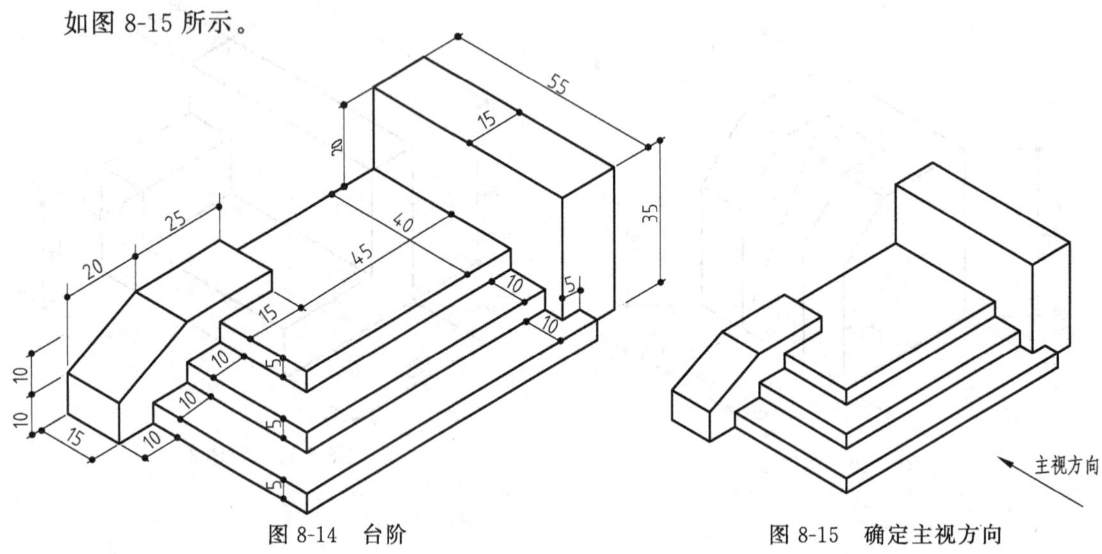

图 8-14 台阶　　图 8-15 确定主视方向

2. 绘制主视图

在主视方向，可以看到图示阴影部分五个面，如图 8-16 所示，可用直线或矩形命令绘制，完成主视图的绘制（图 8-17～图 8-19）。

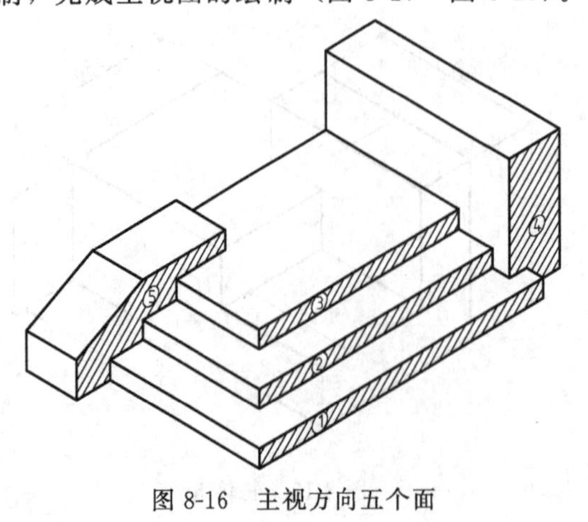

图 8-16 主视方向五个面

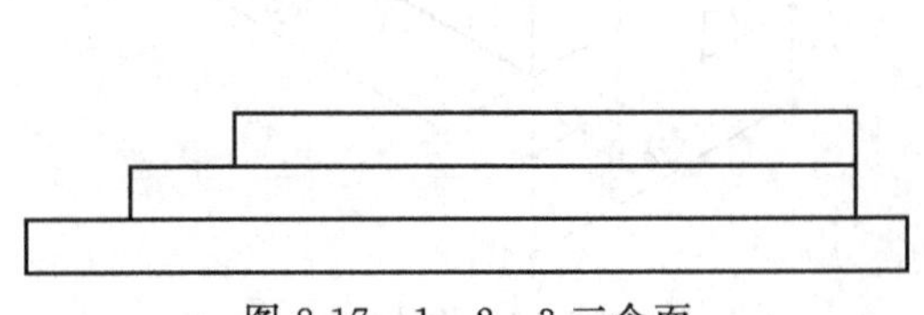

图 8-17 1、2、3 三个面

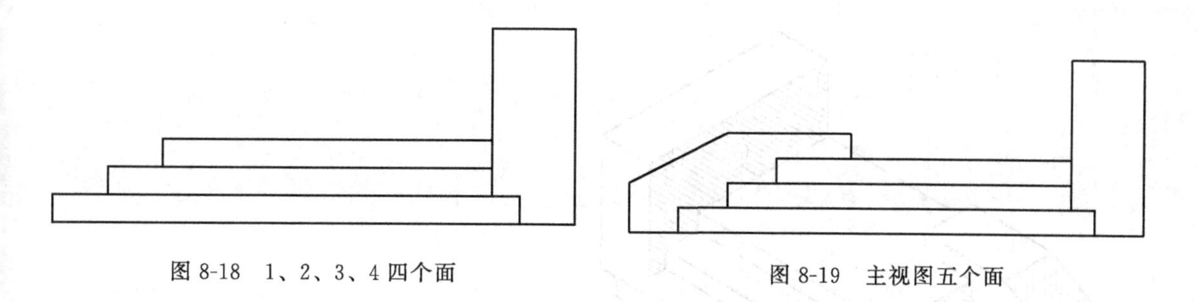

图 8-18 1、2、3、4 四个面

图 8-19 主视图五个面

3. 绘制俯视图

在俯视方向，可以看到图示阴影部分六个面，如图 8-20 所示，可用直线或矩形命令绘制，完成俯视图的绘制（图 8-21～图 8-23）。

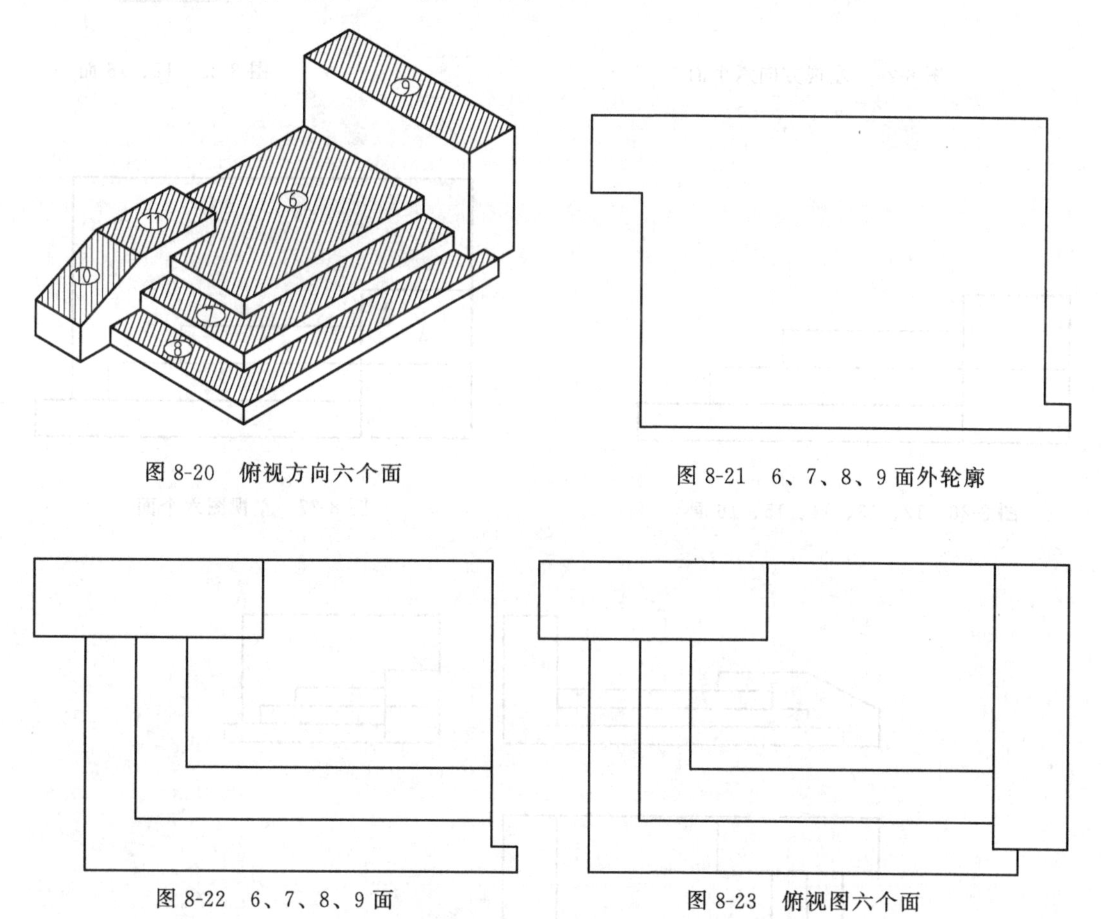

图 8-20 俯视方向六个面

图 8-21 6、7、8、9 面外轮廓

图 8-22 6、7、8、9 面

图 8-23 俯视图六个面

4. 绘制左视图

在左视方向，可以看到图示阴影部分六个面，如图 8-24 所示，可用直线或矩形命令绘制，完成左视图的绘制（图 8-25～图 8-27）。

5. 三视图

三个视图绘制完成后，要注意三个视图的位置关系，保证三视图的“三等”规律：长对正、高平齐、宽相等。

台阶三视图如图 8-28 所示。

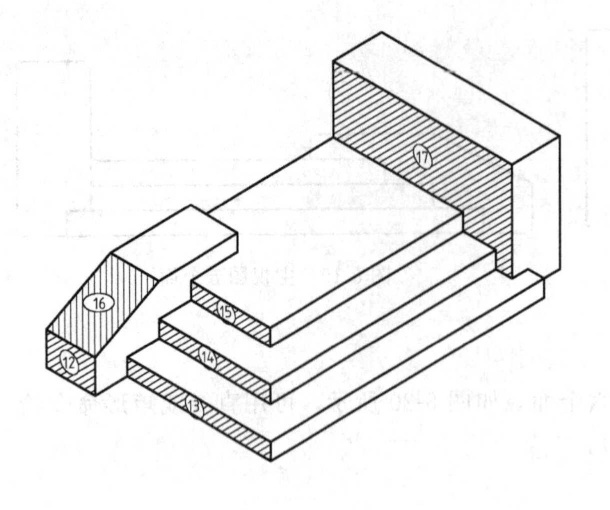

图 8-24　左视方向六个面

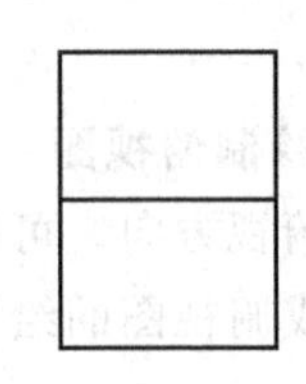

图 8-25　12、16 面

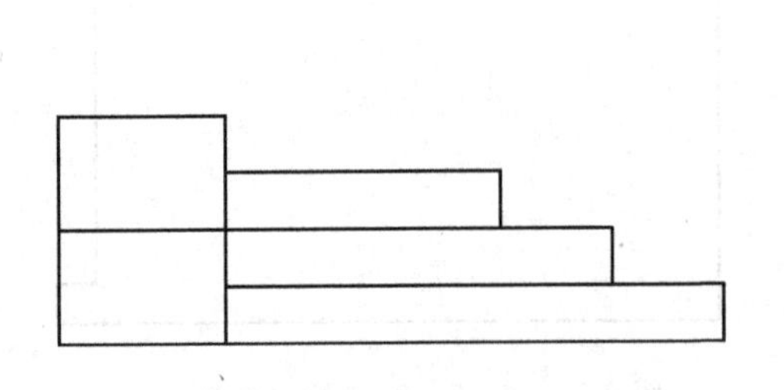

图 8-26　12、13、14、15、16 面

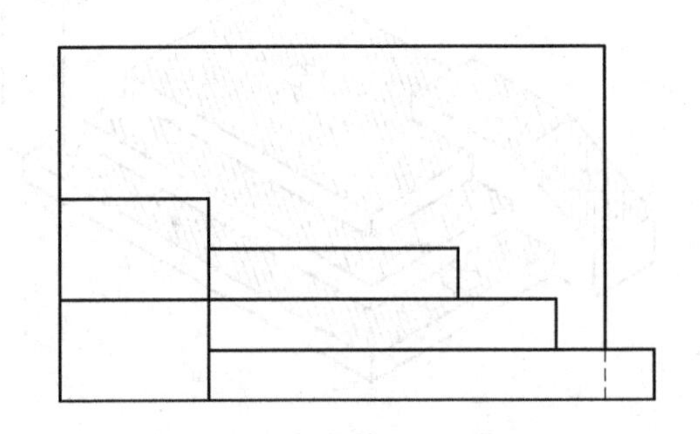

图 8-27　左视图六个面

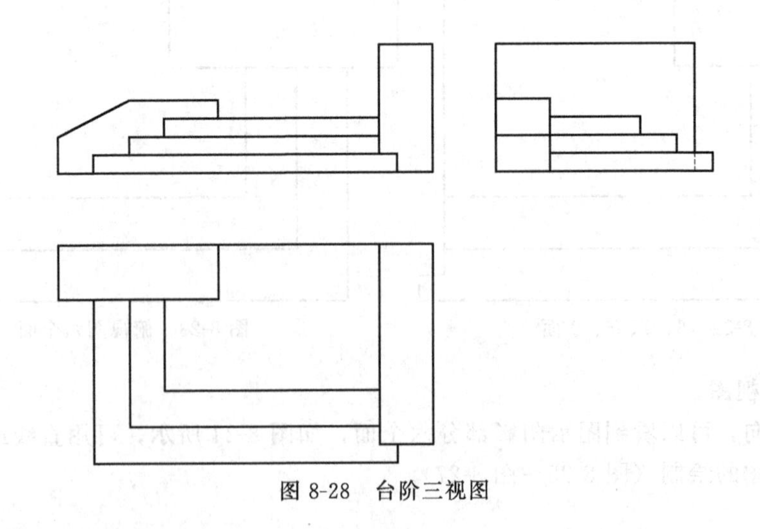

图 8-28　台阶三视图

四、巩固与提高

按 1：1 比例绘制台阶 2 三视图（图 8-29）。

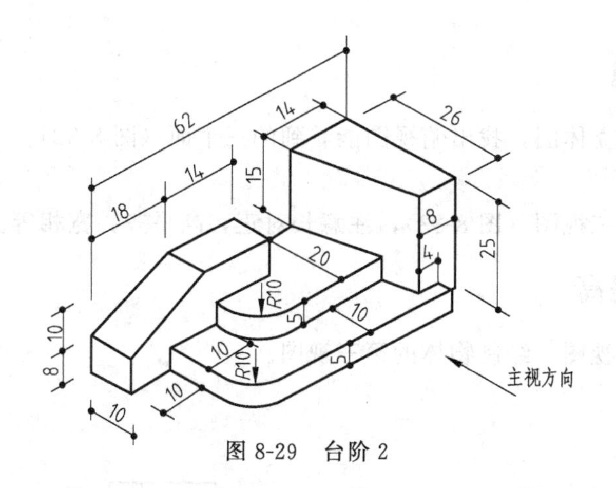

图 8-29　台阶 2

任务 8.3　补画物体第三视图

一、任务要求

根据所给物体的两个视图（图 8-30），补画第三视图（俯视图）。

二、任务分析

(1) 根据所给物体的两个视图，想象出物体的空间形状。

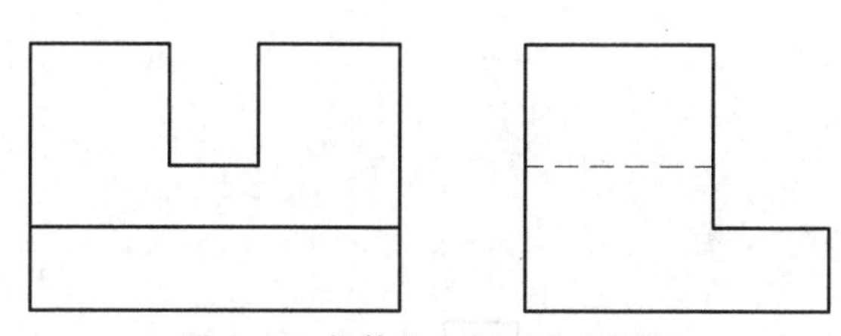

图 8-30　物体的主视图和左视图

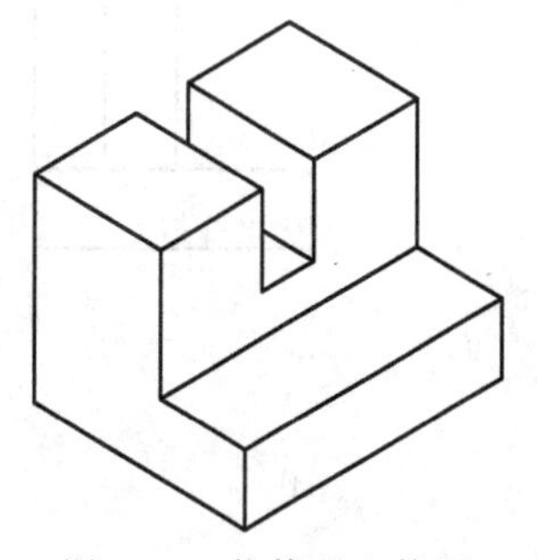

图 8-31　物体的立体图

(2) 根据立体图（图 8-31），绘制物体的俯视图。

(3) 注意线型和三视图的作图规律：长对正，高平齐，宽相等。

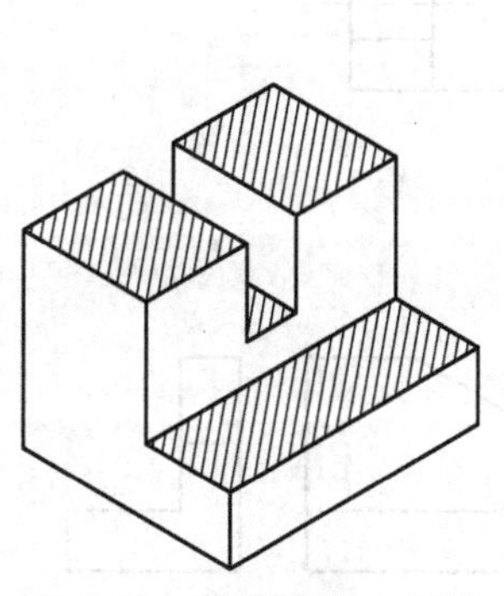

图 8-32　俯视图的三个面

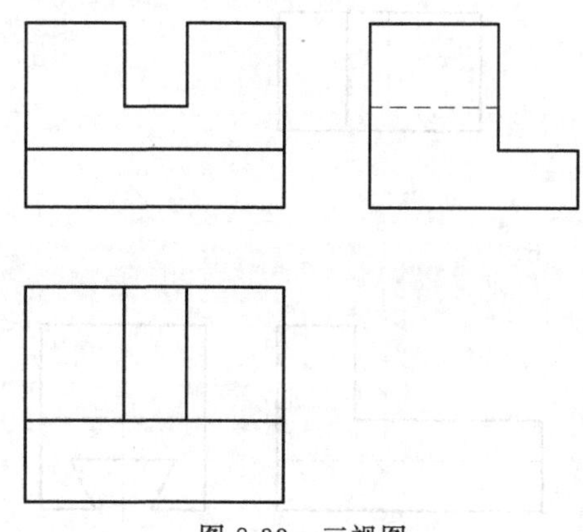

图 8-33　三视图

三、任务实施

(1) 根据物体的立体图，找出俯视图能看到的三个面（图 8-32）。

(2) 绘制三视图

用直线命令绘制三视图（图 8-33），注意长对正，高平齐，宽相等。

四、巩固与提高

根据物体的两个视图，绘制物体的第三视图。

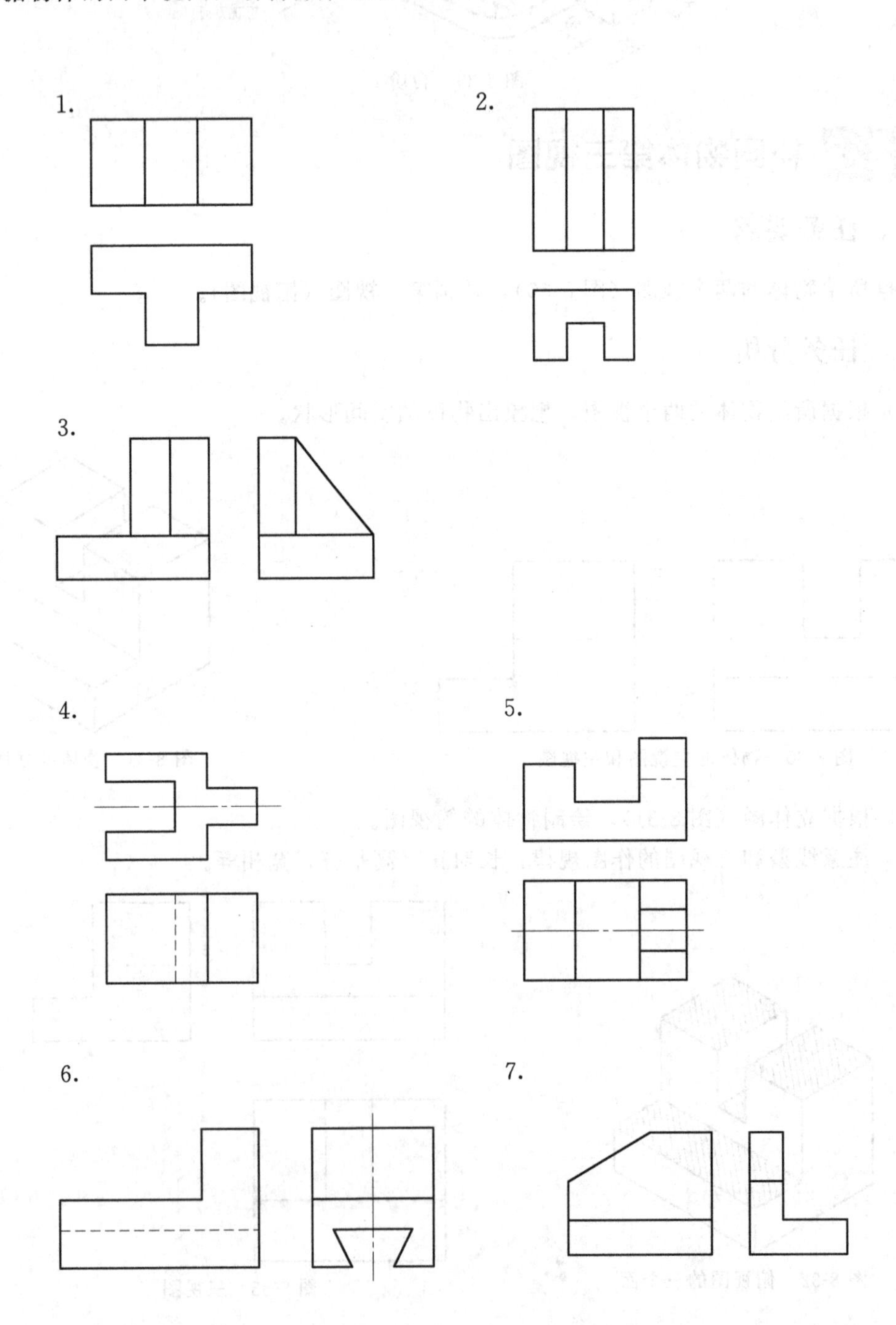

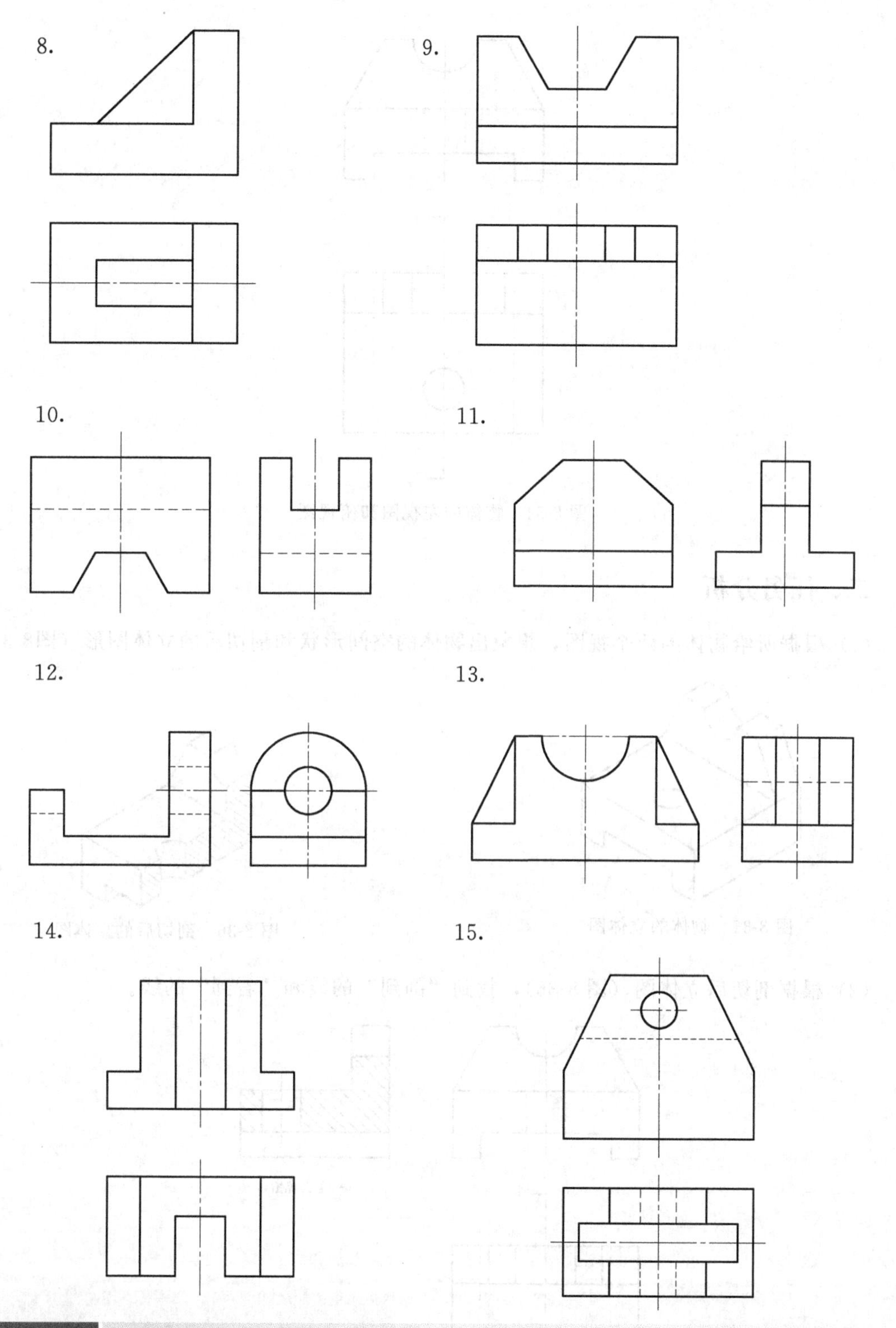

任务 8.4 绘制物体的剖视图

一、任务要求

根据物体的主视图和俯视图，在左视图的位置画出物体的 1—1 剖视图（图 8-34）。

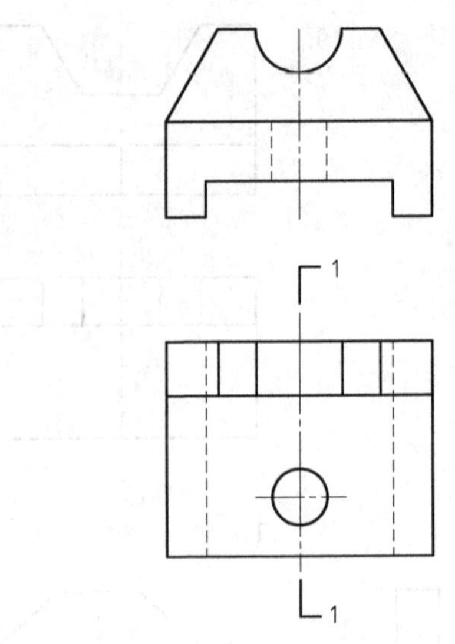

图 8-34　物体的左视图和俯视图

二、任务分析

(1) 根据所给物体的两个视图，想象出物体的空间形状和剖切后的立体图形（图8-35)。

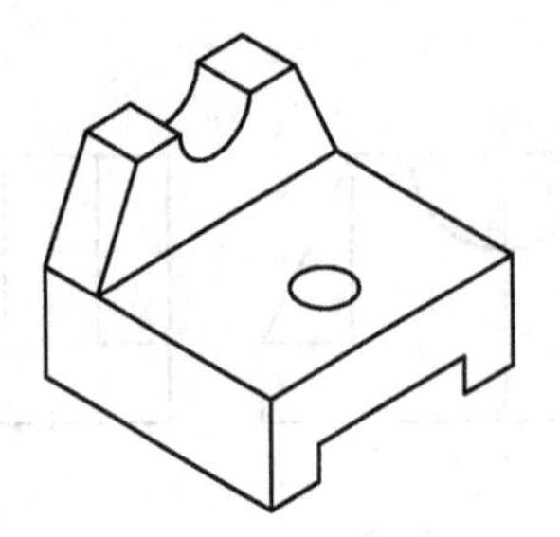

图 8-35　物体的立体图

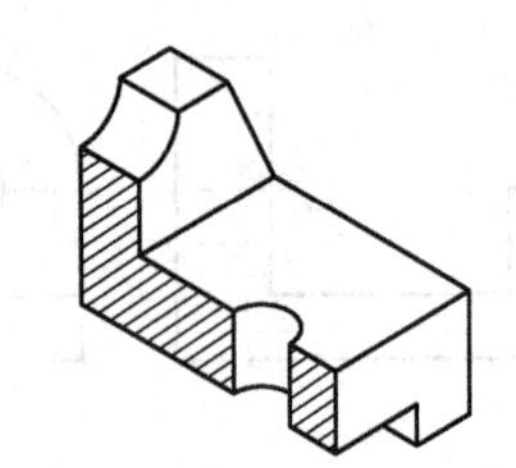

图 8-36　剖切后的立体图

(2) 根据剖切后立体图（图 8-36)，找到“剖到”的线和“看到”的线。

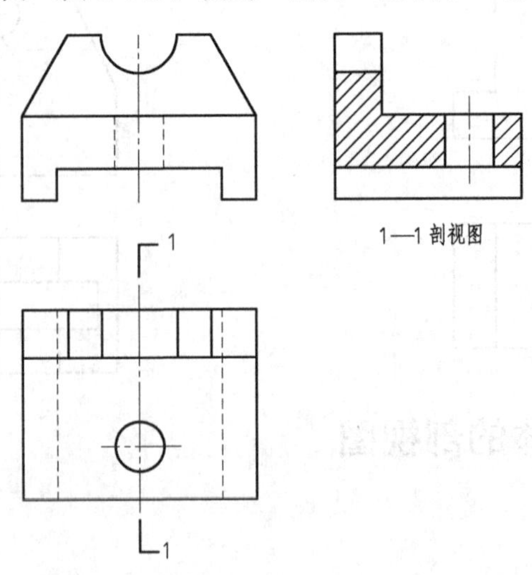

图 8-37　主视图、俯视图和 1—1 剖视图

(3) 注意线型和三视图的作图规律：长对正，高平齐，宽相等。

三、任务实施

根据剖切后的立体图形，从左侧观察，用直线命令绘制 1—1 剖视图，并绘制剖面符号（图 8-37）。

四、巩固与提高

将主视图改画为全剖视图。

1.

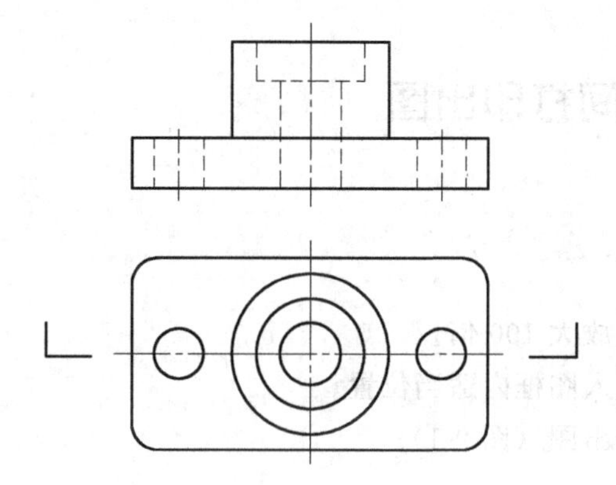

2.

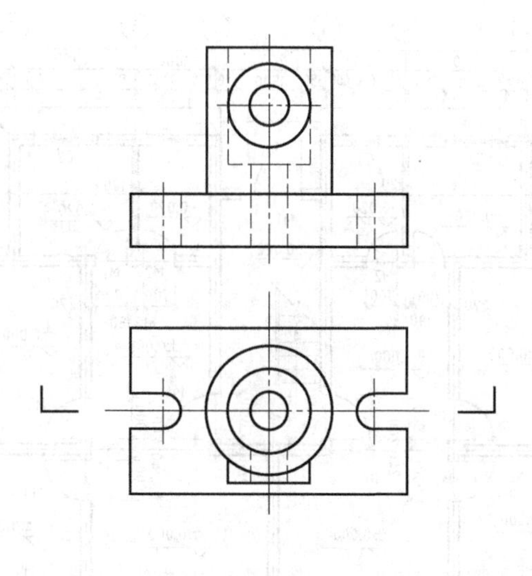

项目9 打印出图

任务 9.1 模型空间打印出图

一、任务要求

（1）绘制 A4 图框。

（2）将图框和标题栏放大 100 倍。

（3）将建筑平面图放入图框内适当位置。

（4）在模型空间打印出图（图 9-1）。

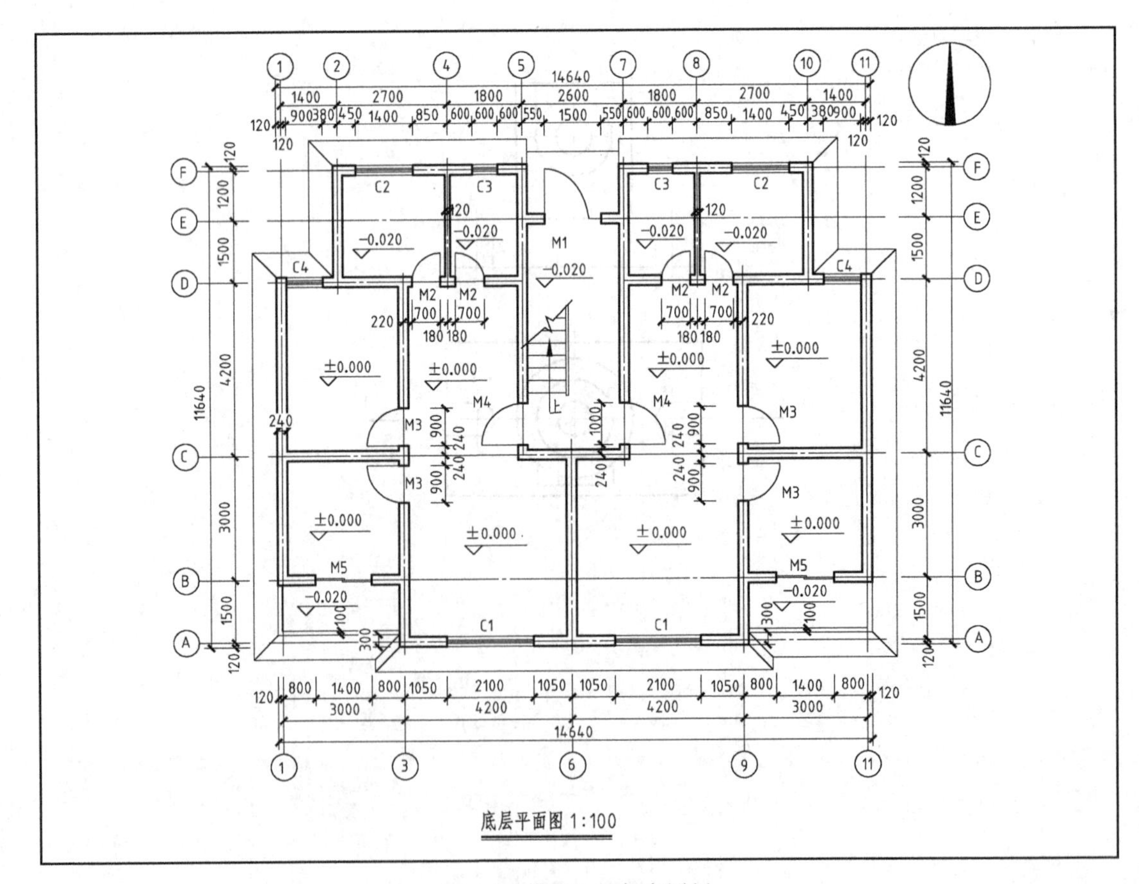

图 9-1 模型空间打印图纸

二、任务分析

1. 建筑工程图纸幅面及格式

(1) 图纸幅面

图纸幅面是指图纸宽度与长度组成的图面，也就是图纸的大小。《房屋建筑制图统一标准》(GB/T 50001—2010) 规定，图纸幅面及图框尺寸应符合表9-1的规定及图的格式。

表9-1　图纸幅面及图框尺寸　mm

尺寸代号 / 横面代号	A0	A1	A2	A3	A4
$b\times l$	841×1189	594×841	420×594	297×420	210×297
c	10			5	
a	25				

注：表中 b 为幅面短边尺寸，l 为幅面长边尺寸，c 为图框线与幅面线间宽度，a 为图框线与装订边间宽度。

(2) 图纸格式

图纸的摆放格式有横式和立式两种，图纸中应有标题栏、图框线、幅面线、装订边线和对中标志。图纸的标题栏及装订边的位置，如图9-2～图9-5所示。

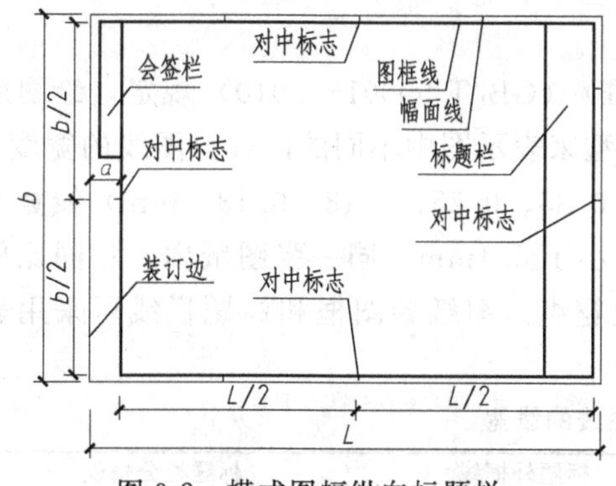

图9-2　横式图幅纵向标题栏

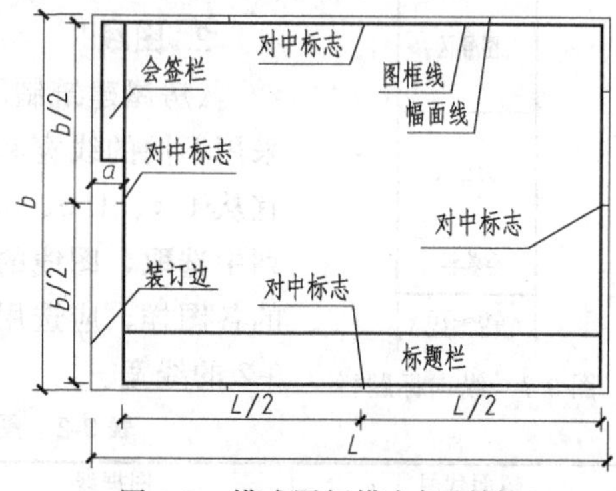

图9-3　横式图幅横向标题栏

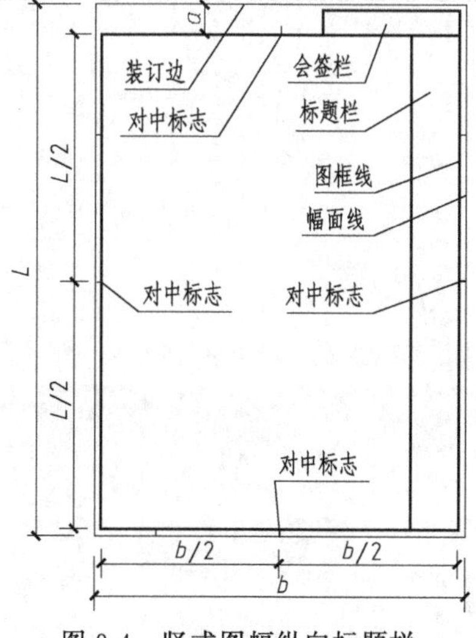

图9-4　竖式图幅纵向标题栏

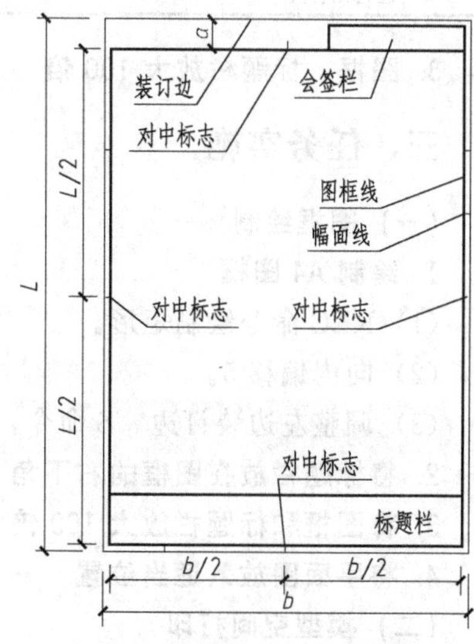

图9-5　竖式图幅横向标题栏

图纸中的标题栏包括设计单位名称区、注册师签章区、修改记录区、工程名称区、图号区、签字区、会签栏等内容，标准格式应符合图 9-6、图 9-7 的规定，根据工程的需要选择确定尺寸、格式及分区。通常在学校所用的作业标题栏均由学校制订，学生作业标题栏参考图 9-8。

图 9-6 横向标题栏

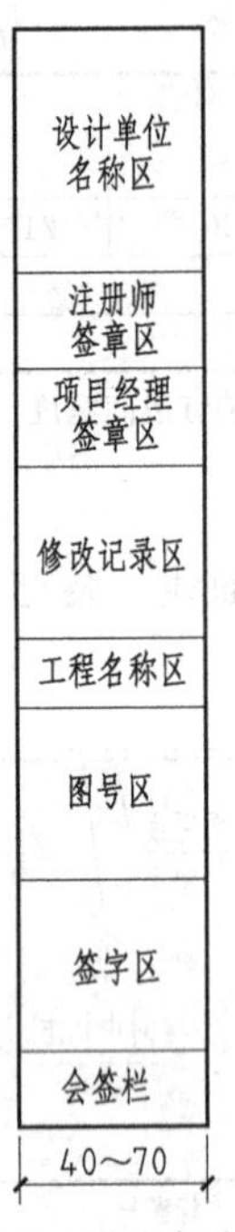

图 9-7 纵向标题栏

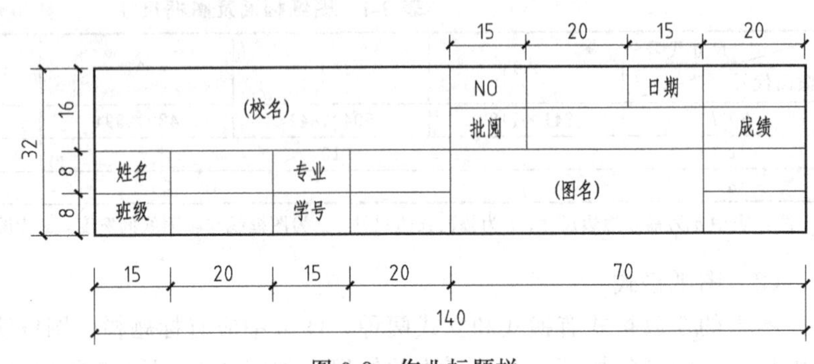

图 9-8 作业标题栏

2. 图线

《房屋建筑制图统一标准》（GB/T 50001—2010）规定，绘图应采用不同的线宽和不同的线型来表示图中不同的内容。图线的宽度 b 宜从 1.4、1.0、0.7、0.5、0.35、0.25、0.18、0.13（mm）线宽系列中选取，图线的宽度不应小于 0.1mm。同一张图纸内，相同比例的各图样，应选用相同的线宽组。图纸的图框和标题栏线可采用表 9-2 的线宽。

表 9-2 图框和标题栏线的线宽

幅面代号	图框线	标题外框线	标题栏分格线
A0、A1	b	$0.5b$	$0.25b$
A2、A3、A4	b	$0.7b$	$0.35b$

3. 图框、标题栏放大 100 倍

三、任务实施

（一）图框绘制

1. 绘制 A4 图框

（1）REC 命令绘制矩形。

（2）向内偏移 5。

（3）调整左边装订边，S 命令，调整为 25。

2. 将标题栏放在图框的右下角

3. 将图框和标题栏放大 100 倍

4. 将平面图放入适当位置

（二）模型空间打印

点【打印】按钮，弹出图 9-9 所示对话框。

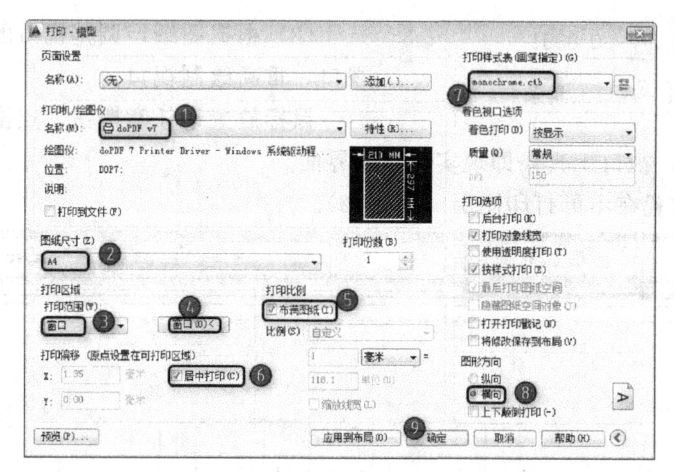

图 9-9 打印

选择打印机、图纸尺寸、打印范围、打印样式等，点【预览】或【确定】即可。

任务 9.2 布局空间打印出图

一、任务要求

(1) 绘制 A4 图框。

(2) 将视口放置在不可打印图层。

(3) 布局空间打印建筑平面图。

二、任务分析

根据情况，将视口线调到合适的可打印或不可打印的图层。

三、任务实施

(1) 点击下面的“布局”标签，进入布局界面（图 9-10）。

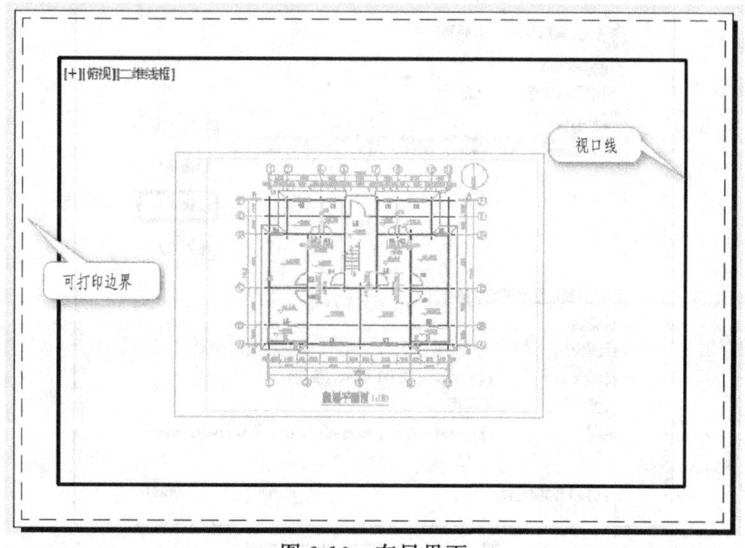

图 9-10 布局界面

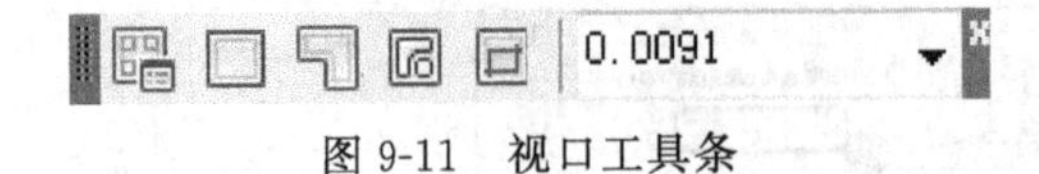

图 9-11　视口工具条

（2）根据图纸，调整视口的大小。或者删除视口，重新绘制视口。

鼠标放置于任意按钮，点击右键，勾选视口工具条（图 9-11），视口工具条即现实与绘图界面。

（3）将视口放置在不可打印图层（图 9-12）。

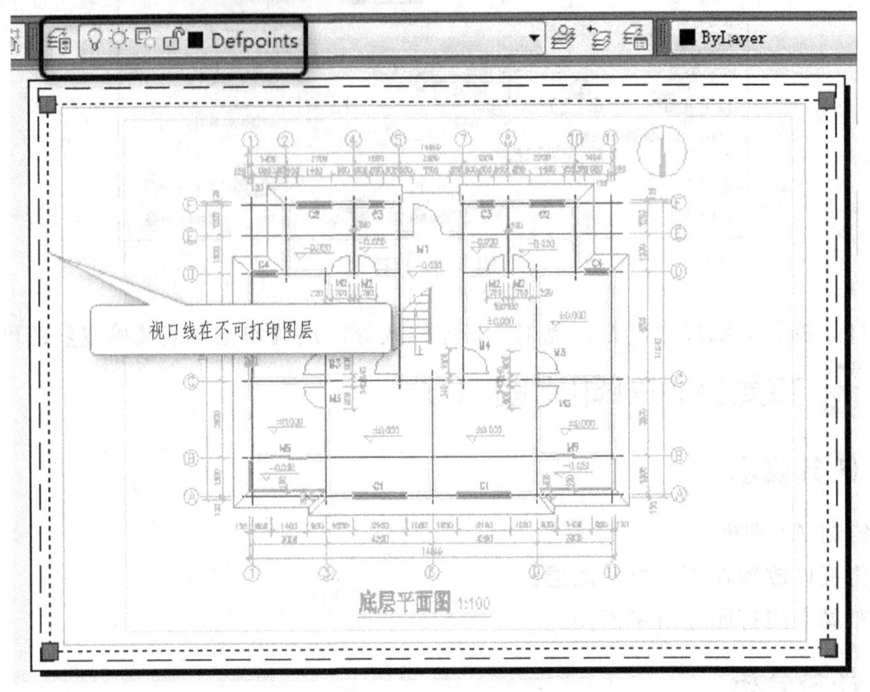

图 9-12　视口线在不可打印图层

（4）在视口的内部双击鼠标左键，调整视口内需打印图形的大小，并调整到合适位置。

（5）右键点击该布局标签，选择“页面设置管理器”，弹出图 9-13 所示对话框。

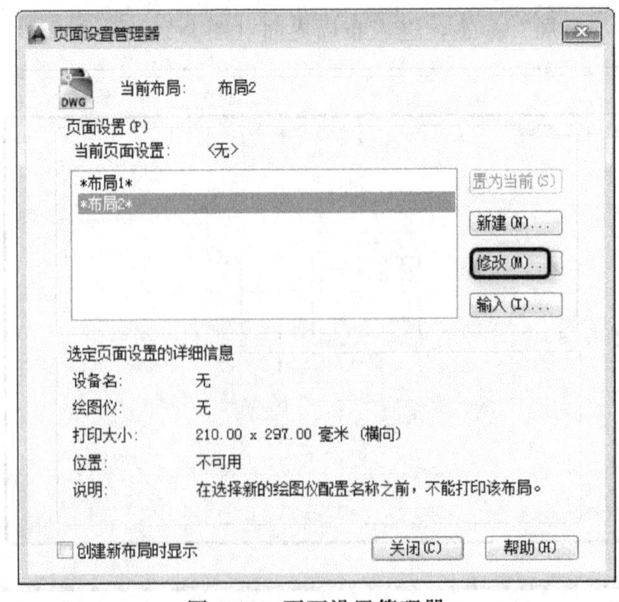

图 9-13　页面设置管理器

点【修改】，又弹出图 9-14 所示对话框。

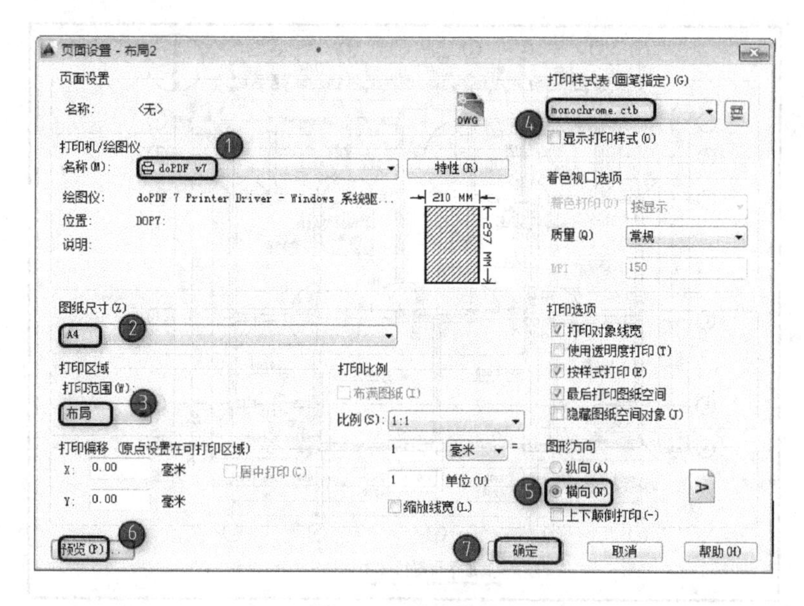

图 9-14　页面设置

（6）右键点击该布局标签，选择【打印】（图 9-15）。

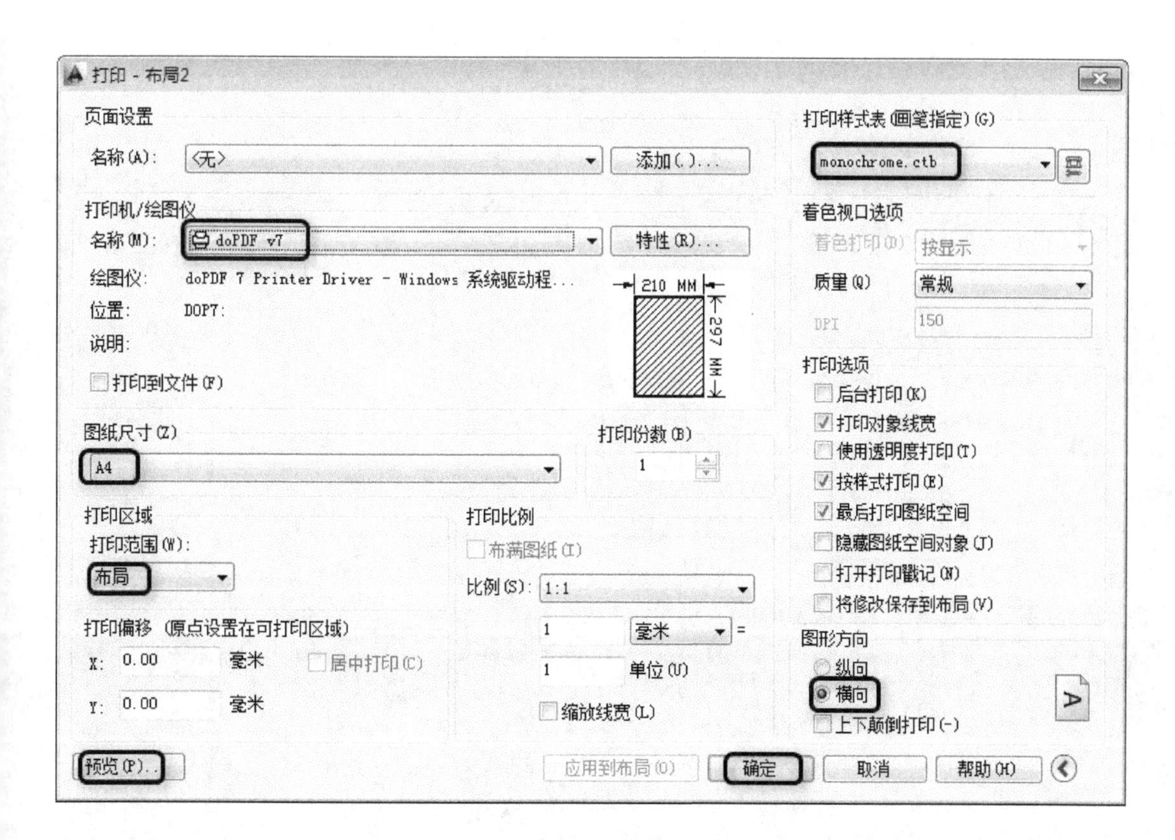

图 9-15　打印

检查一下几个选项是否设置正确，点【预览】，没有问题则确定打印（图 9-16）。

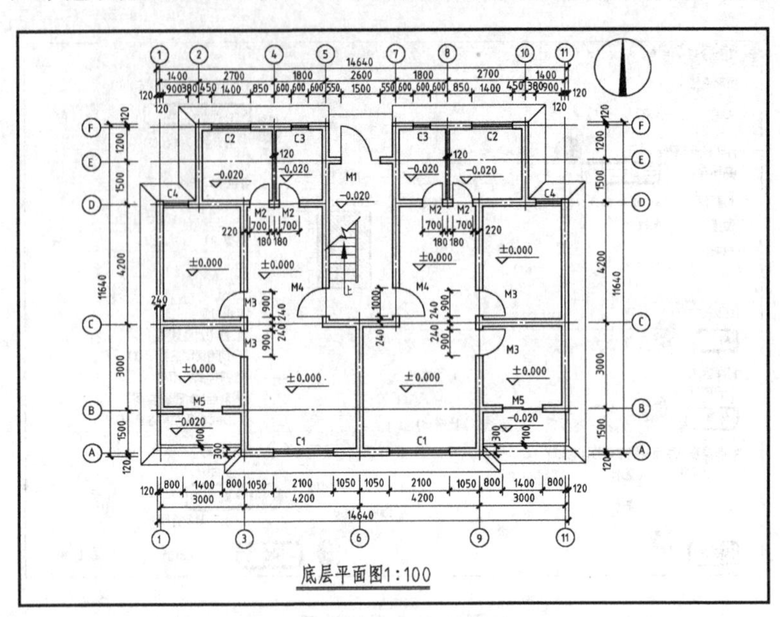

图 9-16 打印出图效果

附录 1 历年全国 CAD 等级考试试卷

第一期 CAD 技能一级（计算机绘图师）考试试题

试题一、绘制图幅。

① 按照以下规定设置图层及线型。

图层名称	颜色	（颜色号）	线型	线宽
粗实线	白	(7)	Continuous	0.6
中实线	蓝	(5)	Continuous	0.3
细实线	绿	(3)	Continuous	0.15
虚线	黄	(2)	Dashed	0.3
点画线	红	(1)	Center	0.15

② 采用 1∶1 比例绘制 A2 幅面（横放），在 A2 图纸幅面内用细实线划分出左侧一个 A3 幅面，右侧上下两个 A4 幅面，如右图所示。左侧 A3 幅面画图框及标题栏，用于绘制试题二，右上方的 A4 幅面画图框及标题栏，用于试题三。右下方的 A4 幅面只画图框，用于绘制试题四。标题栏格式及尺寸见所给式样。

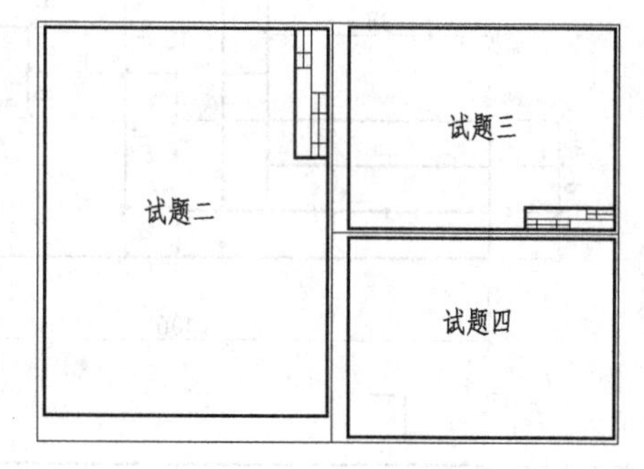

要求：应按国家标准绘制图幅、图框、标题栏，图框要留出装订边，标题栏格式及尺寸见所给式样。

③ 设置文字样式，在标题栏内填写文字。

标题栏尺寸及格式：

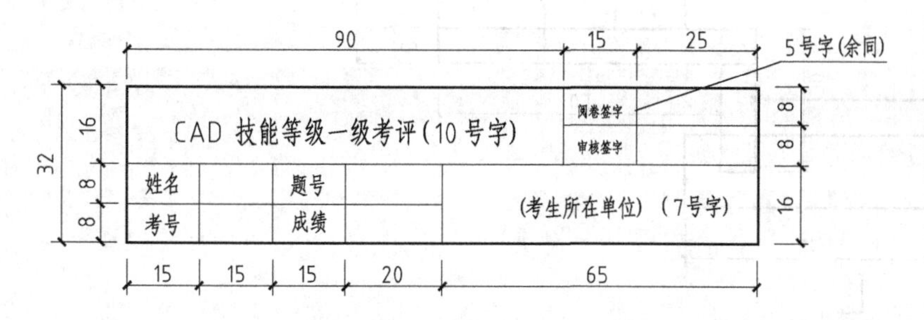

试题二、绘制立体交叉公路平面图并标注尺寸，比例 1∶100。

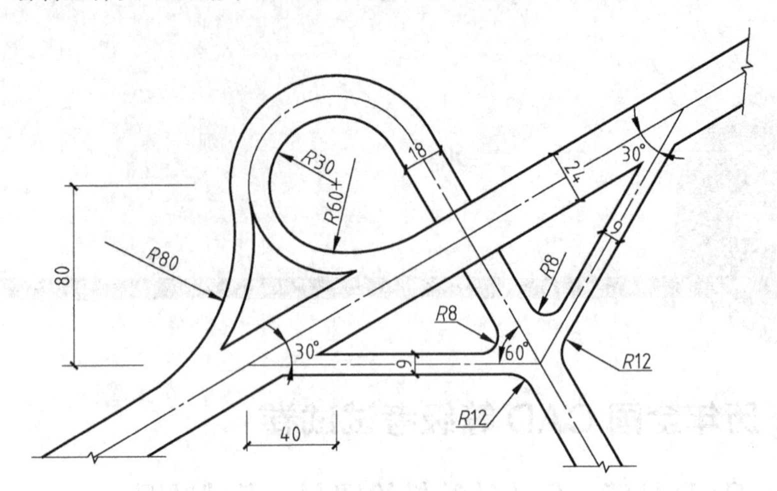

立体交叉公路平面图（图中单位：m）

试题三、采用 1∶1 的比例抄绘组合体的两面投影图，并在侧面投影的位置完成 1—1 剖面图。全图不标尺寸，断面材料为混凝土。

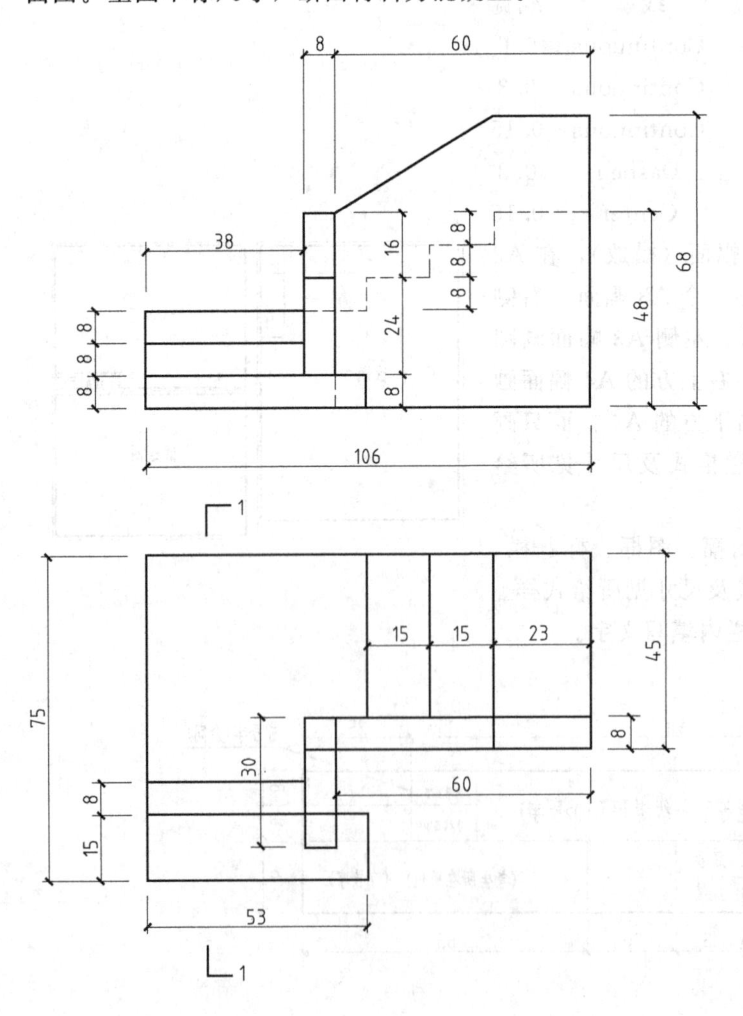

试题四、绘制建筑平面图，要求：

1. 按试题一的要求，将“三层平面图”绘制在指定位置上，其中楼梯的详细尺寸见楼梯尺寸示意图（该图仅作为尺寸示意，无须绘制）。

2. 绘图比例采用 1：100。

3. 要求线型、字体、尺寸应符合国家建筑制图相关标准。不同的图线应放在不同的图层上，尺寸放在单独的图层上。

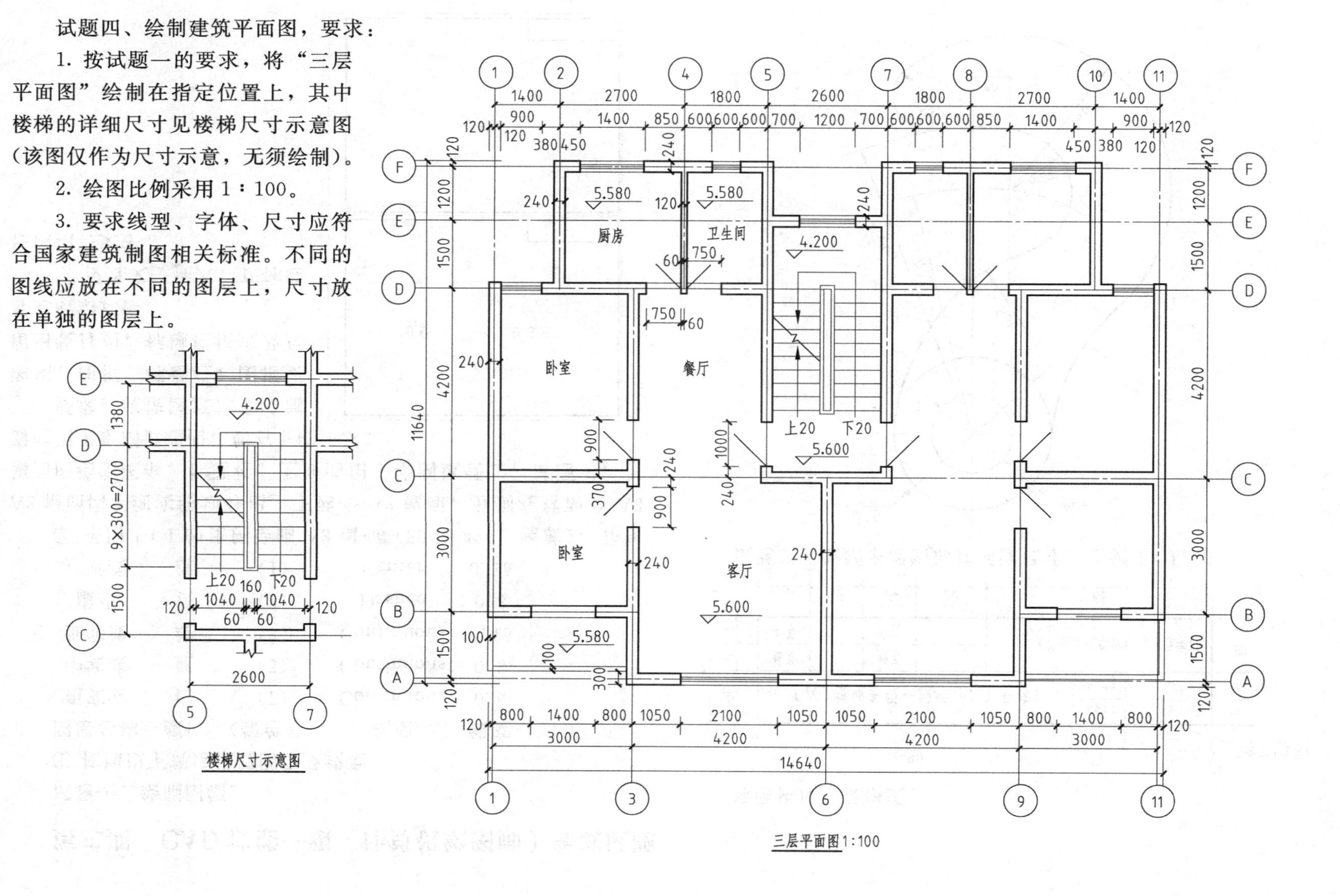

楼梯尺寸示意图

三层平面图1:100

第二期　CAD技能一级（计算机绘图师）考试试题

试题一、绘制图幅。

① 按照以下规定设置图层及线型。

图层名称	颜色	（颜色号）	线型	线宽
粗实线	白	（7）	Continuous	0.6
中实线	蓝	（5）	Continuous	0.3
细实线	绿	（3）	Continuous	0.15
虚线	黄	（2）	Dashed	0.3
点画线	红	（1）	Center	0.15

② 采用1∶1的比例绘制A2幅面（594×420，竖放），并在A2幅面内用细实线划分出上下两个A3幅面，分别在这两个A3幅面内绘制图框、标题栏。上面的用于绘制试题二、试题三；下面的用于绘制试题四，如右下图所示。

要求：应按国家标准绘制图幅、图框、标题栏，图框要留出装订边，标题栏格式及尺寸见所给式样。

③ 设置文字样式，在标题栏内填写文字。

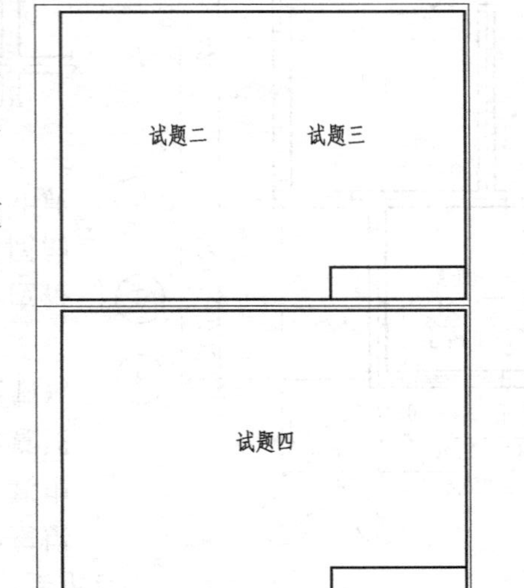

标题栏尺寸及格式：

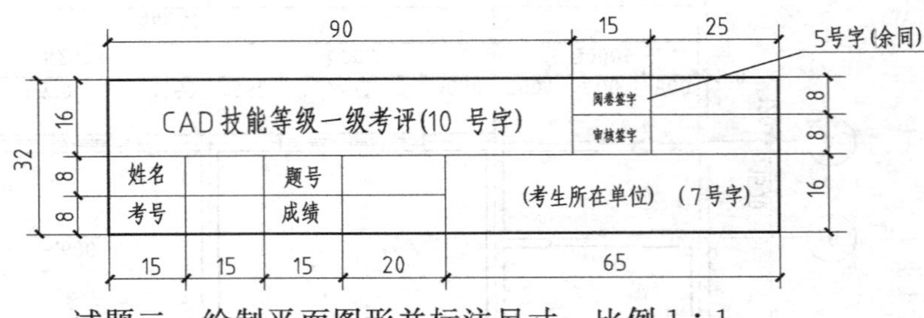

试题二、绘制平面图形并标注尺寸，比例1∶1。

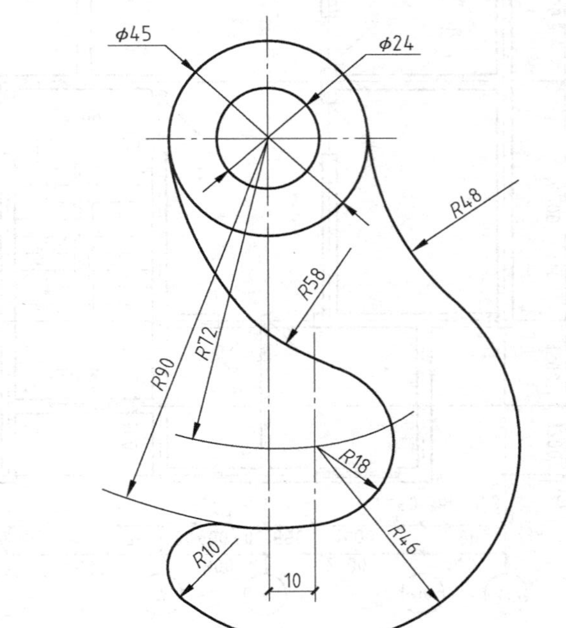

试题三、采用 1：20 的比例抄绘组合体的正面投影和水平投影，并将侧面投影改画为 1—1 剖面图。全图不标注尺寸，断面材料为混凝土。

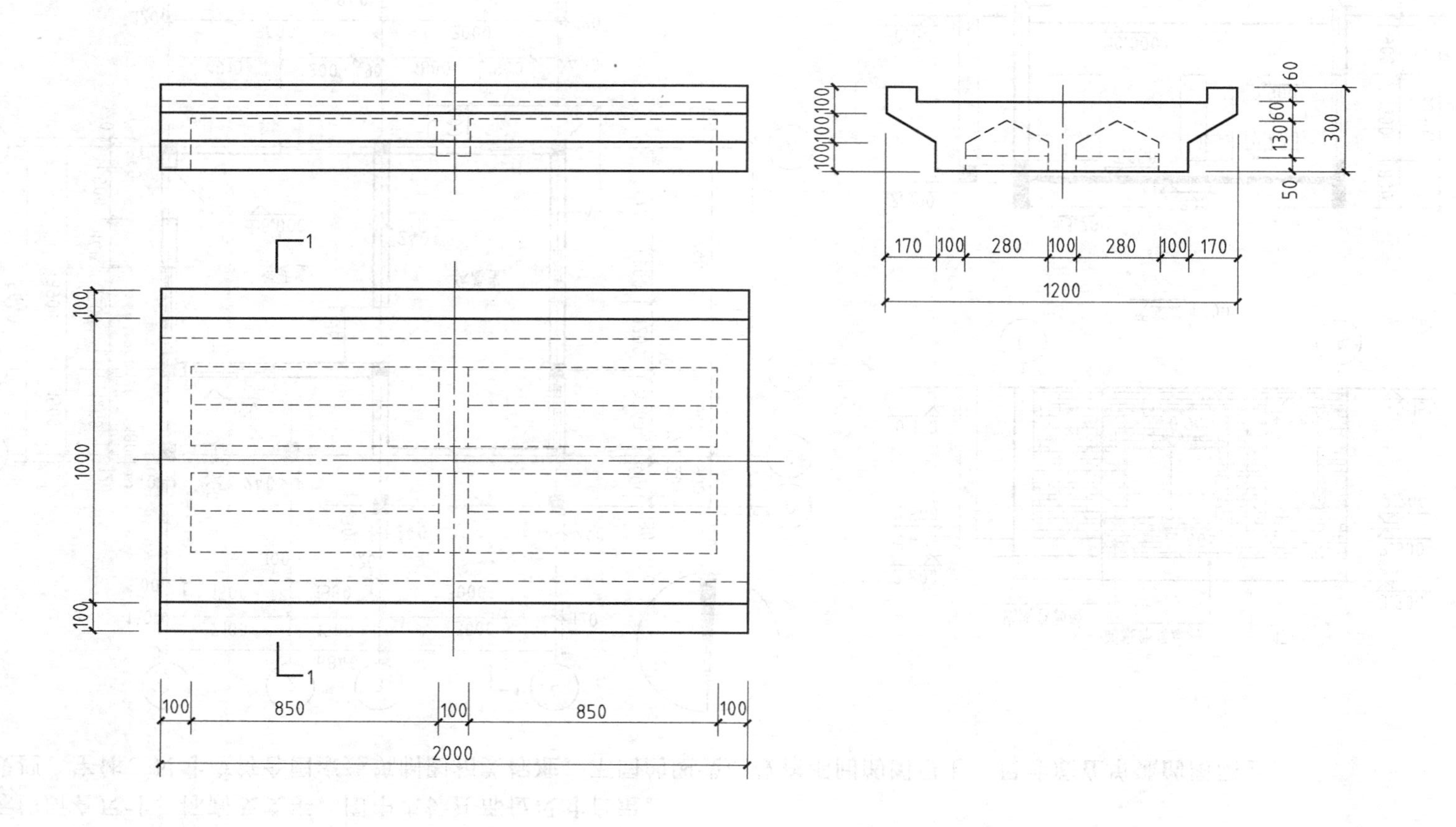

试题四、绘制建筑工程图，要求：

1. 将下列房屋平、立、剖面图绘制在试题一中的 A3 幅面内，绘图比例 1∶100。
2. 标注所有尺寸、标高及文字，图中未标注部位尺寸自定。
3. 线型、字体、尺寸应符合国家建筑制图相关标准。不同的图线应放在不同的图层上，尺寸放在单独的图层上。

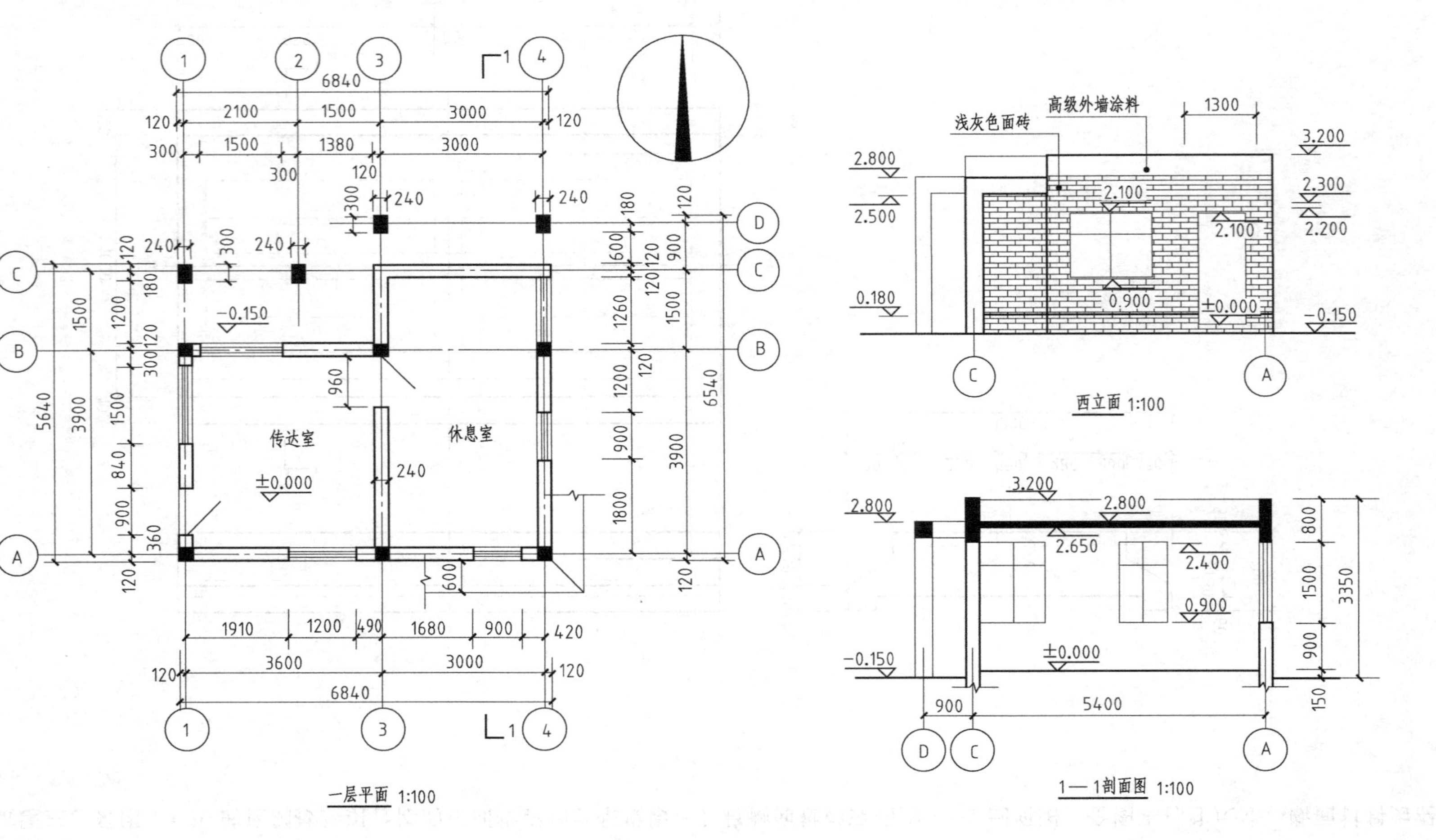

第三期 CAD技能一级（计算机绘图师）考试试题

试题一、绘制图幅。

① 按照以下规定设置图层及线型。

图层名称	颜色	（颜色号）	线型	线宽
粗实线	白	（7）	Continuous	0.6
中实线	蓝	（5）	Continuous	0.3
细实线	绿	（3）	Continuous	0.15
虚线	黄	（2）	Dashed	0.3
点画线	红	（1）	Center	0.15

② 采用1∶1的比例绘制三个A3图幅（420×297），如右图所示。将试题二、试题三、试题四分别绘制在指定的位置。

试题二　试题三

试题四（1—1剖面图）

试题四（二层楼梯平面图、顶层楼梯平面图）

要求：应按国家标准绘制图幅、图框、标题栏，设置文字样式，在标题栏内填写文字。标题栏格式及尺寸见所给式样。左侧的图幅绘制图框时不留装订边，不画标题栏。

标题栏尺寸及格式：

CAD技能等级一级考评（10号字）　阅卷签字　审核签字　5号字（余同）

姓名　考号　题号　成绩　（考生所在单位）（7号字）

试题二、绘制花格图形并标注尺寸，比例1∶1。

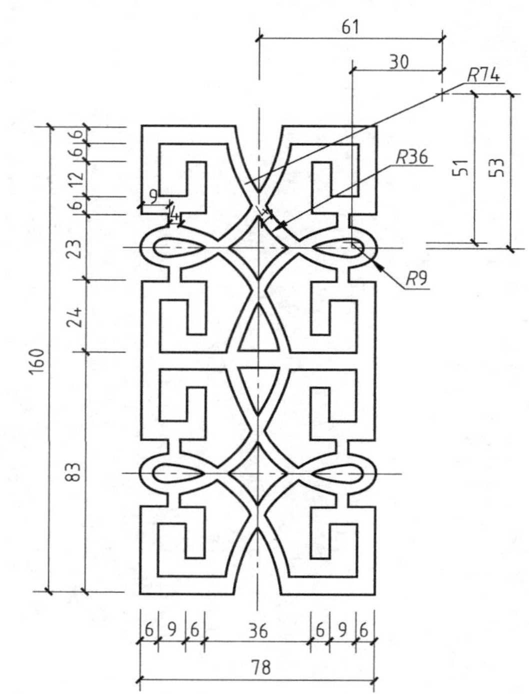
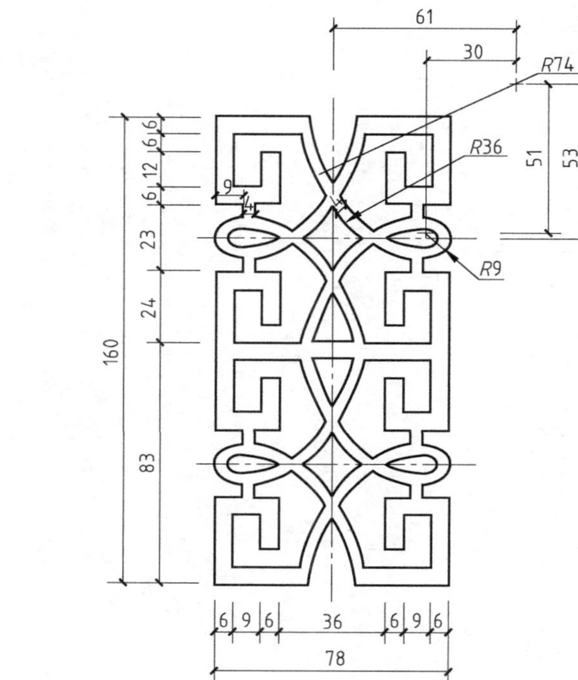

试题三、采用 1∶10 的比例抄绘组合体的两面投影图，并求画侧面投影图。全图不标注尺寸。

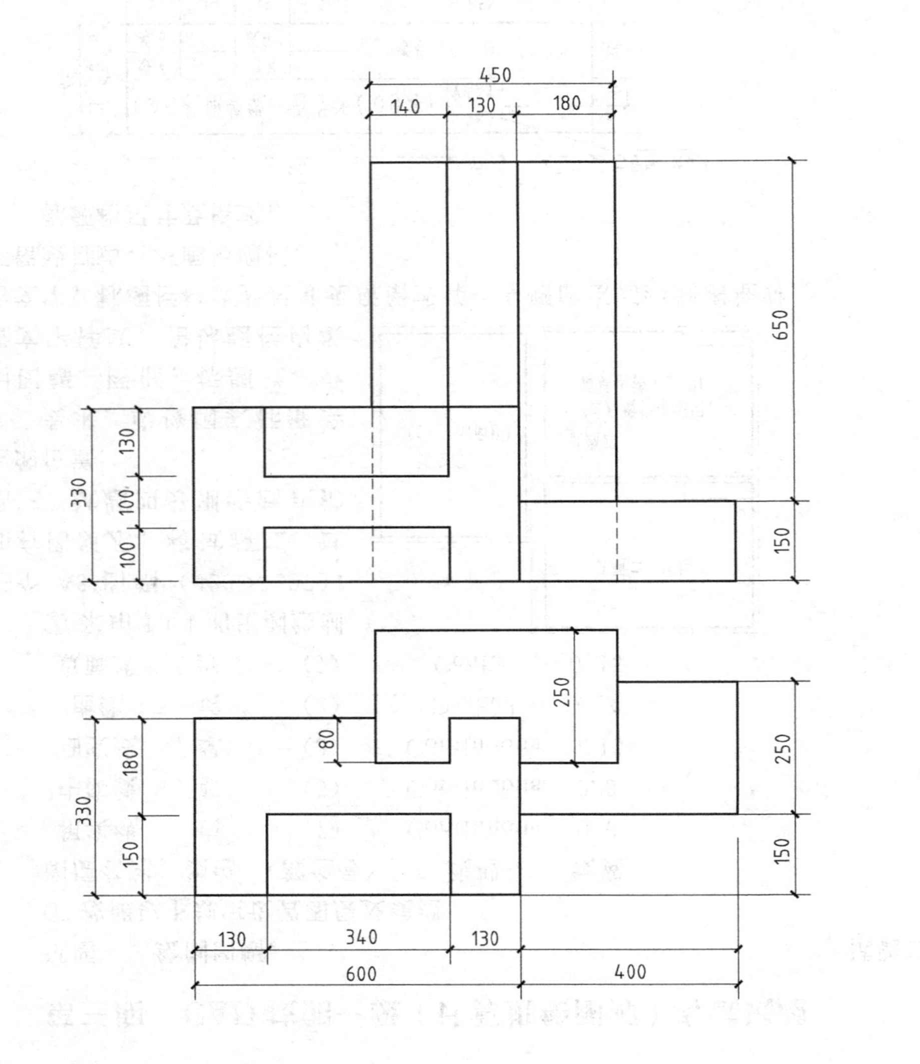

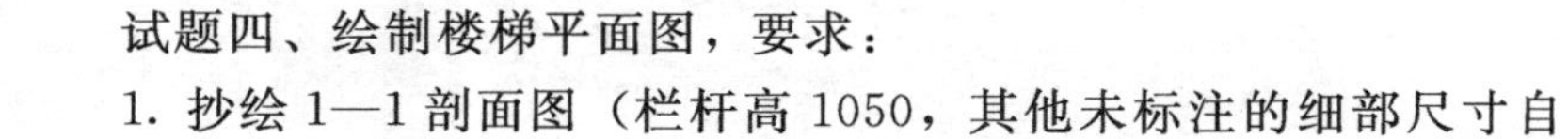

试题四、绘制楼梯平面图，要求：

1. 抄绘 1—1 剖面图（栏杆高 1050，其他未标注的细部尺寸自定）。

2. 根据一、三层楼梯平面图和 1—1 剖面图，求画二层楼梯平面图、顶层楼梯平面图。

3. 绘图比例采用 1：50；线型、字体、尺寸应符合国家建筑制图相关标准。

4. 不同的图线应放在不同的图层上，尺寸放在单独的图层上。图中未标注部位尺寸自定。

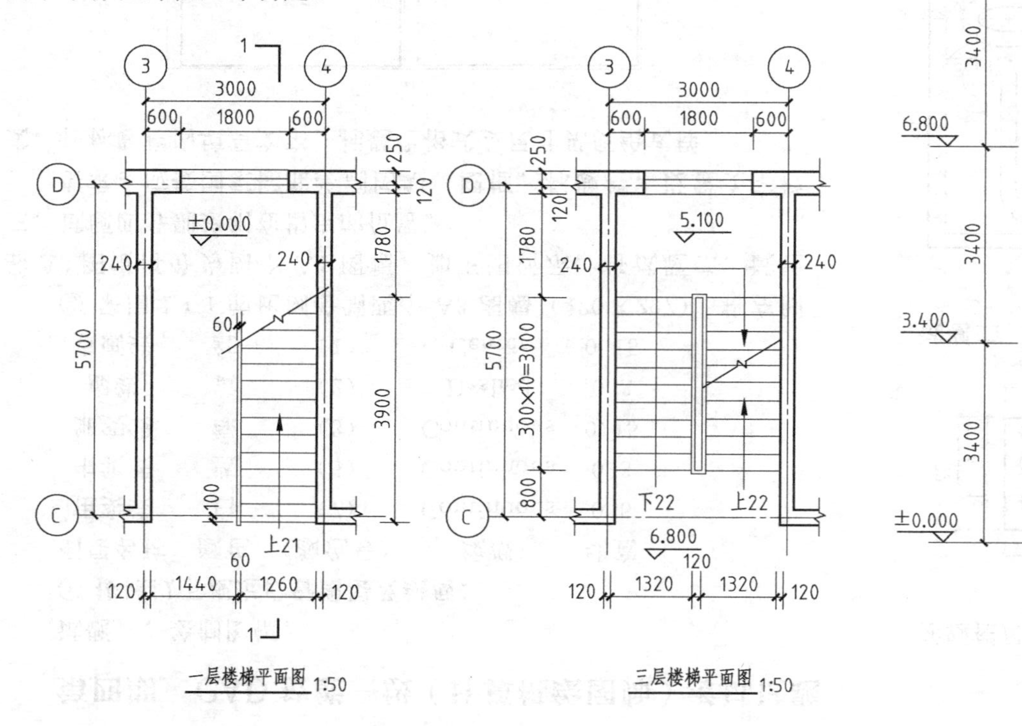

一层楼梯平面图 1:50

三层楼梯平面图 1:50

1—1剖面图 1:50

第四期　CAD 技能一级（计算机绘图师）考试试题

试题一、绘制图幅。

① 按照以下规定设置图层及线型。

图层名称	颜色	（颜色号）	线型	线宽
粗实线	白	(7)	Continuous	0.6
中实线	蓝	(5)	Continuous	0.3
细实线	绿	(3)	Continuous	0.15
虚线	黄	(2)	Dashed	0.3
点画线	红	(1)	Center	0.15

② 采用 1：1 的比例绘制两个 A3 图幅（420×297），将左侧的 A3 图幅再分为两个 A4 图幅，如下图所示。将试题二、试题三、试题四分别绘制在指定的位置。

要求：应按国家标准绘制图幅、图框、标题栏，设置文字样式，在标题栏内填写文字。标题栏格式及尺寸见所给式样。

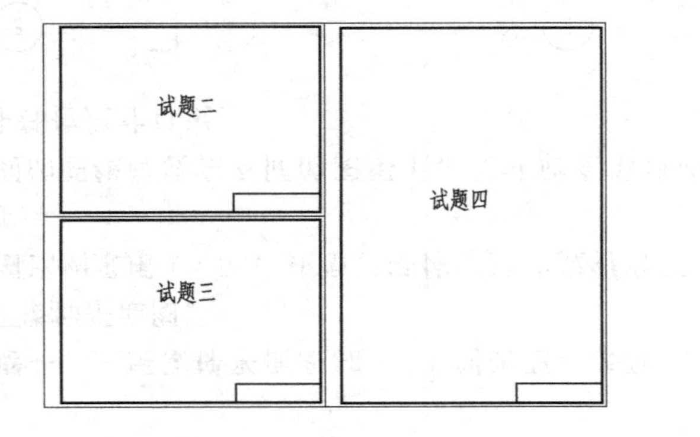

标题栏尺寸及格式：

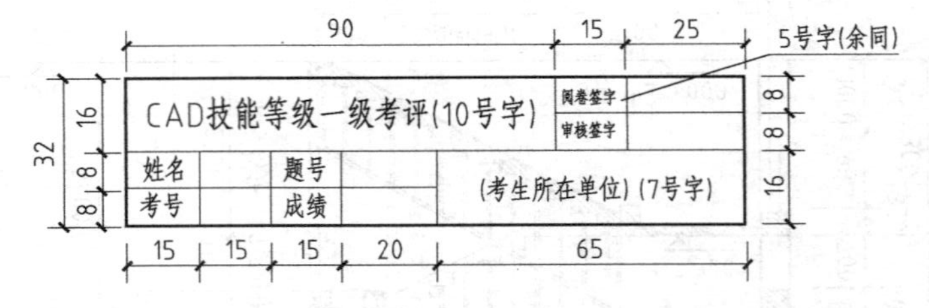

试题二、绘制花格图形并标注尺寸，比例 1：1。

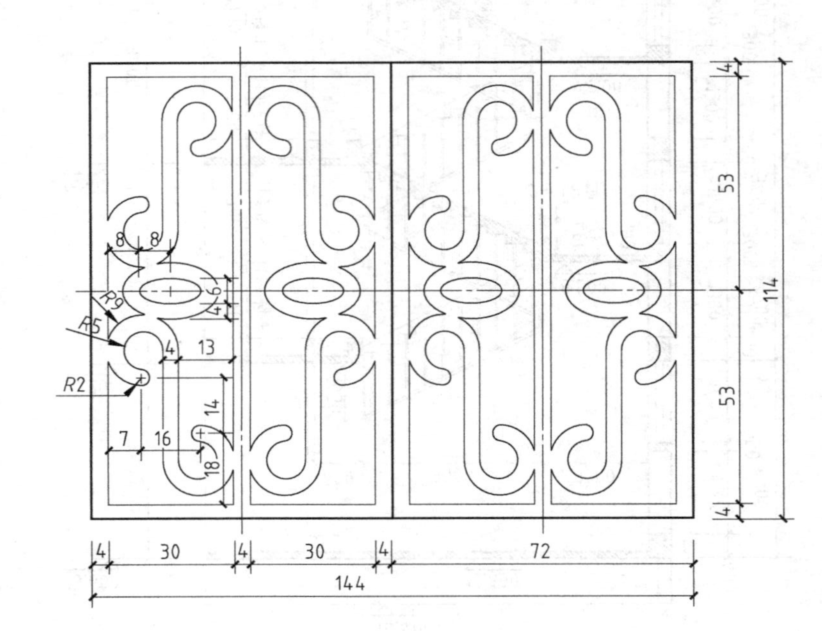

试题三、采用 1∶10 的比例抄绘组合体的两面投影图，并求画侧面投影图。全图不标注尺寸。

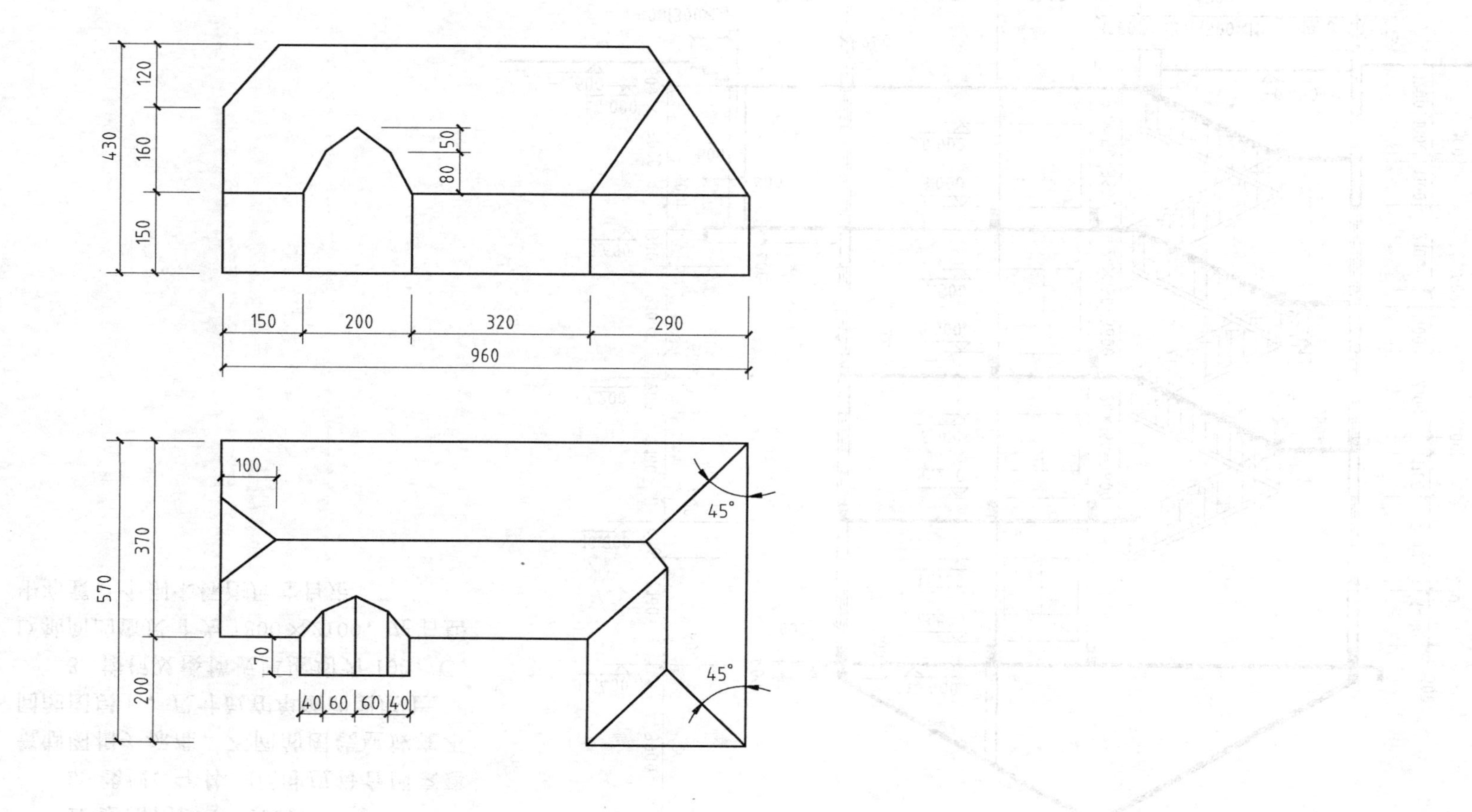

试题四、绘制房屋剖面图，要求：

1. 绘图比例 1：100。

2. 线型、字体、尺寸应符合国家建筑制图相关标准，不同的图线应放在不同的图层上，尺寸放在单独的图层上。

3. 楼板及楼梯板厚度均为 100，C、D 轴间的窗尺寸为 1800×2100，左右居中布置。个别未标注尺寸自定。

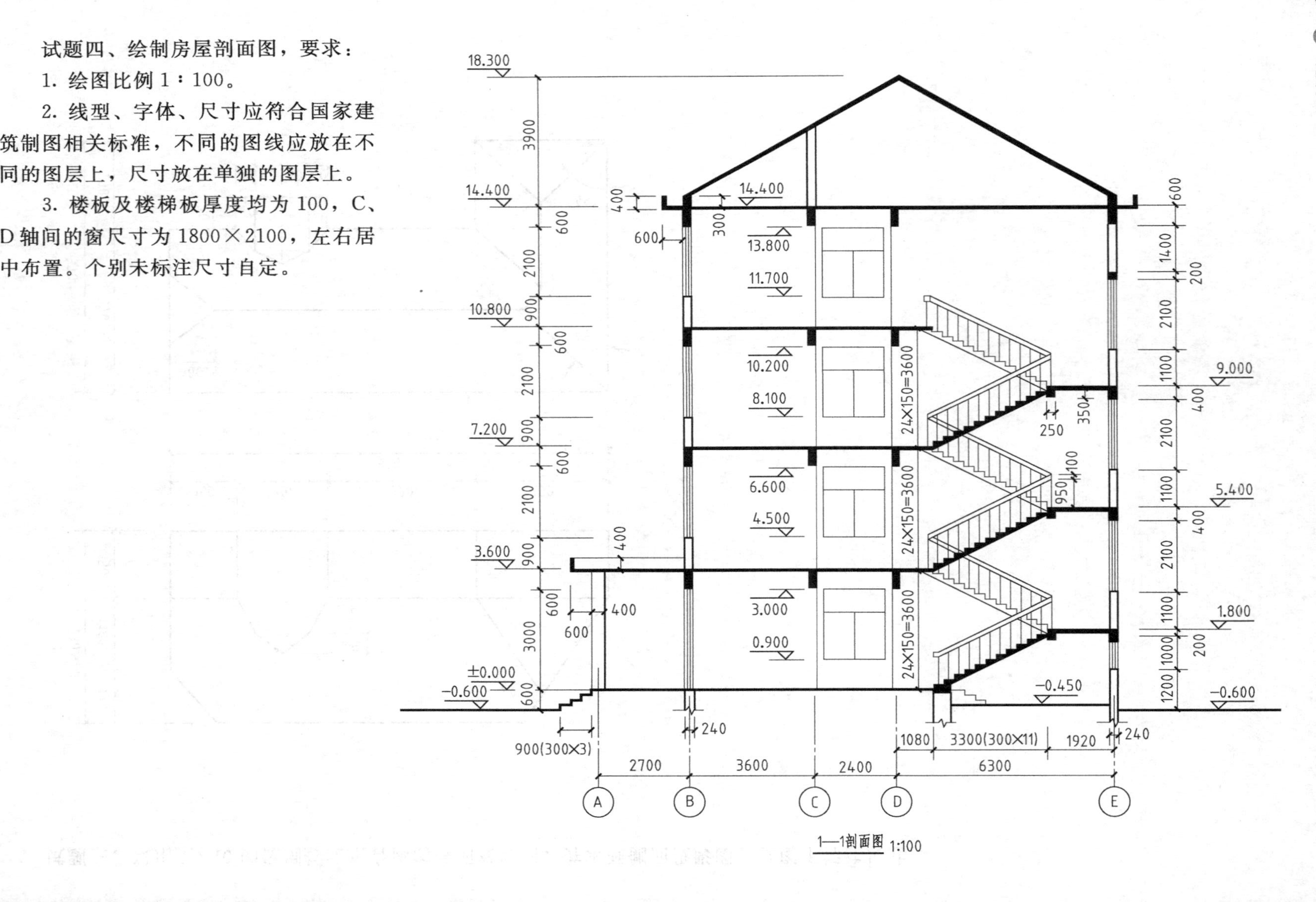

1—1剖面图 1:100

第五期　CAD 技能一级（计算机绘图师）考试试题

试题一、绘制图幅。

① 按照以下规定设置图层及线型。

图层名称	颜色	（颜色号）	线型	线宽
粗实线	白	(7)	Continuous	0.6
中实线	蓝	(5)	Continuous	0.3
细实线	绿	(3)	Continuous	0.15
虚线	黄	(2)	Dashed	0.3
点画线	红	(1)	Center	0.15

② 采用 1∶1 的比例绘制上下两个 A3 图幅。上面的用于绘制试题二、试题三；下面的用于绘制试题四，如下图所示。

要求：应按国家标准绘制图幅、图框、标题栏，设置文字样式，在标题栏内填写文字。标题栏尺寸及格式见所给式样。

③ 设置文字样式，在标题栏内填写文字。

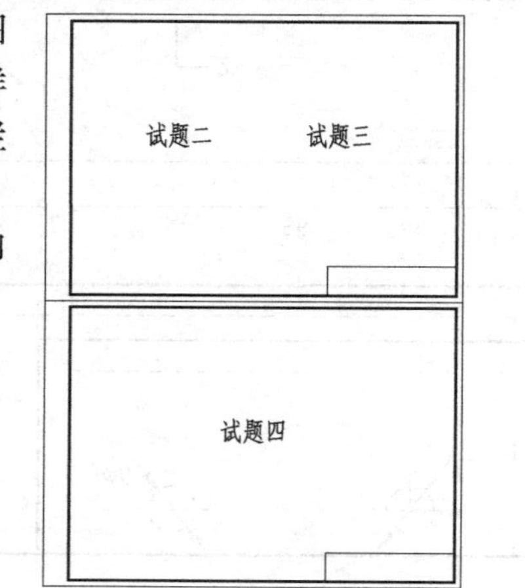

标题栏尺寸及格式：

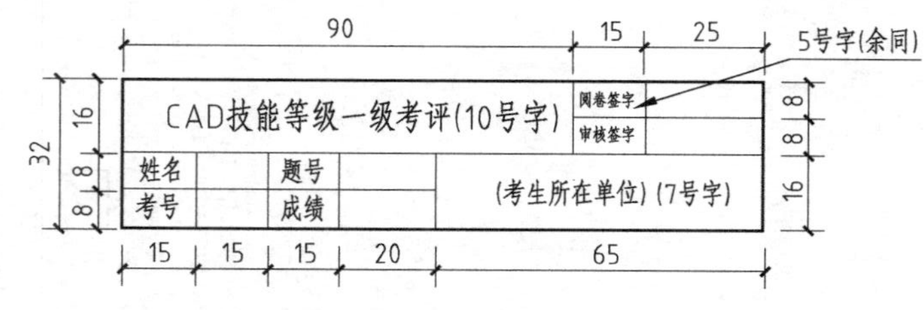

试题二、绘制花格图形并标注尺寸，比例 1∶1。

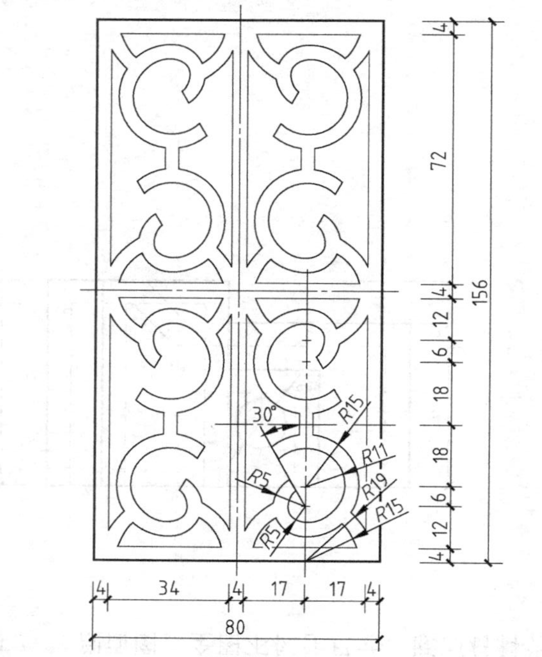

试题三、采用 1：1 的比例抄绘组合体的三面投影图，并求画 1—1 剖面图和 2—2 剖面图。全图不标注尺寸，断面材料为普通砖。

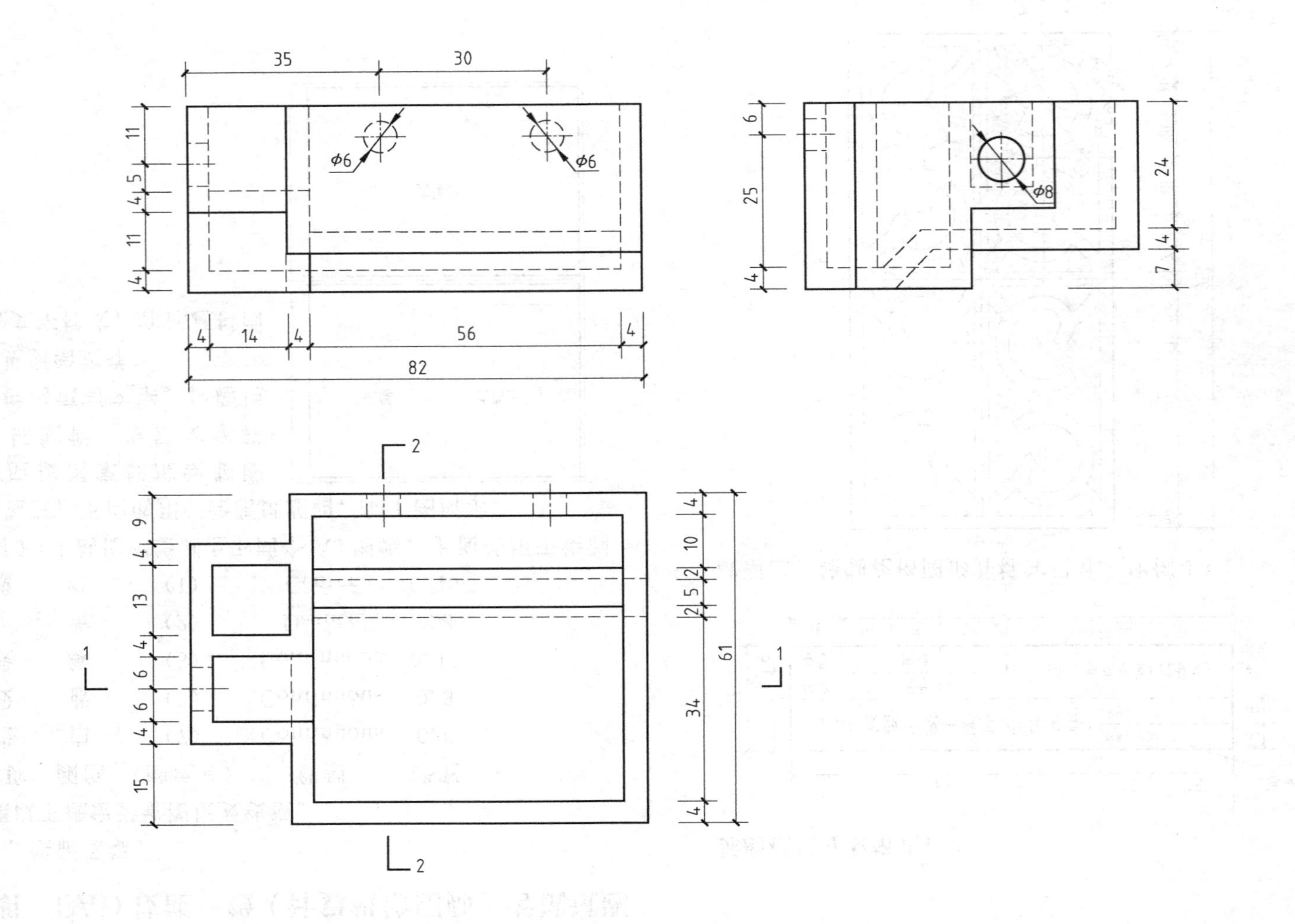

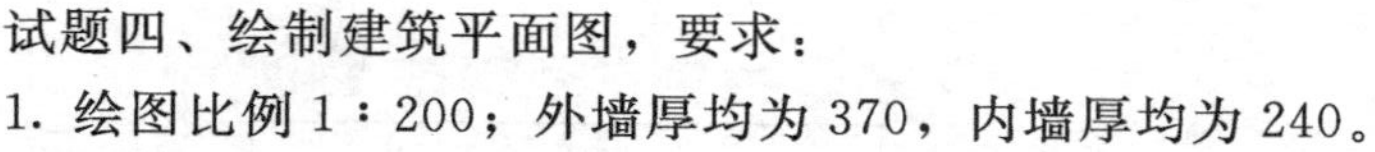

试题四、绘制建筑平面图，要求：

1. 绘图比例 1：200；外墙厚均为 370，内墙厚均为 240。
2. 标注所有尺寸、标高及文字。
3. 线型、字体、尺寸应符合国家建筑制图相关标准，不同图线应放在不同的图层上，尺寸放在单独的图层上。
4. 图中未标注部位尺寸自定。

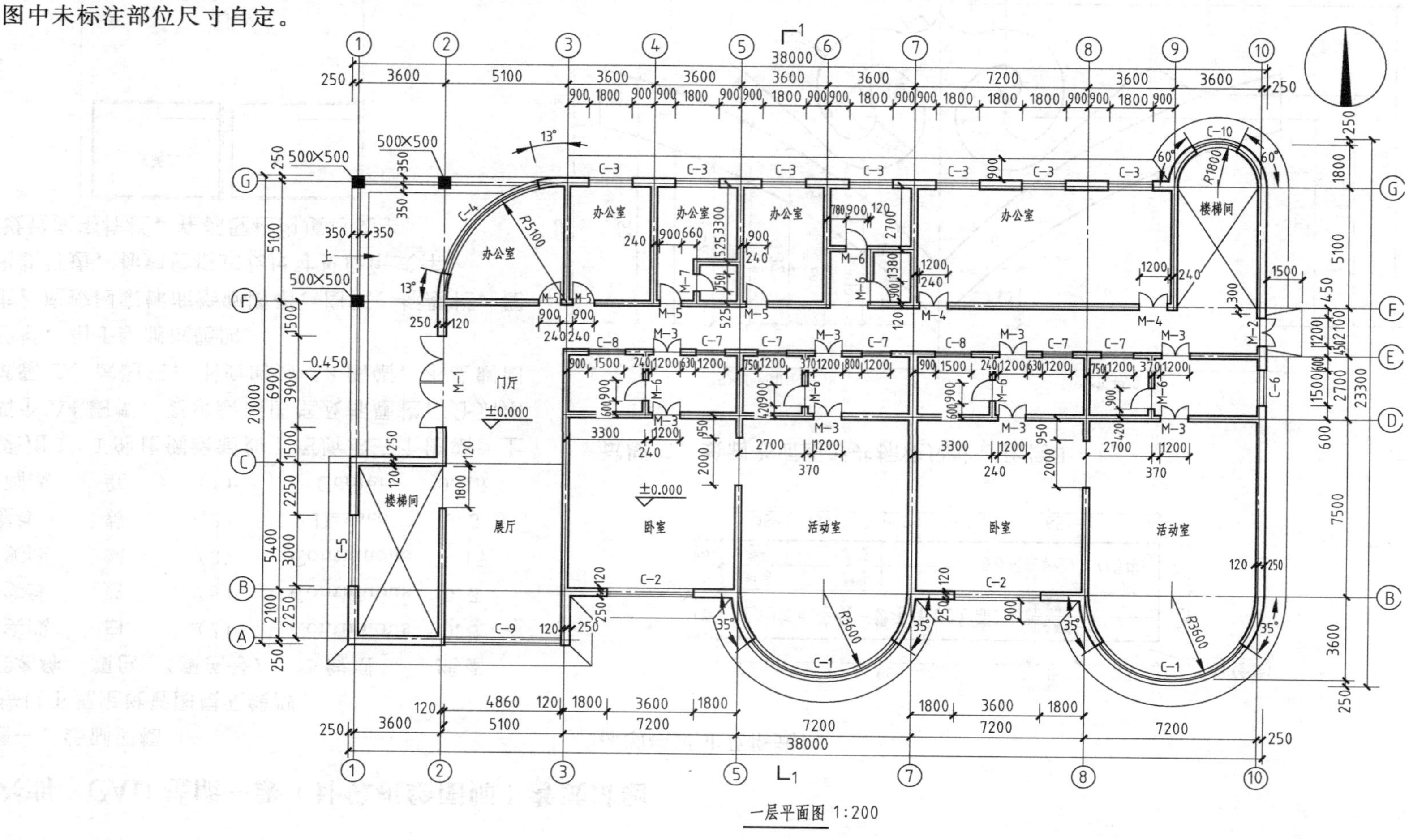

一层平面图 1:200

第六期　CAD 技能一级（计算机绘图师）考试试题

试题一、绘制图幅。

① 按以下规定设置图层及线型。

图层名称	颜色	（颜色号）	线型	线宽
粗实线	白	（7）	Continuous	0.6
中实线	蓝	（5）	Continuous	0.3
细实线	绿	（3）	Continuous	0.15
虚线	黄	（2）	Dashed	0.3
点画线	红	（1）	Center	0.15

② 采用 1：1 的比例绘制如下图所示三个图幅。上面的为两个 A4 图幅，要求绘制图框及标题栏，分别用于绘制试题二、试题三；下面的为 A2 图幅，不绘制图框及标题栏，用于绘制试题四。

要求：应按国家标准绘制图幅、图框、标题栏，图框要留出装订边，标题栏格式及尺寸见所给式样。

③ 设置文字样栏，在标题栏内填写文字。

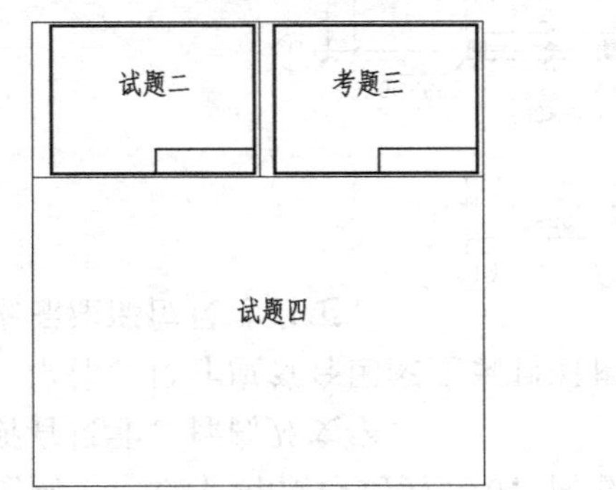

标题栏尺寸及格式：

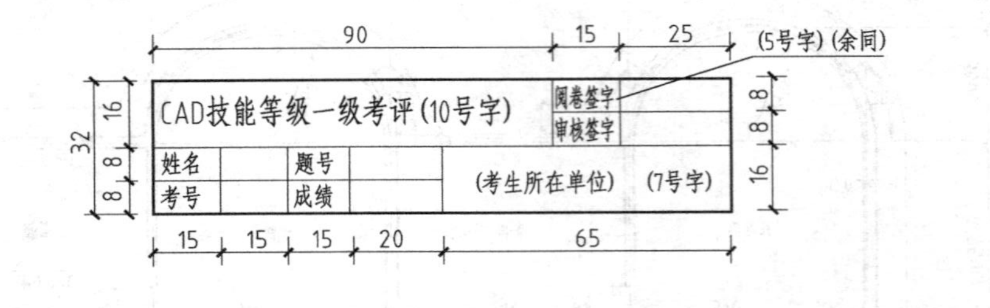

试题二、绘制平面图形并标注尺寸，比例 1：1。

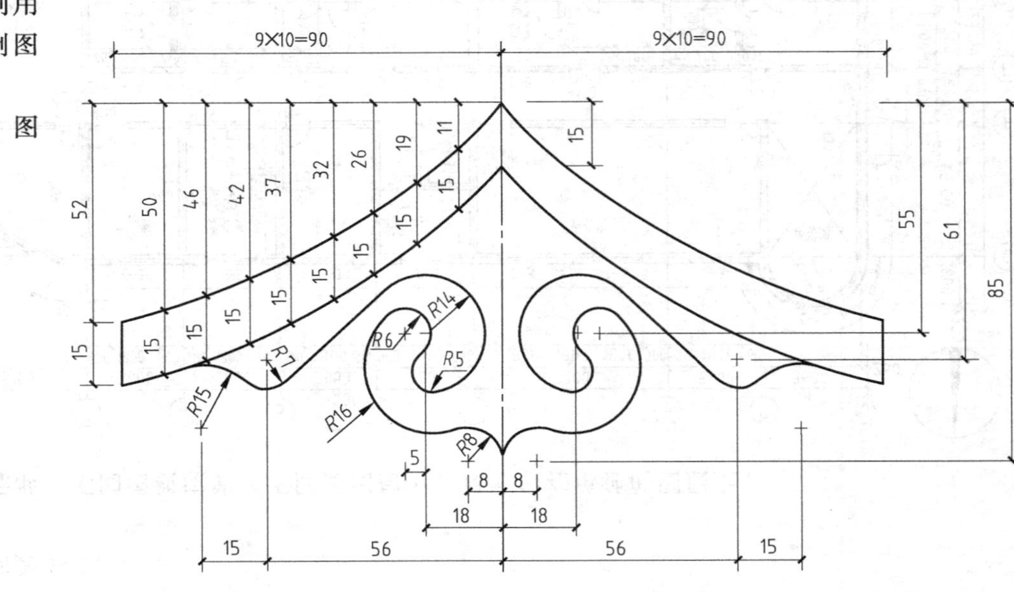

试题三、采用 1∶1 的比例抄绘组合体的两面投影图，并在指定位置求画 1—1、2—2 剖面图。全图不标注尺寸，断面材料为普通砖。

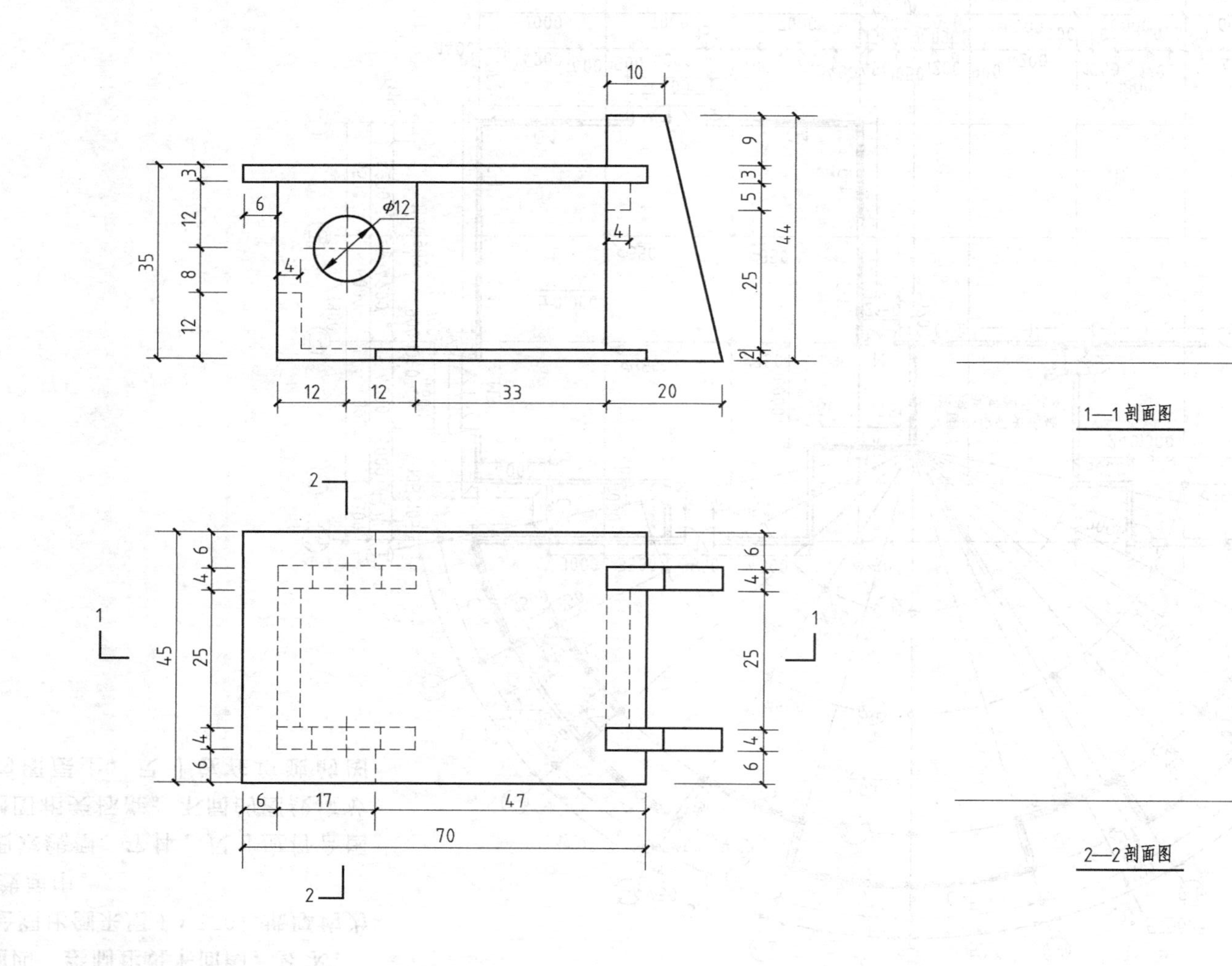

试题四、绘制建筑平面图，要求：

1. 绘图比例采用 1∶150；墙厚均为 240，轴线居中。

2. 要求线型、字体、尺寸应符合国家建筑制图相关标准。不同的图线应放在不同的图层上，尺寸放在单独的图层上。

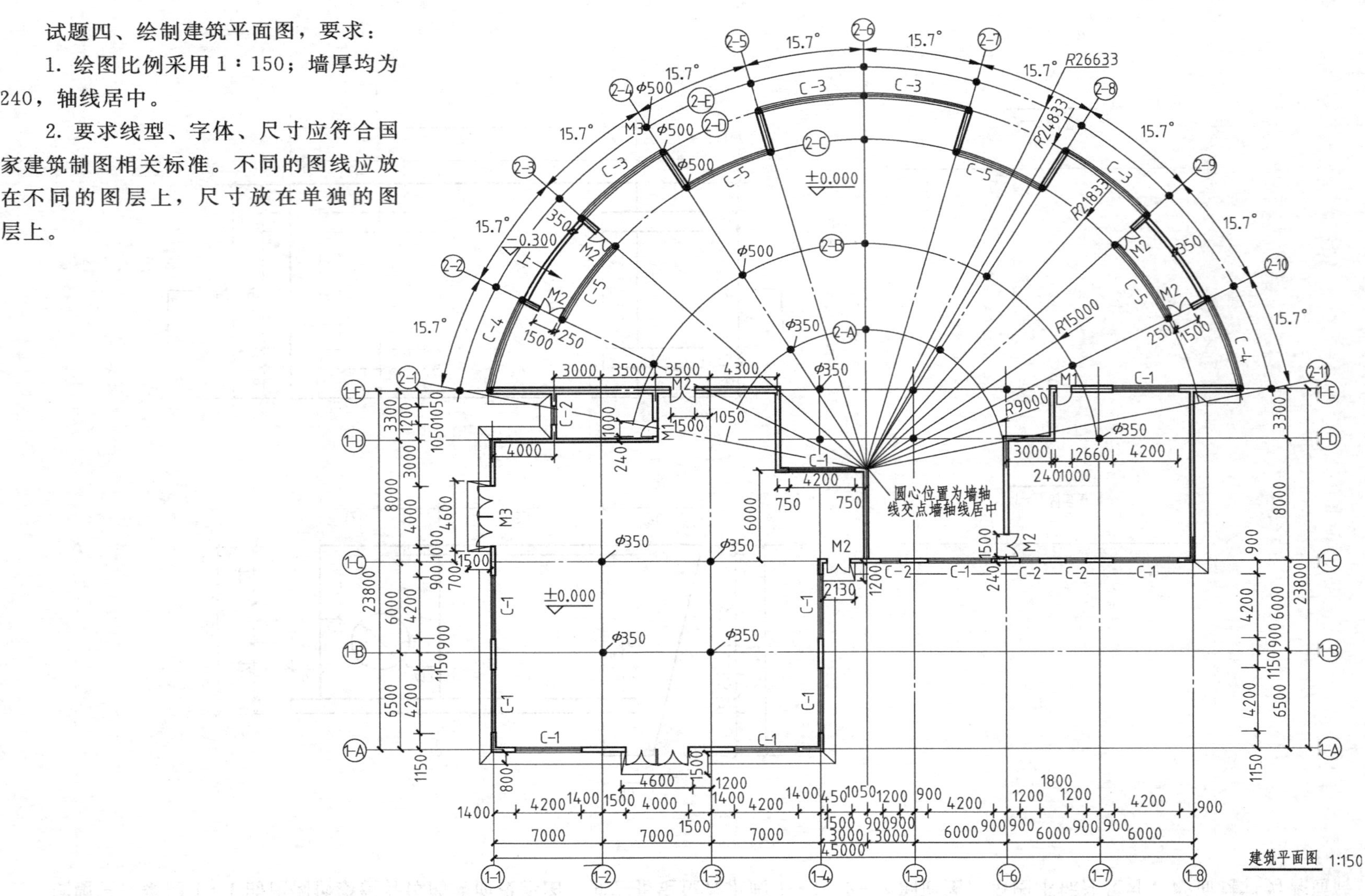

建筑平面图 1:150

第七期 CAD 技能一级（计算机绘图师）考试试题

试题一、绘制图幅。

① 按以下规定设置图层及线型。

图层名称	颜色	（颜色号）	线型	线宽
粗实线	白	（7）	Continuous	0.6
中实线	蓝	（5）	Continuous	0.3
细实线	绿	（3）	Continuous	0.15
虚线	黄	（2）	Dashed	0.3
点画线	红	（1）	Center	0.15

② 采用 1∶1 的比例绘制下图所示三个图幅。左侧两个 A4 图幅，要求绘制图框及标题栏，分别用于绘制试题二、试题三；右侧 A3 图幅，不绘制图框及标题栏，用于绘制试题四。

要求：应按国家标准绘制图幅、图框、标题栏，图框要留出装订边，标题栏格式及尺寸见所给式样。

③ 设置文字样式，在标题栏内填写文字。

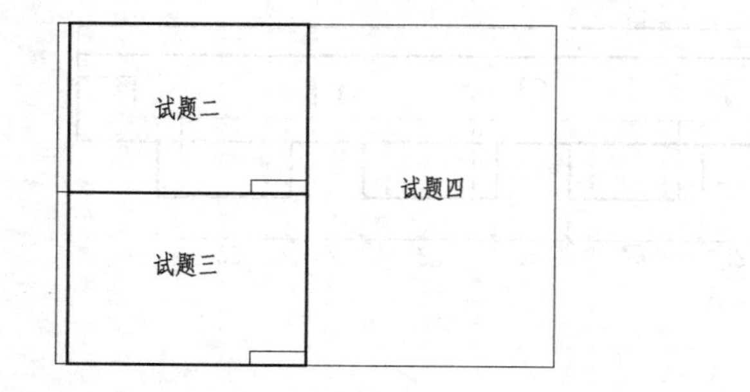

标题栏尺寸及格式：

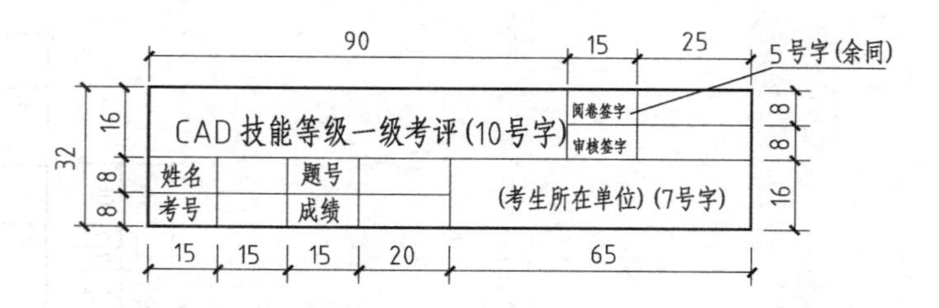

试题二、绘制蹲便器平面详图并标注尺寸，比例 1∶5。

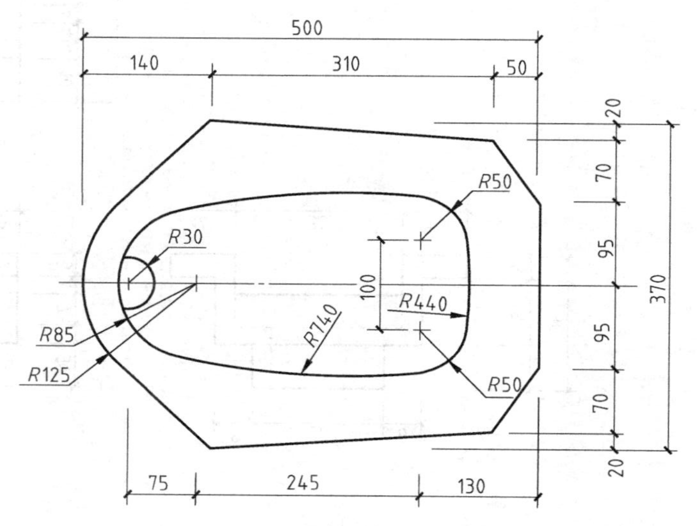

蹲便器平面详图 1:5

试题三、采用 1：1 的比例抄绘组合体的平面图，将正立面图和侧面图分别改绘成 1—1、2—2 剖面图，并在右下角空白处绘制 3—3 剖面图。全图不标注尺寸，断面材料为钢筋混凝土。

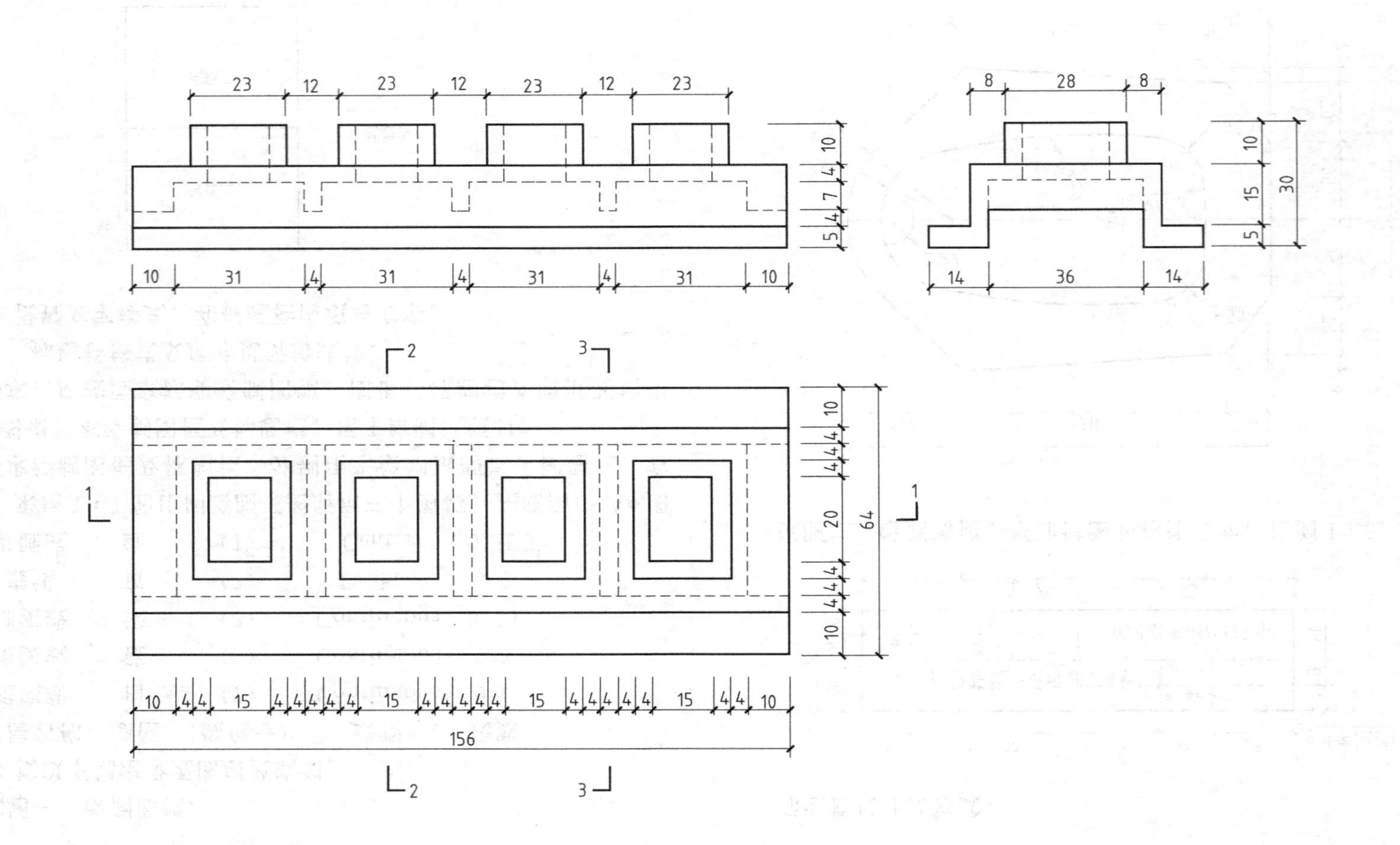

试题四、绘制建筑平面图，要求：

1. 绘图比例 1∶50；墙厚均为 240，轴线居中。
2. 将试题二绘制的蹲便器插入到图中。插入位置要求：蹲便器后沿距墙 300，右右居中。
3. 标注所有尺寸、标高及文字。图中未标注部位尺寸自定。
4. 线型、字体、尺寸应符合图家建筑制图相关标准，不同图线应放在不同的图层上，尺寸放在单独的图层上。

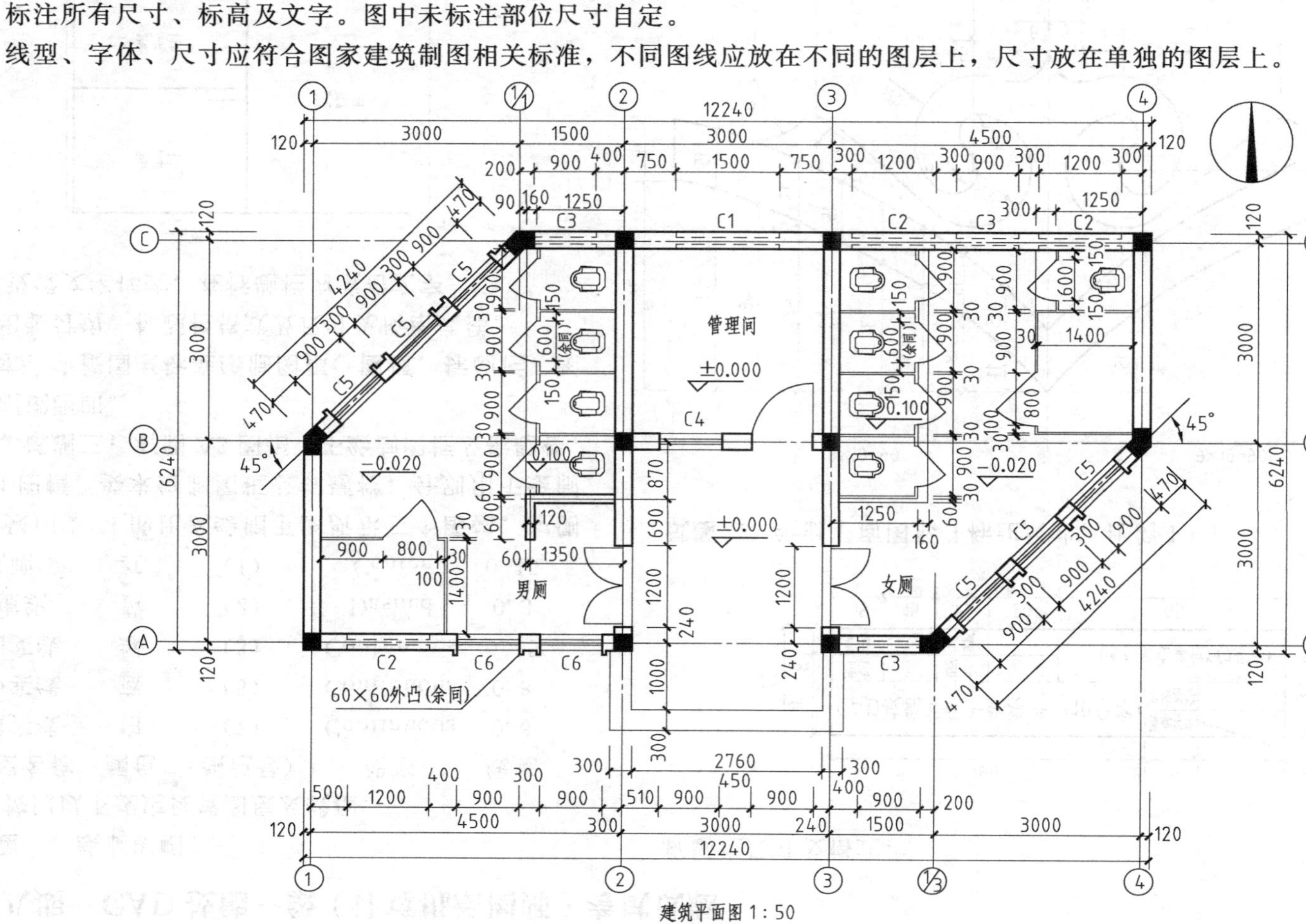

建筑平面图 1∶50

第八期　CAD 技能一级（计算机绘图师）考试试题

试题一、绘制图幅。

① 按照以下规定设置图层及线型。

图层名称	颜色	（颜色号）	线型	线宽
粗实线	白	（7）	Continuous	0.6
中实线	蓝	（5）	Continuous	0.3
细实线	绿	（3）	Continuous	0.15
虚线	黄	（2）	Dashed	0.3
点画线	红	（1）	Center	0.15

② 采用 1∶1 的比例绘制下图所示三个图幅。左侧两个 A4 图幅，要求绘制图框及标题栏，分别用于绘制试题二、试题三；右侧 A3 图幅，不绘制图框及标题栏，用于绘制试题四。

要求：应按国家标准绘制图幅、图框、标题栏，图框要留出装订边，标题栏格式及尺寸见所给式样。

③ 设置文字样式，在标题栏内填写文字。

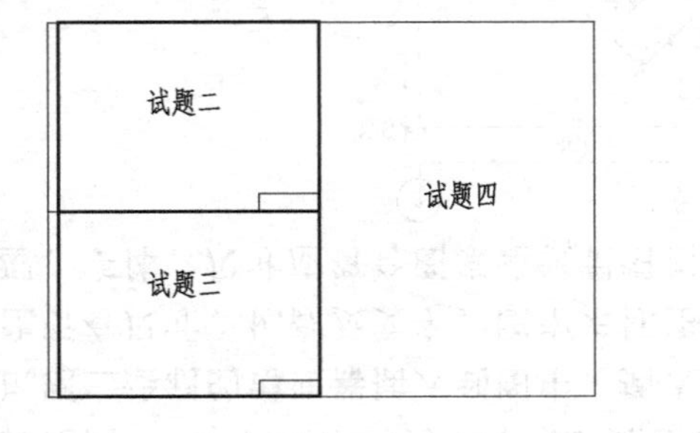

标题栏尺寸及格式：

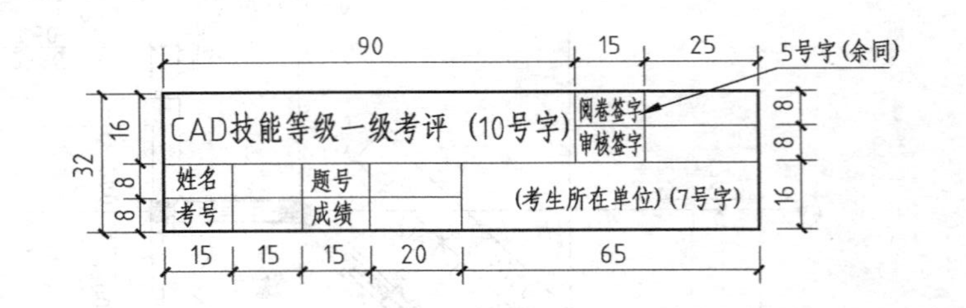

试题二、绘制平面图形并标注尺寸，比例 1∶1。

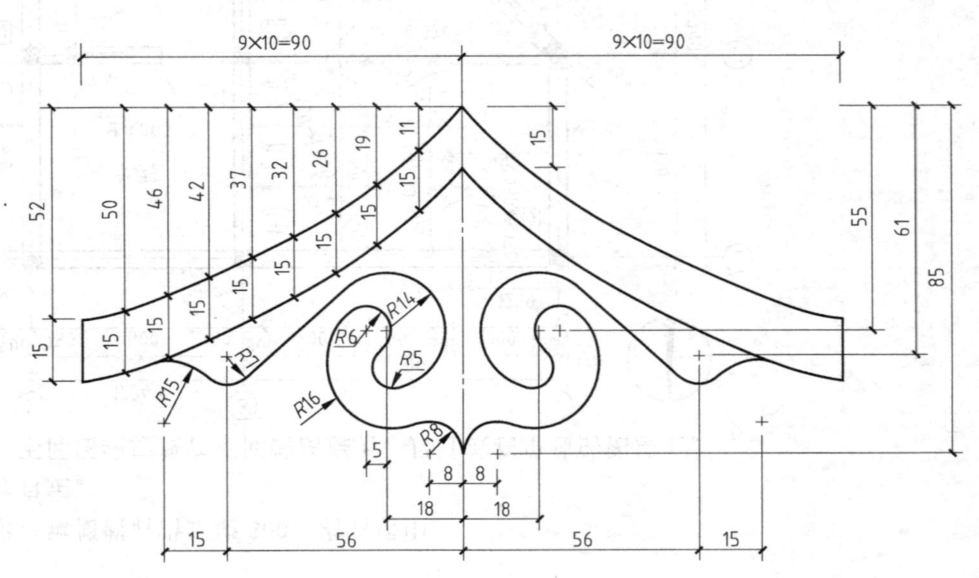

试题三、采用1∶1的比例抄绘组合体的三面投影图，并求画1—1剖面图和2—2剖面图。全图不标注尺寸，断面材料为普通砖。

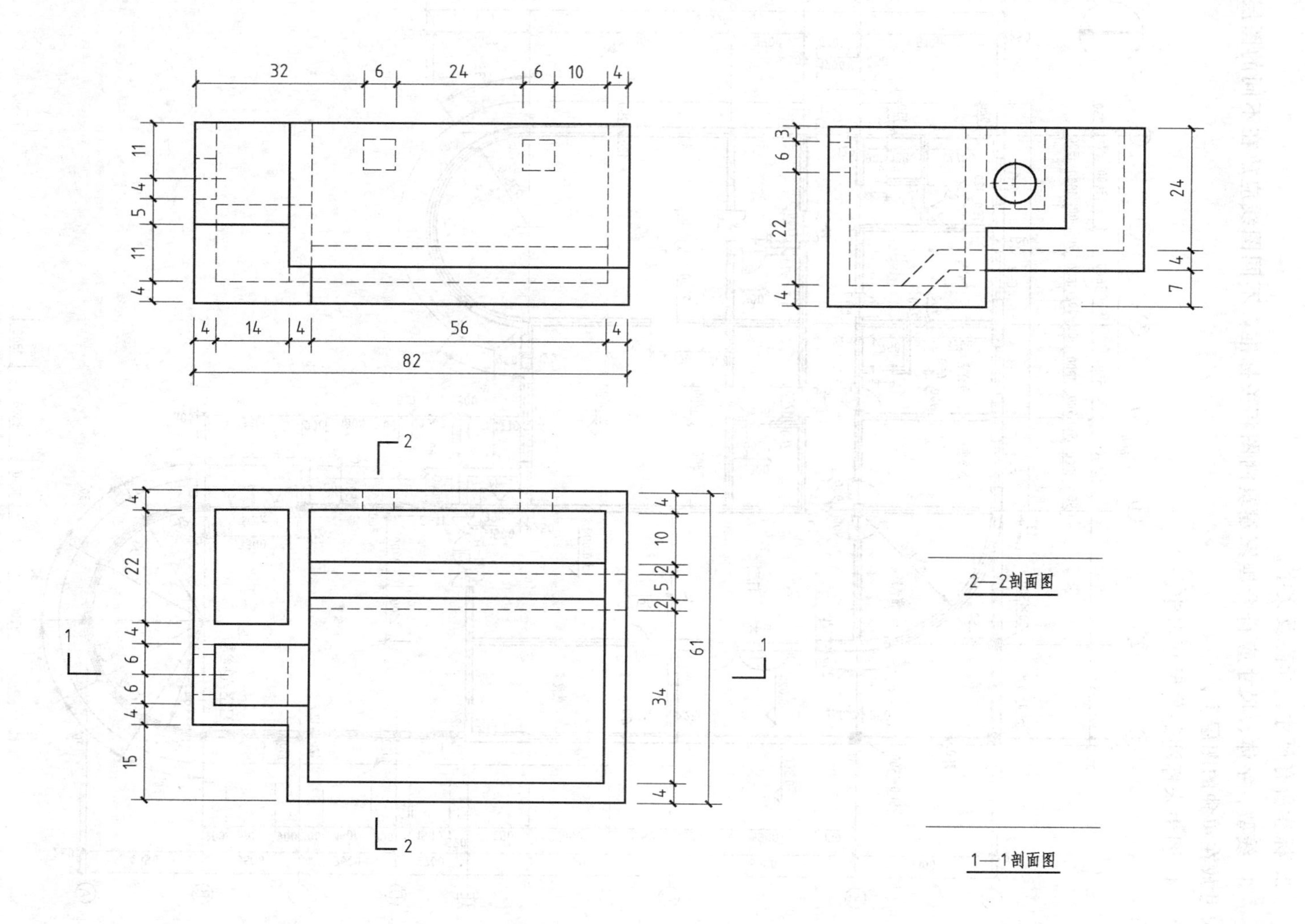

试题四、绘制建筑平面图，要求：

1. 绘图比例 1∶150；外墙厚 370，内墙厚 240。

2. 标注所有尺寸、标高及文字。

3. 线型、字体、尺寸应符合国家建筑制图相关标准，不同图线应放在不同的图层上，尺寸放在单独的图层上。

4. 图中未标注部位尺寸自定。

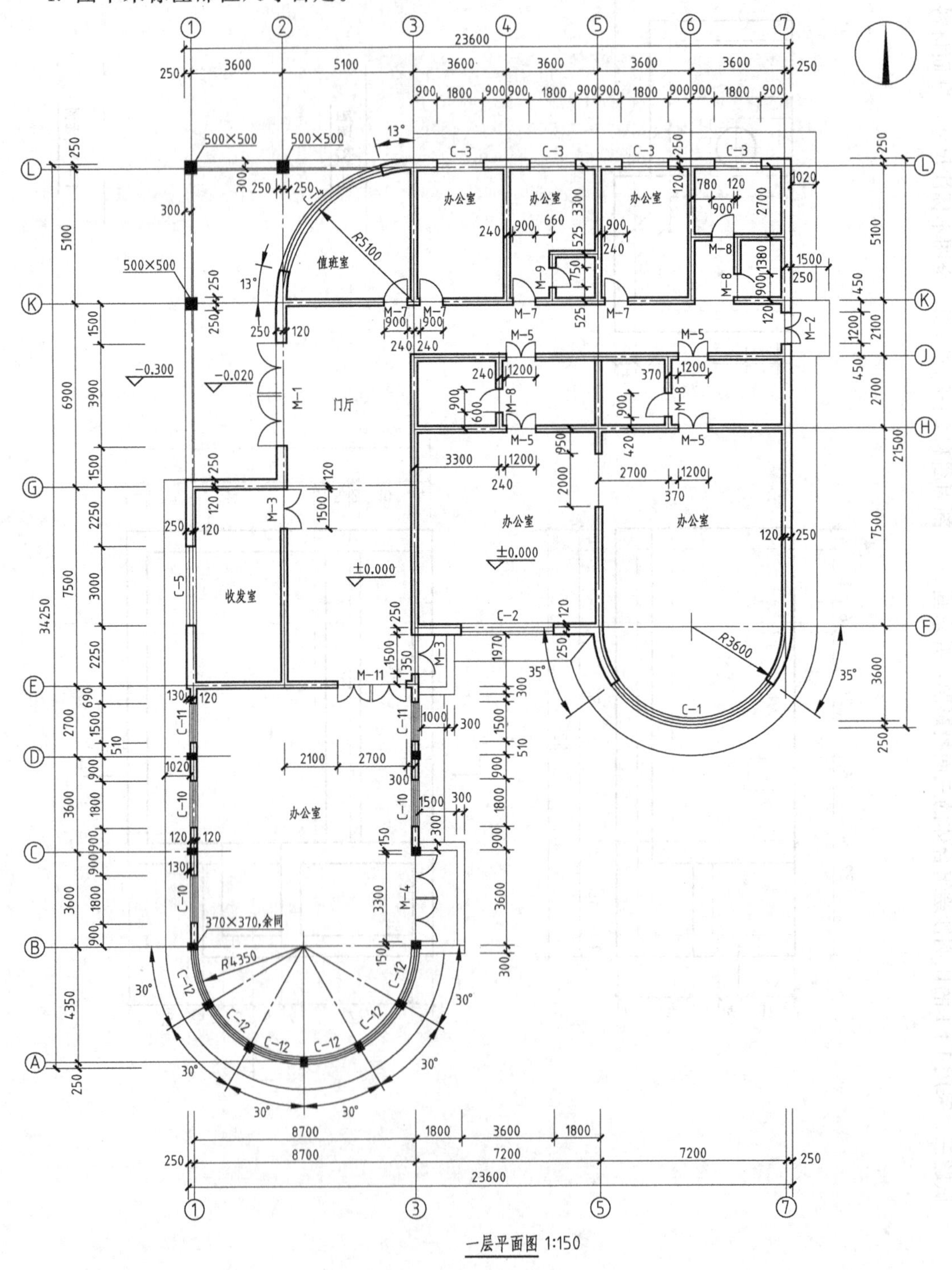

一层平面图 1:150

第九期　CAD 技能一级（计算机绘图师）考试试题

试题一、绘制图幅。

① 按以下规定设置图层及线型。

图层名称	颜色	（颜色号）	线型	线宽
粗实线	白	（7）	Continuous	0.6
中实线	蓝	（5）	Continuous	0.3
细实线	绿	（3）	Continuous	0.15
虚线	黄	（2）	Dashed	0.3
点画线	红	（1）	Center	0.15

② 采用 1∶1 的比例绘制下图所示三个图幅。左侧两个 A4 图幅，要求绘制图框及标题栏，分别用于绘制试题二、试题三；右侧 A3 图幅，不绘制图框及标题栏，用于绘制试题四。

要求：应按国家标准绘制图幅、图框、标题栏，图框要留出装订边，标题栏格式及尺寸见所给式样。

③ 设置文字样式，在标题栏内填写文字。

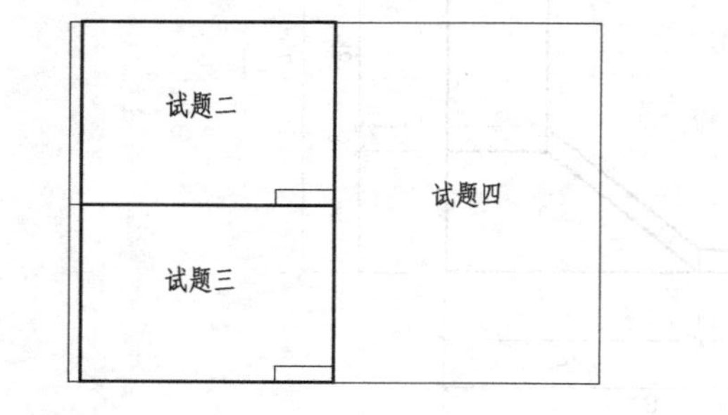

标题栏尺寸及格式：

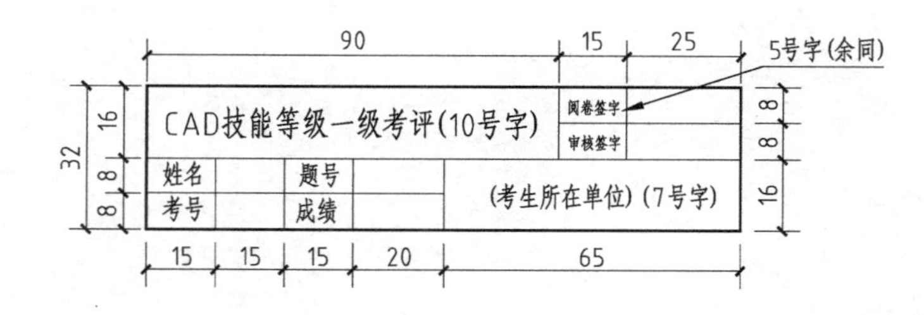

试题二、绘制平面图形并标注尺寸，比例 1∶1。

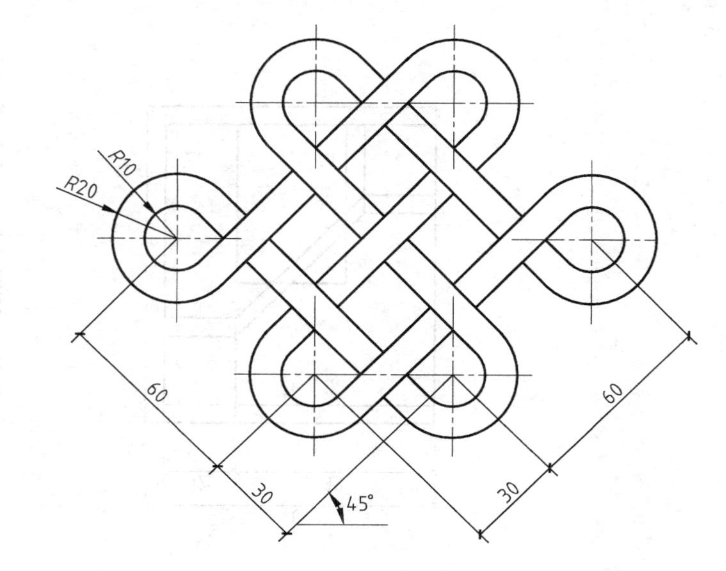

试题三、采用 1：1 的比例抄绘组合体的三面投影图，并求画 1—1 剖面图。全图不标注尺寸，断面材料为普通砖。

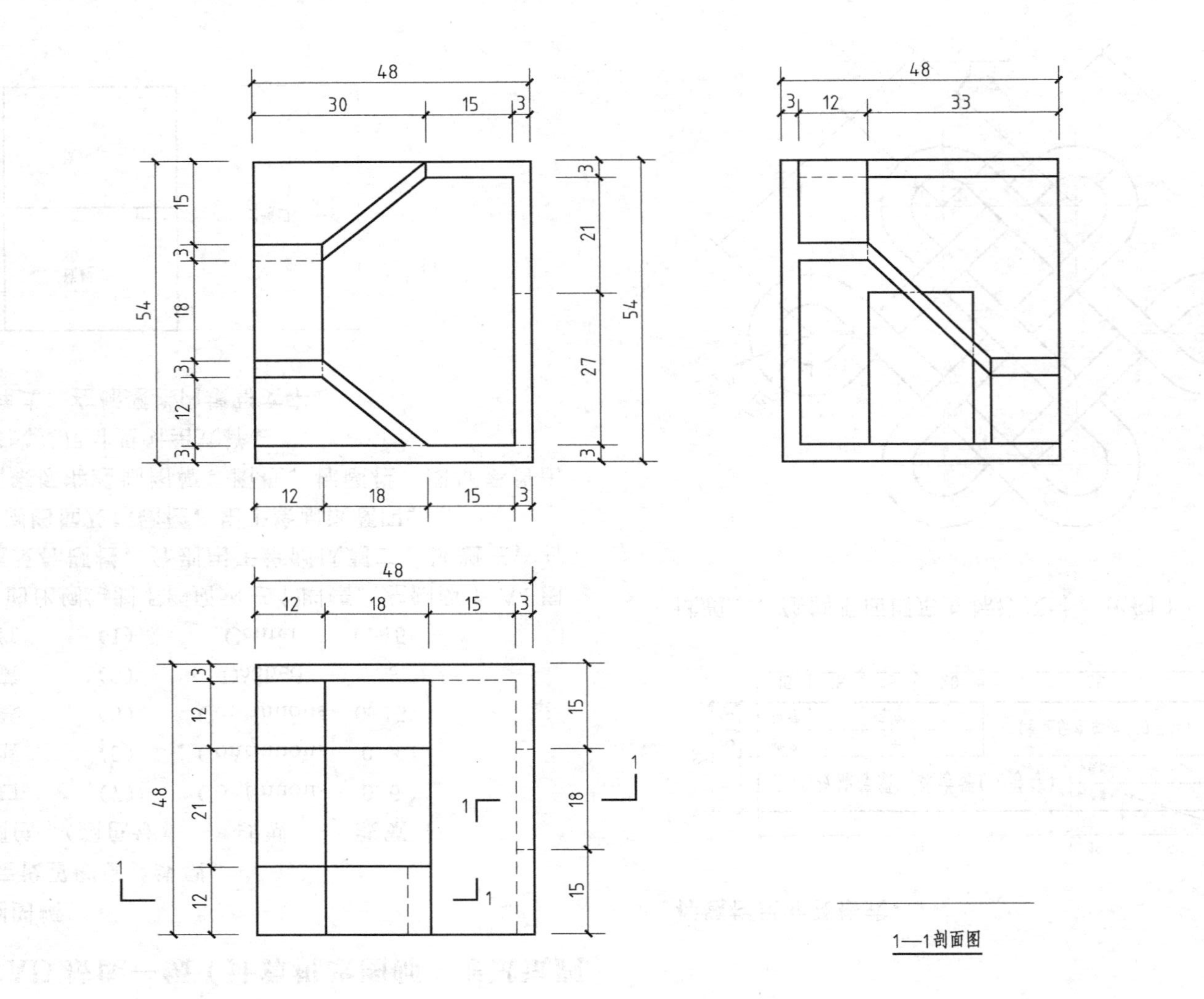

1—1剖面图

试题四、绘制建筑平面图，要求：

1. 绘图比例 1∶100；墙厚包括 240 和 120 两种，轴线居中。
2. 标注所有尺寸、标高及文字。
3. 线型、字体、尺寸应符合国家建筑制图相关标准，不同图线应放在不同的图层上，尺寸放在单独的图层上。
4. 图中未标注部位尺寸自定。

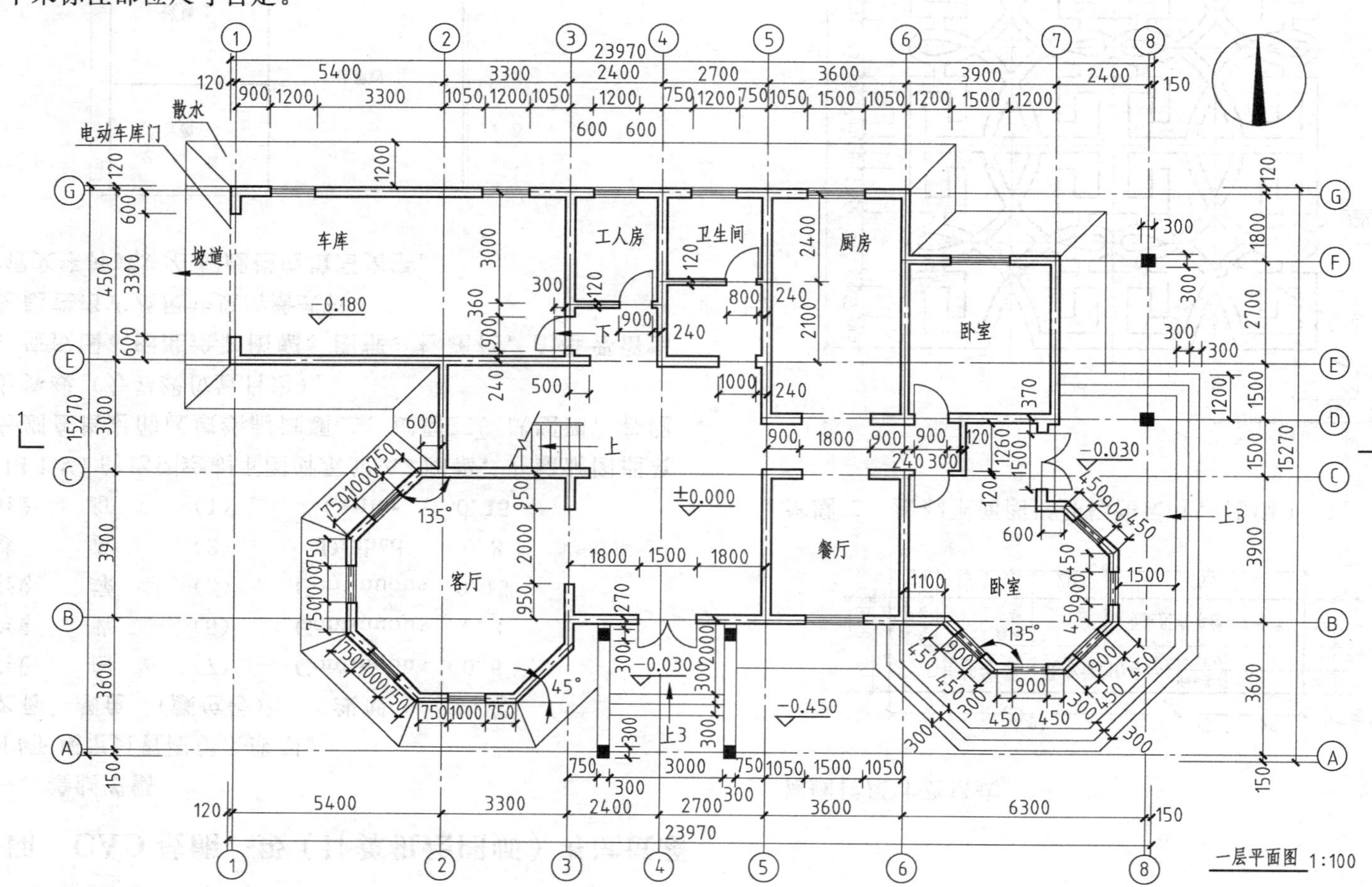

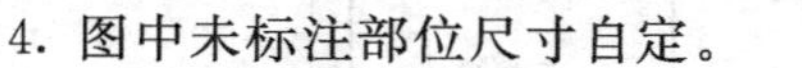

一层平面图 1:100

第十期　CAD技能一级（计算机绘图师）考试试题

试题一、绘制图幅。

① 按以下规定设置图层及线型。

图层名称	颜色	（颜色号）	线型	线宽
粗实线	白	(7)	Continuous	0.6
中实线	蓝	(5)	Continuous	0.3
细实线	绿	(3)	Continuous	0.15
虚线	黄	(2)	Dashed	0.3
点画线	红	(1)	Center	0.15

② 采用1∶1的比例绘制下图所示的A2图幅，并绘制图框及标题栏。分别在指定的区域绘制试题二、试题三、试题四，各题之间绘制分界线（分界线位置自定）。

要求：应按国家标准绘制图幅、图框、标题栏，图框要留出装订边，标题栏格式及尺寸见所给式样。

③ 设置文字样式，在标题栏内填写文字。

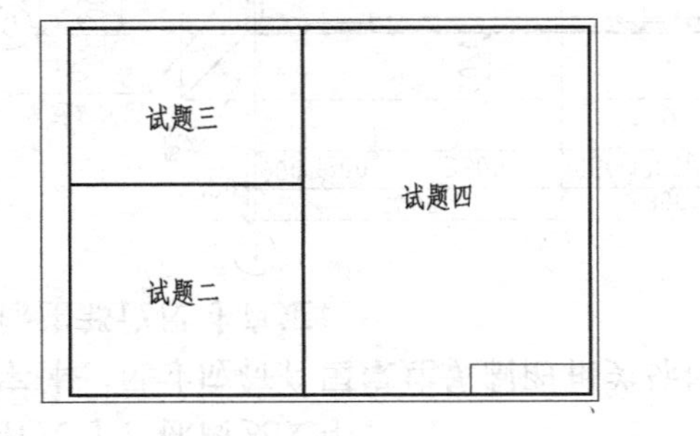

标题栏尺寸及格式：

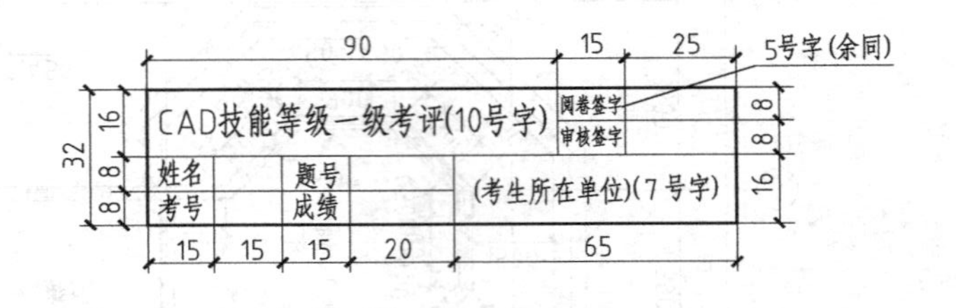

试题二、绘制平面图形并标注尺寸，比例1∶1。

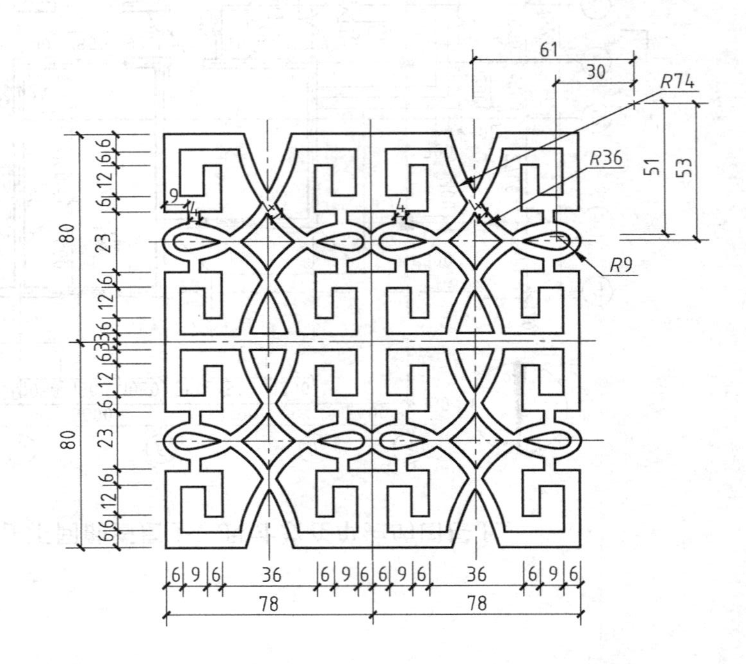

试题三、采用 1∶1 的比例抄绘楼梯平台梁的两面投影图，并求画其水平投影图及 1—1、2—2、3—3 断面图。全图不标注尺寸，断面材料为钢筋混凝土。

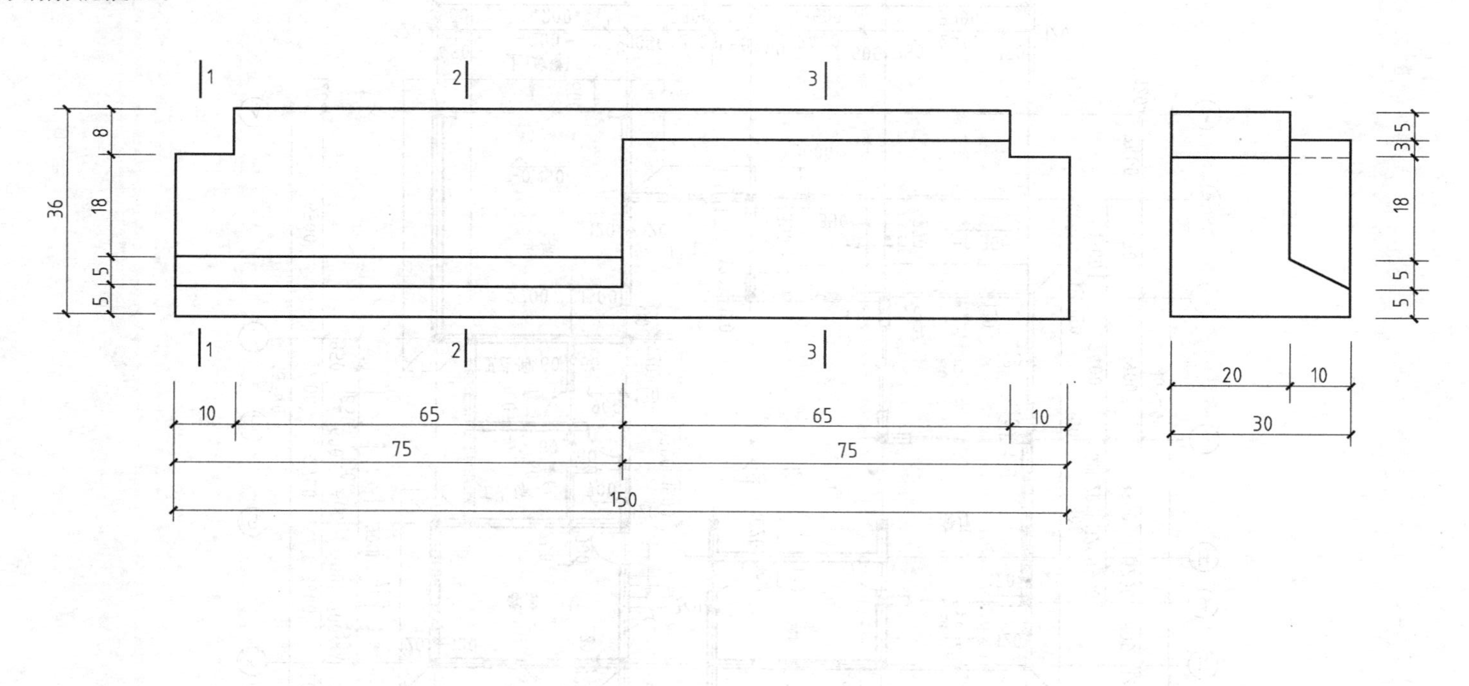

试题四、绘制建筑平面图，要求：

1. 绘图比例 1∶100；墙厚包括 240 和 120 两种，轴线居中。
2. 标注所有尺寸、标高及文字。
3. 线型、字体、尺寸应符合国家建筑制图相关标准，不同图线应放在不同的图层上，尺寸放在单独的图层上。
4. 图中未标注部位尺寸自定。

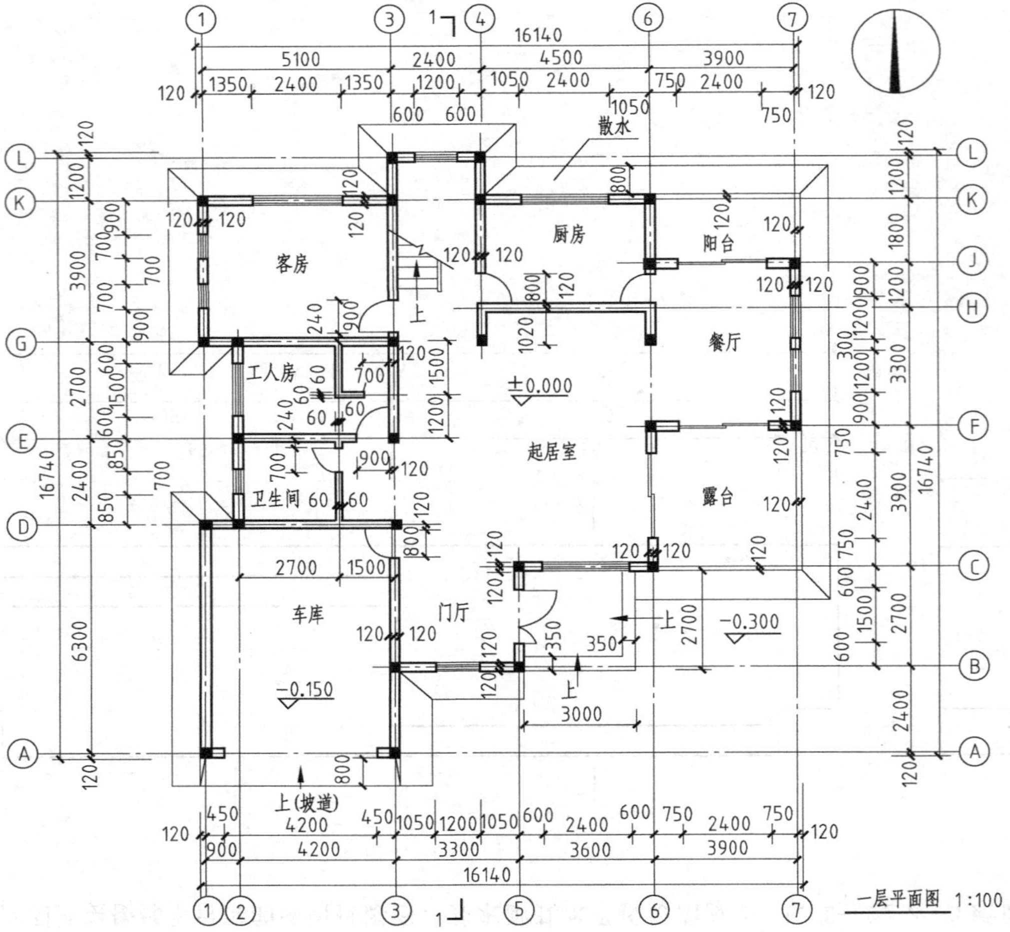

一层平面图 1:100

第十一期　CAD技能一级（计算机绘图师）考试试题

试题一、绘制图幅。

① 按以下规定设置图层及线型。

图层名称	颜色	（颜色号）	线型	线宽
粗线	白	（7）	Continuous	0.6
中粗线	品红	（6）	Continuous	0.4
中线	蓝	（5）	Continuous	0.3
细线	绿	（3）	Continuous	0.15
虚线	黄	（2）	Dashed	0.3
点画线	红	（1）	Center	0.15

② 采用1∶1的比例绘制如右图所示上下两个A2图幅，并在指定位置绘制试题。

要求：应按国家标准绘制图幅、图框、标题栏，图框要留出装订边，标题栏格式及尺寸见所给式样。

③ 设置文字样式，在标题栏内填写文字。标题栏尺寸及格式见所给式样。

标题栏尺寸及格式：

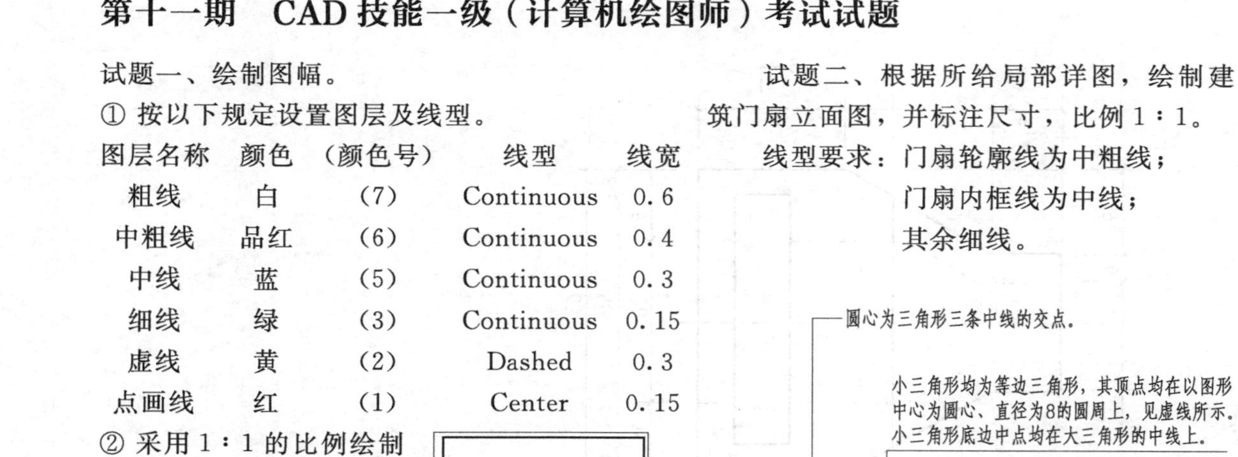

试题二、根据所给局部详图，绘制建筑门扇立面图，并标注尺寸，比例1∶1。

线型要求：门扇轮廓线为中粗线；

门扇内框线为中线；

其余细线。

圆心为三角形三条中线的交点。

小三角形均为等边三角形，其顶点均在以图形中心为圆心、直径为8的圆周上，见虚线所示。小三角形底边中点均在大三角形的中线上。

门扇局部详图 2:1

门扇立面图 1:1

试题三、采用 1∶1 的比例抄绘组合体的两面投影图，并求画其 1—1、2—2 剖面图。全图不标注尺寸，断面材料为普通砖。

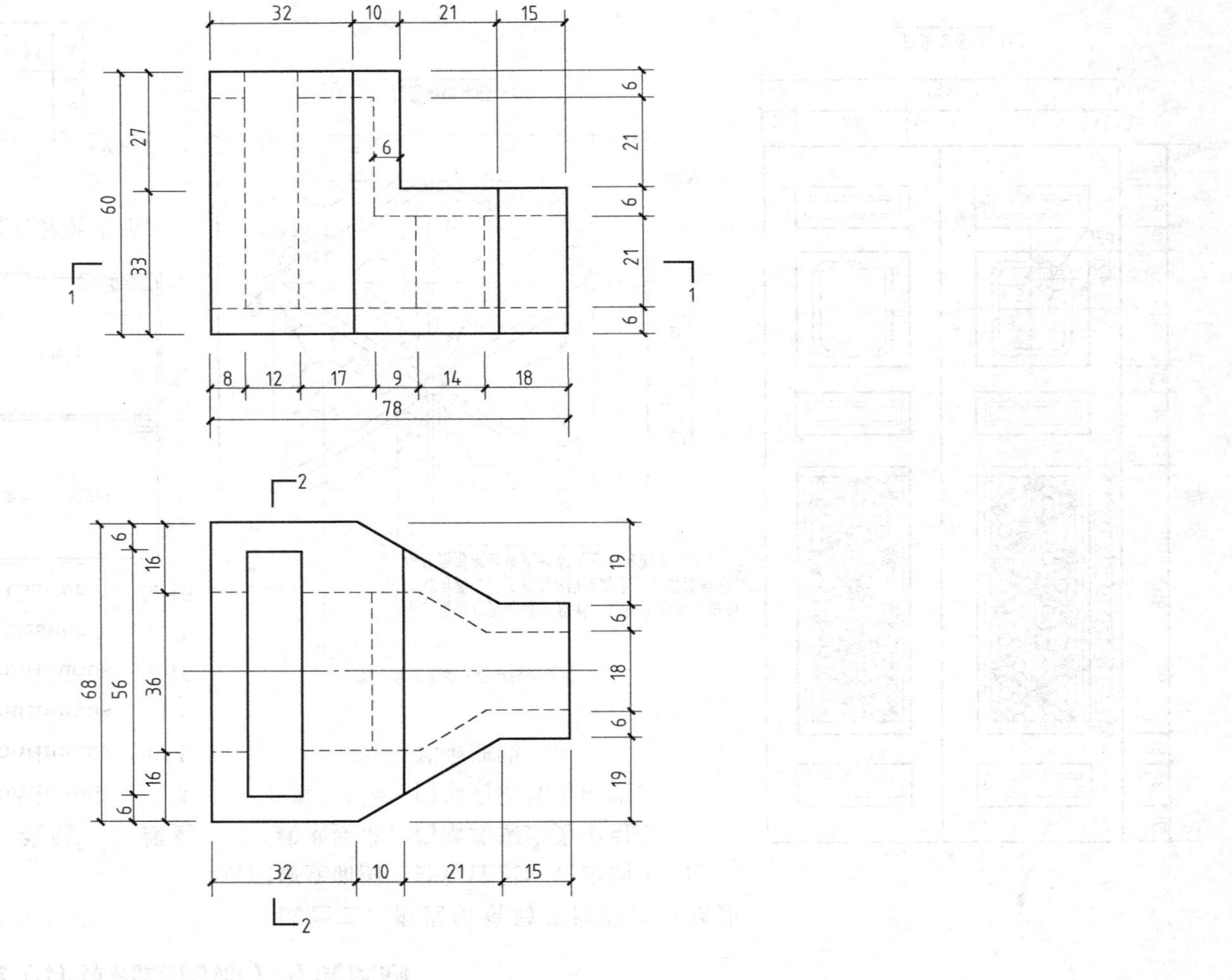

试题四、绘制建筑平面图，要求：

1. 绘图比例 1：100；墙厚均为 200，轴线居中。
2. 标注所有尺寸、标高及文字。
3. 线型、字体、尺寸应符合国家建筑制图相关标准，不同图线应放在不同图层上，尺寸放在单独的图层上。
4. 图中未标注部位尺寸自定。

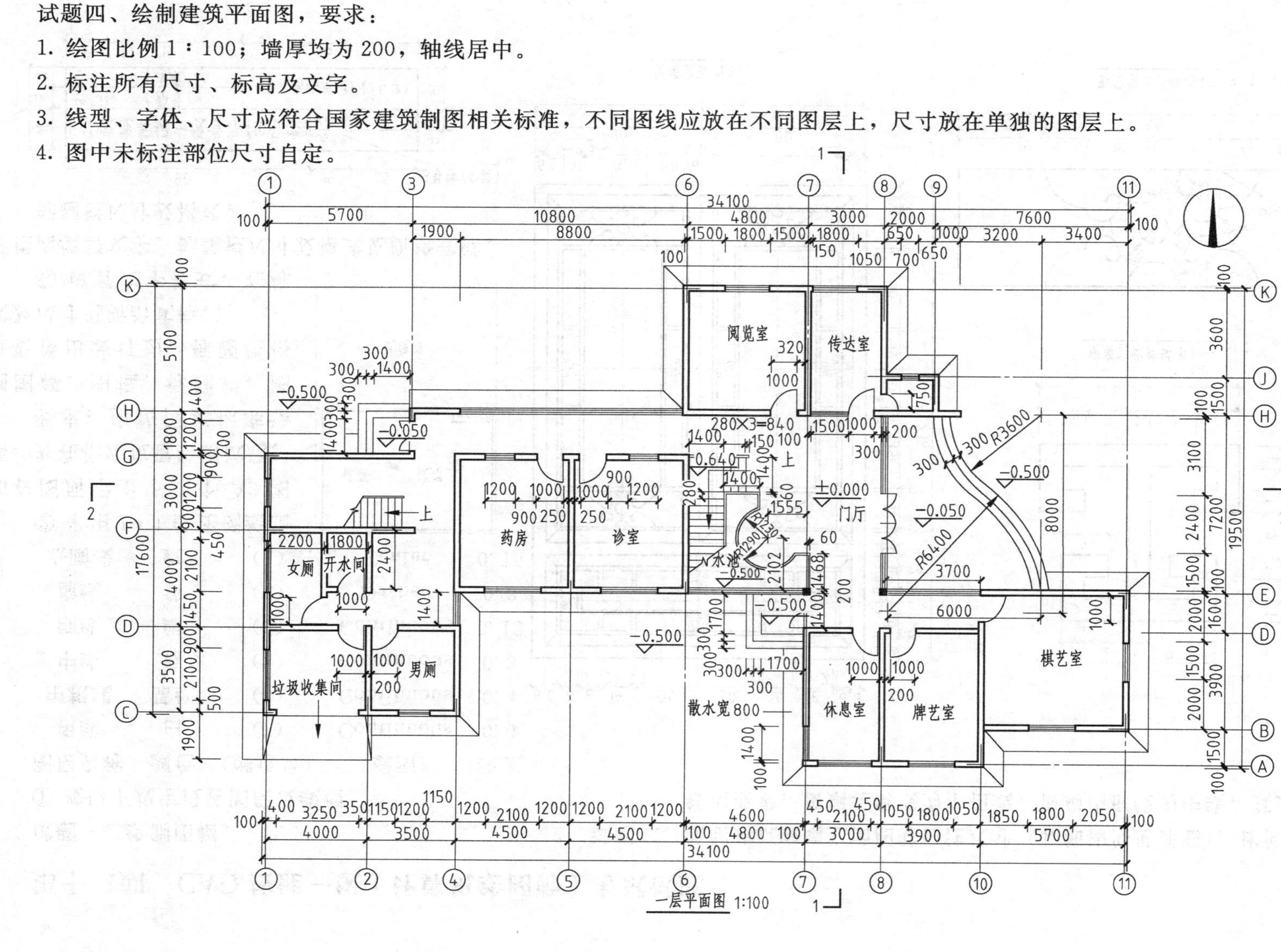

一层平面图 1:100

第十二期　CAD技能一级（计算机绘图师）考试试题

试题一、绘制图幅。

① 按以下规定设置图层及线型。

图层名称	颜色	（颜色号）	线型	线宽
粗线	白	(7)	Continuous	0.6
中粗线	品红	(6)	Continuous	0.4
中线	蓝	(5)	Continuous	0.3
细线	绿	(3)	Continuous	0.15
虚线	黄	(2)	Dashed	0.3
点画线	红	(1)	Center	0.15

② 采用1∶1的比例绘制如右图所示上下两个A2图幅，并在指定位置绘制试题。

试题二　试题三

试题四

要求：应按国家标准绘制图幅、图框、标题栏，图框要留出装订边，标题栏格式及尺寸见所给式样。

③ 设置文字样式，在标题栏内填写文字。标题栏尺寸及格式见所给式样。

标题栏尺寸及格式：

CAD技能等级一级考评(10号字)				阅卷签字
				审核签字
姓名		题号		(考生所在单位)(7号字)
考号		成绩		

5号字(余同)

90　15　25　15　15　15　20　65　32　16　8　8　8　8　16

试题二、绘制建筑窗扇立面图并标注尺寸（装饰构件见详图），比例1∶1。

线型要求：窗扇轮廓线为中粗线，窗扇内框线为中线，其余细线。

窗扇立面图 1:1

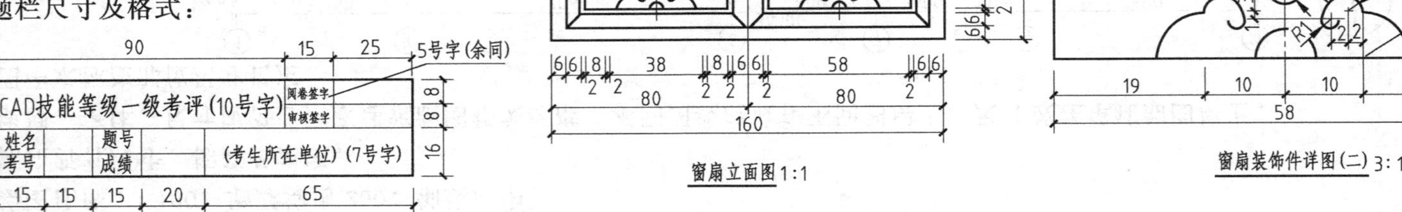

窗扇装饰件详图(一) 10:1

窗扇装饰件详图(二) 3:1

试题三、采用1：1的比例抄绘组合体的三面投影图，并在指定位置求画其1—1、2—2剖面图。全图不标注尺寸，断面部分材料为普通砖。

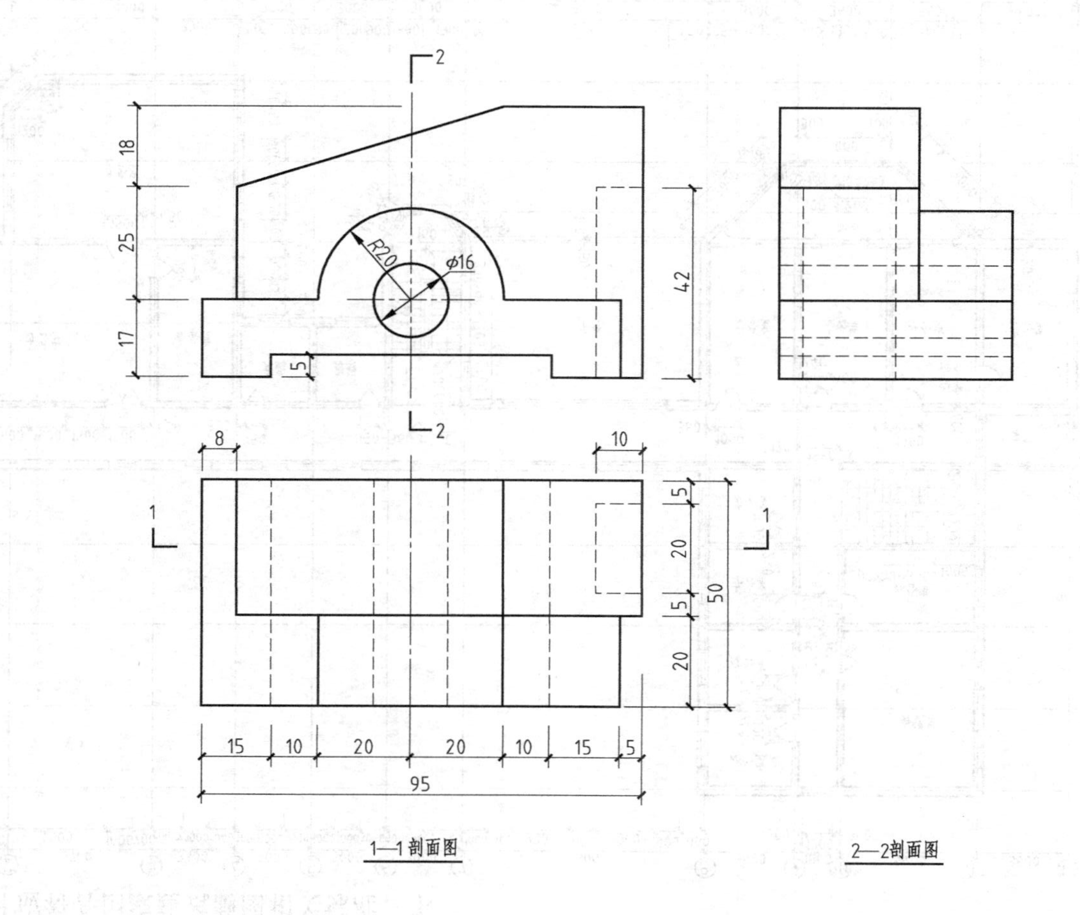

1—1剖面图

2—2剖面图

试题四、绘制建筑平面图，要求：

1. 绘图比例 1∶100；外墙厚均为 370，内墙厚均为 240。
2. 标注所有尺寸、标高及文字。
3. 线型、字体、尺寸应符合国家建筑制图相关标准，不同图线应放在不同的图层上，尺寸放在单独的图层上。
4. 图中未标注部位尺寸自定。

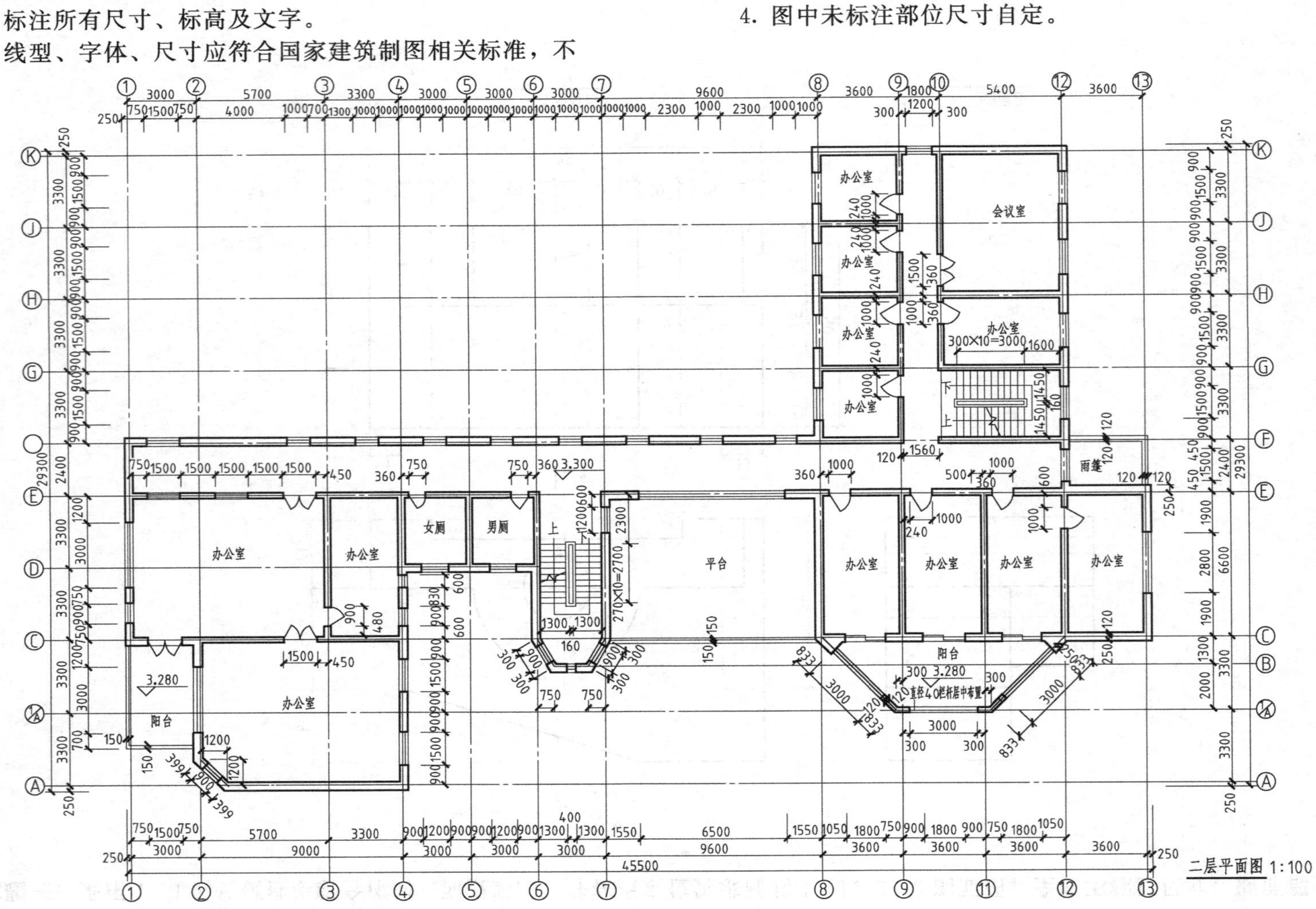

二层平面图 1:100

附录 2 常用 AutoCAD 命令

功能	命令	快捷键	功能	命令	快捷键
直线	LINE	L	阵列	ARRAY	AR
多段线	PLINE	PL	移动	MOVE	M
多线	MLINE	ML	旋转	ROTATE	RO
正多边形	POLYGON	POL	比例	SCALE	SC
矩形	RECTANG	REC	拉伸	STRETCH	S
圆弧	ARC	A	修剪	TIRM	TR
圆	CIRCLE	C	延伸	EXTEND	EX
样条曲线	SPLINE	SPL	倒角	CHAMFER	CHA
椭圆	ELLIPSE	EL	圆角	FILLET	F
插入块	INSERT	I	分解	EXPLODE	X
创建块	BLOCK	B	图层	LAYER	LA
图案填充	BHATCH	BH	特性匹配	MATCHPROP	MA
多行文字	MTEXT	MT	特性	PROPERTIES	PR
单行文字	DTEXT	DT	距离	DIST	DI
删除	ERASE	E	圆环	DONUT	DO
复制	COPY	CO	定数等分	DIVIDE	DIV
镜像	MIRROR	MI	定距等分	MEASURE	ME
线型比例	LTSCALE	LTS	文字样式	STYLE	ST
偏移	OFFSET	O	标注样式	DIMSTYLE	D

附录 3 AutoCAD 2014 使用技巧

一、Express Tools 工具

1. Express Tools 简介

AutoCAD Express Tools 是一组用于提高工作效率的工具，可扩展 AutoCAD 的强大功能。Autodesk 提供这些工具，但并不提供支持。对于它们能否成功操作，Autodesk 不承担任何责任。

Express Tools 仅提供英文版，且不提供支持。不支持双字节字符。

附录图 1 卸载/更改程序

2. 安装 Express Tools

打开【控制面板】，右键 AutoCAD，单击【卸载/更改】（附录图 1），出现如附录图 2 所示界面，点击【添加或删除功能】出现附录图 3 所示界面，勾选 Express Tools。

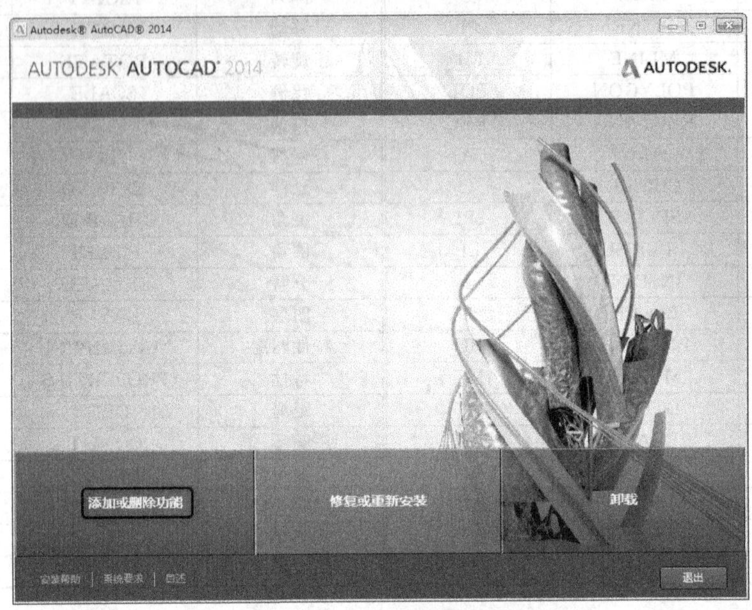

附录图 2　添加或删除功能

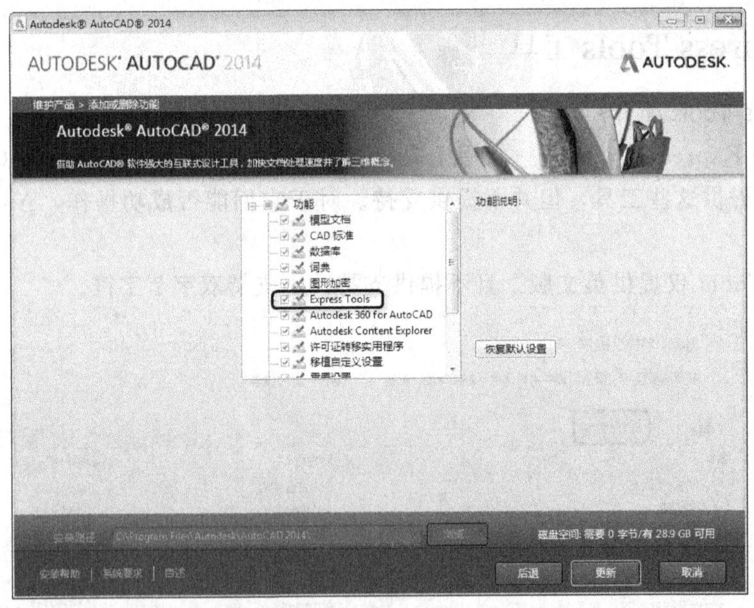

附录图 3　勾选 Express Tools

3. Express Tools 工具菜单

一般情况下，完成更新后，AutoCAD 主界面上会增加 Express Tools 工具菜单（附录图 4）。

文件(F)　编辑(E)　视图(V)　插入(I)　格式(O)　工具(T)　绘图(D)　标注(N)　修改(M)　参数(P)　Express　窗口(W)　帮助(H)

附录图 4　更新后的菜单

如果确认已安装好 Express Tools 功能模块，仍不能显示该菜单，则可：

（1）打开 AutoCAD，在命令栏里面输入 Appload 命令，按回车执行此命令；

（2）选择 AutoCAD 安装目录下面的 Express 文件夹（比如，安装目录是：C：\ Program Files \ Autodesk \ AutoCAD 2014 \ Express）；

（3）同时选中 Express 文件夹下面的“acettest. fas”以及“acetutil. fas”的两个文件。选中后点击【加载】，左下角会显示“已成功加载 2 文件”，然后点击【关闭】。

此时，Express Tools 就可以正常使用了。

二、阵列命令传统对话框

在 AutoCAD 2014 版本中，阵列命令默认不显示传统对话框，对已习惯老版本的工作人员不太习惯，可以使用下列方法，调出传统对话框。

1. 菜单：【工具】→【自定义】→【编辑程序参数】

2. 查找：ARRAY（附录图 5），将 ARRAY 改为 ARRAYCLASSIC 即可（附录图 6）

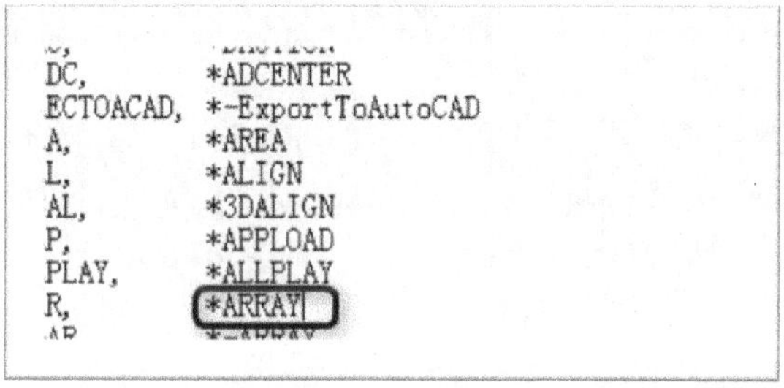

```
DC,         *ADCENTER
ECTOACAD,   *-ExportToAutoCAD
A,          *AREA
L,          *ALIGN
AL,         *3DALIGN
P,          *APPLOAD
PLAY,       *ALLPLAY
R,          *ARRAY
```

附录图 5　修改前命令

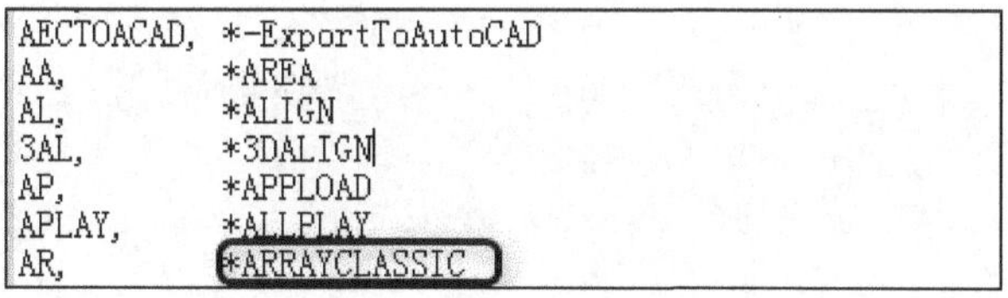

```
AECTOACAD,  *-ExportToAutoCAD
AA,         *AREA
AL,         *ALIGN
3AL,        *3DALIGN
AP,         *APPLOAD
APLAY,      *ALLPLAY
AR,         *ARRAYCLASSIC
```

附录图 6　修改后命令

参考文献

[1] 中华人民共和国国家标准《房屋建筑制图统一标准》(GB/T 50001—2010).

[2] 潘理黎等. 环境工程 CAD 应用技术. 第 2 版. 北京：化学工业出版社，2014.

[3] 陈凤玲. 建筑工程 CAD 绘图. 第 2 版. 武汉：武汉理工大学出版社，2013.

[4] 马永志等. AutoCAD 建筑制图基础教程. 北京：人民邮电出版社，2011.

[5] 张建平等. 土木与建筑类 CAD 技能等级考试试题集. 北京：清华大学出版社，2015.